BREHMS
TIERLEBEN

BREHMS TIERLEBEN

Die Gefühle der Tiere

Mit einer Einführung von
Karsten Brensing

Dudenverlag
Berlin

TEIL I

ALFRED BREHM UND DIE GEFÜHLE DER TIERE
Eine Einführung von Dr. Karsten Brensing

TEIL II

BREHMS TIERLEBEN

DIE BEWAHRUNG DES BREHM'SCHEN ERBES –
EINE VERPFLICHTUNG
von Prof. Dr. Jochen Süss
(Brehm-Gedenkstätte / Alfred und Christian Ludwig Brehm-Stiftung)

TEIL I

ALFRED BREHM
UND DIE GEFÜHLE DER TIERE

Eine Einführung von Dr. Karsten Brensing

Was Brehm so besonders macht

Häufig werde ich in Interviews gefragt, ob Tiere Gefühle haben. Wenn ich dann antworte, dass sie nicht nur ein breites Gefühlsspektrum besitzen, sondern dazu noch ein gutes Gedächtnis sowie klare Vorstellungen von Zeit und Raum, dem Konzept der List, aber auch der Treue sowie natürlich ein Verständnis von Freundschaft und Liebe, dann ernte ich in aller Regel zunächst überraschte Blicke. Diesen folgen meist große Neugierde und weitere Fragen, die ich gerne und ohne große Probleme beantworte. Denn für all diese Aspekte kann ich unzählige wissenschaftliche Belege anführen und sie in den allermeisten Fällen zweifelsfrei begründen.

Vor 150 Jahren jedoch gab es noch keine wissenschaftliche Disziplin, die sich mit der Verhaltensforschung bei Tieren beschäftigte. Tiere wurden meist nur in einem Zustand näher betrachtet: wenn sie tot waren und entweder auf einem Seziertisch lagen oder ausgestopft in einer Vitrine standen. Stundenlanges Ausharren auf einem Hochsitz, um das soziale Gruppengefüge einer Rotte Wildschweine zu beobachten, kannten Jäger, aber sie fühlten sich wenig bemüßigt, ihre Erkenntnisse in Schriftform der Wissenschaft mitzuteilen.

Heute wissen immer mehr Menschen: Tiere sind keine instinktgesteuerten niederen Kreaturen, die einer Maschine gleich nur so handeln, wie ihre »Programmierung« es ihnen vorgibt. Sie besitzen emotionale und kognitive Fähigkeiten, die mit denen von uns Menschen vergleichbar sind, und es daher mehr als wert sind, genauer betrachtet zu werden.

Vor 150 Jahren erschien es jedoch noch äußerst abwegig, sich Gedanken über die Gefühlswelten, das Bewusstsein und die Intelligenz von Tieren zu machen. Und dennoch schrieb Alfred Brehm in Band 1 seines bald weltberühmten Werkes, dass schließlich der Einfachheit halber nur noch *Brehms Tierleben* genannt wurde, folgende Sätze:

Das Säugetier besitzt Gedächtnis, Verstand und Gemüt und hat daher oft einen sehr entschiedenen, bestimmten Charakter. Es zeigt Unterscheidungsvermögen, Zeit-, Ort-, Farben- und Tonsinn, Erkenntnis, Wahrnehmungsgabe, Urteil, Schlußfähigkeit; es bewahrt sich gemachte Erfahrungen auf und benutzt sie; es erkennt Gefahren und denkt über die Mittel nach, um sie zu vermeiden; es beweist Neigung und Abneigung, Liebe gegen Gatten und Kind, Freunde und Wohltäter, Haß gegen Feinde und Widersacher, Dankbarkeit, Treue, Achtung und Mißachtung, Freude und Schmerz, Zorn und Sanftmut, List und Klugheit, Ehrlichkeit und Verschlagenheit. Das kluge Tier rechnet, bedenkt, erwägt, ehe es handelt, das gefühlvolle setzt mit Bewußtsein Freiheit und Leben ein, um seinem inneren Drange zu genügen. Das Tier hat von Geselligkeit sehr hohe Begriffe und opfert sich zum Wohle der Gesamtheit; es pflegt Kranke, unterstützt Schwächere und teilt mit Hungrigen seine Nahrung. Es überwindet Begierden und Leidenschaften und lernt sich beherrschen, zeigt also auch selbständigen Willen und Willenskraft. Es erinnert sich der Vergangenheit jahrelang und gedenkt sogar der Zukunft, sammelt und spart für sie.

Und tatsächlich würde ich – nach heutigem Kenntnisstand – diesen Absatz so unterschreiben. Wenn man bedenkt, dass Brehm all diese Untersuchungen, die meine tägliche Arbeit ausmachen und bereichern, nicht zur Verfügung gestanden haben, dann darf man durchaus beeindruckt sein. Ich bin voller Achtung vor diesem Mann, der allein durch aufmerksame Beobachtungen zu diesen Schlussfolgerungen kam.

Ein weiterer Aspekt, der Brehms Einschätzung so beeindruckend macht, ist die Tatsache, dass er sich mit dem lebenden Tier beschäftigte. Für Biologen und interessierte Menschen der heutigen Zeit klingt es völlig absurd, dass mich dies derart begeistert, doch zur damaligen Zeit stand die Anatomie im Vordergrund des naturwissenschaftlichen Interesses. Für das lebende Tier interessierte sich die Wissenschaft nicht. Alfred Brehm jedoch entdeckte, dass in der Beobachtung des Verhaltens der Tiere ein riesiger Quell an Wissen verborgen lag. Dies, gepaart mit seinem Talent, farbig und spannend zu erzählen, machte ihn zu einem weltbekannten Superstar.

Das aufregende Leben des Doktor Brehm

Alfred Edmund Brehm wurde am 2. Februar 1829 in Renthendorf in Thüringen geboren. Er wuchs als Sohn des damals sehr bekannten Vogelkundlers Christian Ludwig Brehm auf, der vom Hauptberuf Pfarrer war, wie schon sein Vater vor ihm. Auch Alfred Brehms Mutter Bertha war die Tochter eines Pfarrers und so wuchs der junge Alfred fest im christlichen Glauben seiner Zeit auf. Doch abgesehen davon war in seiner Familie vieles anders – allem voran die Tatsache, dass die Brehms ihr Haus mit 9 000 Bälgen teilten, abgezogenen Häuten von Vögeln mit Federn, Beinen und Schnäbeln. Einen Großteil dieser beachtlichen Sammlung kann man übrigens noch heute im Museum for Natural History in New York, im Museum Alexander Koenig in Bonn sowie in der Brehm-Gedenkstätte in Renthendorf bewundern.

Brehms Vater war leidenschaftlicher Vogelkundler, was damals bedeutete, dass er im Namen der Wissenschaft Vögel tötete und präparierte. Er sammelte mit großer Akribie und viel Fleiß, wie es damals unter Naturforschern üblich war, und errang so internationales Renommee. Schon früh beteiligte sich Alfred an der Arbeit seines Vaters. Er lernte von ihm, wie man Tiere vermisst und konserviert, und die Bedeutung korrekter Notizen und sachlich richtiger Beobachtungen. Diese so jung erworbenen Fähigkeiten waren ihm später von großem Nutzen und ebneten ihm letztlich den Weg in die Wissenschaft.

Renthendorf, noch heute ländliche Idylle, war alles andere als ein Zentrum modernen Denkens. Doch der junge Brehm wuchs mit der Welt im Briefkasten auf. Sein Vater korrespondierte mit vielen anerkannten Ornithologen seiner Zeit, und Gespräche über neue wissenschaftliche Methoden und die Entdeckung der Welt waren ganz selbstverständlich. So blieben die Reisen von Thaddäus Haenke (1789–1810), Alexander von Humboldt (1799–1804), Maximilian zu Wied-Neuwied (1815–1817) und natürlich Charles Darwins Reise mit der Voyage (1831–1836) nicht ohne Einfluss auf den jungen Brehm.

Es lässt sich daher leicht ermessen, warum ein kluger und abenteuerlustiger junger Mensch die erste sich bietende Gelegenheit nutzte und mit

Alfred Brehm auf Reisen
(gezeichnet von Wilhelm Simmler, ca. 1860)

gerade einmal 18 Jahren am 31. Mai 1847 Deutschland verließ. Als Sekretär und Gehilfe des Barons von Müller reiste er nach Afrika – und kam erst fünf Jahre später in seine Heimat zurück. Begleitet wurde er von einer Löwin, einem Leoparden, einem Gepard, zwei Straußen, zwei Kronenkranichen, einem Adler, drei Pelikanen und neun Affen. Die meisten dieser Tiere verkaufte er später an den Berliner Zoo. Dazu kamen unzählige präparierte Tiere, darunter zahllose Vögel für seinen Vater. Dank dieser beachtlichen Sammlung wurde Brehm in die Leopoldina aufgenommen, die heute älteste und auch damals schon bedeutende Akademie der Naturforscher.

Leider brachte Alfred Brehm auch noch weitaus weniger willkommene Tierchen mit nach Europa – darunter jene mit dem so exotisch klingenden Namen Plasmodium. Sie hatten sich in seinen roten Blutkörperchen eingenistet und sorgten regelmäßig für Malariaschübe. Und auch sonst war die Reise durch Ägypten und den Sudan alles andere als eine Urlaubsreise gewesen und hätte ihn um ein Haar das Leben gekostet. Sein Förderer Baron von Müller ließ ihn im Stich, wodurch die Jahre in Nordafrika von extremen finanziellen Sorgen überschattet waren. Und schließlich ertrank sein Bruder Oskar, der zunächst als Überbringer weiterer finanzieller Mittel fungiert hatte und dann bei Brehm geblieben war, im Nil.

Nach seiner Rückkehr aus Nordafrika begann Alfred Brehm ein Studium der Naturwissenschaften in Jena (1853) und schloss es nach nur zwei Jahren mit einer Promotion ab. Er hatte Glück, denn seine Forschungsreise wurde ihm als Studienzeit und Teile seiner 1000 Seiten starken Reiseberichte wurden als Doktorarbeit anerkannt. Darüber hinaus hatte er schon von Afrika aus einen ersten Schritt hin zum anerkannten Naturwissenschaftler unternommen: 1849 veröffentlichte er einen Artikel mit dem Titel »Der Winter in Ägypten in ornithologischer Hinsicht«. Dieser Artikel war für viele Wissenschaftler äußerst interessant, denn damals hatte man kaum wissenschaftliche Fakten über Afrika. Amerika, das durch die Reisen von Humboldt gut dokumentiert war, erschien vielen Wissenschaftlern weit weniger entfernt und exotisch als der »schwarze Kontinent«. Außerdem behandelte Brehms Artikel einen Aspekt, über den bis dahin nur spekuliert worden war.

Der Wissenschaft war zwar klar, dass die Zugvögel im Winter in wärme-
re Gebiete fliegen, aber wie sie dort ankommen und welche Bedeutung das
Niltal für ihre Migration hat, war unbekannt. Brehm lüftete dieses Geheim-
nis – und er tat dies in einem Alter, in dem heutige Studenten noch nicht
einmal über die Bachelorarbeit nachdenken!

Aus heutiger Sicht war Brehm als Student ein bunter Vogel. Er lebte ge-
meinsam mit zwei Affen, und man nannte ihn (durchaus anerkennend) den
»Pharao«. Mit anderen Worten, er war ein cooler Typ – und wusste das auch.
Tatsächlich hatte er seinem Umfeld und der damaligen Gesellschaft etwas
Wertvolles zu bieten: Es gelang ihm mühelos, andere Menschen in eine Welt
zu entführen, die dem damaligen Alltag diametral entgegenstand. Er erzähl-
te von Tieren, die in Deutschland noch niemand gesehen hatte, von fernen
Ländern, die man nur aus 1001 Nacht kannte und von Abenteuern, die einem
Gänsehaut bereiteten.

Alfred Brehm hatte jedoch im Verlauf seines Lebens auch viele erschüt-
ternden Erlebnisse zu verkraften. Zunächst die Enttäuschung über seinen
Förderer in Ägypten und dann den völlig sinnlosen Tod seines Bruders im Nil.
Später kamen weitere Schicksalsschläge hinzu: 1878 verstarb seine geliebte
Frau und langjährige Mitarbeiterin Mathilde Brehm mit nur 38 Jahren. Im
Januar 1884 befand er sich gerade auf Vortragsreise in den USA, als ihn die
Nachricht vom Tod seines jüngsten Sohns Alfred Rudolf Johannes erreichte.
Er war, ebenso wie seine Geschwister, kurz vor der Reise Brehms an Diph-
therie erkrankt. Leider war Brehm – wie so oft in seinem Leben – in Geldnot
und musste die Reise trotz seiner erkrankten Kinder antreten. Erschüttert
von diesem letzten Schicksalsschlag zog Brehm im Juli 1884 wieder in seinen
Geburtsort Renthendorf, wo er am 11. November verstarb.

Über Brehms Privatleben gäbe es noch unzählige Dinge zu berichten.
Da sind die Gerüchte, dass einige seiner Geschwister durch Chemikalien, die
bei der Präparation der Vögel eingesetzt wurden, starben, und auch das enge
Verhältnis zu seinem Vater hätte eine weitere Beleuchtung verdient. Doch
möchte ich Sie an dieser Stelle lieber dazu anregen, die Brehm-Gedenkstätte
in Renthendorf zu besuchen, wo es unglaublich viel über Alfred Brehms Leben und Wirken zu entdecken gibt.

Veröffentlichungen in der *Gartenlaube*

Heute würde Alfred Brehm vermutlich von Talkshow zu Talkshow gereicht werden; damals entfaltete er seine Wirkung über kleine Artikel in einer wöchentlichen Illustrierten mit dem unscheinbaren Namen *Die Gartenlaube*, die erstmals 1853 erschien. Brehm lernte ihren Gründer und Herausgeber Ernst Keil während seiner Zeit in Leipzig (ab 1858) kennen. Dieser ermöglichte ihm die Veröffentlichung unzähliger Artikel, und die Leser der *Gartenlaube* dankten es ihm. Im Verlauf der Jahre konnte Brehm ca. 400 Seiten in diesem Medium publizieren. Die *Gartenlaube* war übrigens kein dahergelaufenes Regionalblättchen, sondern hatte so viele Leser wie heute *Spiegel*, *Stern* und *Focus* zusammen! Sie war das erste Massenmedium in Deutschland.

Ernst Keil war zudem nicht nur erfolgreicher Verleger, sondern auch Mitglied des Leipziger Verbrechertisches, einer Clique intellektueller Regimekritiker, die sich regelmäßig in der »Guten Quelle«, einem Wirtshaus in Leipzig, trafen und darüber debattierten, wie die bestehenden politischen Verhältnisse verändert werden konnten. Es war eine besondere Ehre, Mitglied dieses Kreises zu sein, und August Bebel schrieb in seiner Autobiografie: »Wir Jungen rechneten es uns zur besonderen Ehre an, wenn wir an diesem Tisch in Gesellschaft der Alten ein Glas Bier trinken durften.« Einer dieser Alten, obwohl gerade einmal zehn Jahre älter als Bebel, war kein anderer als Alfred Brehm. Allein anhand dieser Mitgliedschaft lässt sich die intellektuelle und auch politische Bedeutung von Brehm bereits erahnen.

Um Ihnen nahezubringen, wie die Menschen damals dachten und mit welchen Worten Brehm sie erreichte, hier einige Zeilen aus der *Gartenlaube* von 1866:

Vor geraumer Zeit sind mir [...] mehrere Bogen aus einer nicht näher bezeichneten Zeitschrift zugegangen, welche sich die Aufgabe stellen, die Annahme einer »Thierseele« als Irrthum zu verwerfen. Ich darf mich mit dem Herrn Verfasser insofern einverstanden erklären, als auch mir der Begriff »Seele« unfaßlich ist, da ich eben nur zu begreifen vermag, daß das Hirn eine Thätigkeit ausübt, welche wir Geist zu nennen pflegen. So meint es der gelehrte Verfasser des betreffenden Aufsatzes

Alfred Brehm mit seiner Schimpansin Molli im Kaffeehaus
(Originalillustration von H. Leutemann zum Artikel aus *Die Gartenlaube* von 1866)

nun freilich nicht. Er sieht sich in der beneidenswerthen Lage, von einer »Seele«
etwas zu wissen, spricht selbige jedoch ausschließlich dem Menschen zu, begründet
damit dessen Halbgöttlichkeit und stößt die gesammte übrige Thierwelt mit einem
einzigen Tritt seines ebenbildlichen Fußes in den Abgrund des leeren Nichts hinab,
indem er von einer »organisirenden Kraft« faselt, welche im Thierhirn wunderbare
Wirkungen hervorrufen und sogar Gesinnungstüchtigen Täuschungen bereiten soll,
die leicht zu falschen Schlüssen führen können. (Heft 15, S. 229, 230–232)

15

Damit stellte sich Brehm deutlich auf die Seite von Darwin und dessen 1859 veröffentlichter Evolutionstheorie – und somit auch gegen die damalige religiös geprägte Weltsicht. Diese verlor zunehmend an Überzeugungskraft, und das gebildete Bürgertum sehnte sich nach einer neuen Sicht auf die Welt und nach Argumenten, die es möglich machten, die aktuellen Machtverhältnisse zu untergraben. Darwins Theorie kam ihnen gerade recht, denn wenn wir Menschen uns aus dem Tierreich entwickelt haben, wieso sollten dann von Gott berufene Königshäuser das Sagen haben? Es würde an dieser Stelle zu weit führen, die Diskurse der damaligen Zeit hier zu erörtern, aber die gesellschaftliche Sprengkraft, die von Darwins Theorie der Evolution der Arten ausging, beschäftigte die Menschen seiner Zeit außerordentlich.

Sicher haben die Idee der Evolution – also die Vorstellung einer langsamen und aufeinander aufbauenden Entwicklung der Arten – sowie die damalige wissenschaftliche Diskussion darüber Brehm beflügelt und motiviert, gegen die Strömung zu denken und zu handeln, aber die eigentlichen Gründe für seinen Standpunkt waren aus meiner Sicht seine persönlichen Erfahrungen mit Tieren und die Offenheit, mit der er ihnen auch im Geiste begegnete. Den betreffenden Artikel in der *Gartenlaube* führt er nämlich wie folgt weiter: *Der Naturforscher, welcher für seine Menschenwürde keine Sorge hegt, freut sich, wenn er den lebenden Schimpanse vor sich sieht, Gelegenheit zum Vergleichen zu erhalten; der im Ebenbildlichkeitsglauben Befangene fühlt sich unbehaglich …*

Arbeit als Zoodirektor

Von 1863 bis 1878 bestritt Alfred Brehm seinen Lebensunterhalt als Zoodirektor, zunächst in Hamburg (1863–1866), später dann in Berlin (1866–1878). Wozu das?, mag man sich fragen, denn hatte Brehm mit seiner Arbeit als Autor und mit seiner Forschung nicht schon genug zu tun? Sicherlich war dem so, aber zur damaligen Zeit gab es noch kein Urheberrecht für Autoren. Somit konnte jedes gedruckte Werk beliebig oft vervielfältigt werden. Im Grunde eine schöne Sache, denn so konnten sich Ideen schnell verbreiten.

16

Aber es war von großem Nachteil, wenn man als Autor vom Erlös seinen Lebensunterhalt bestreiten musste. Mit anderen Worten, *Brehms Tierleben*, für das wir ihn hier ehren und für das er auch international unglaubliche Anerkennung erfahren durfte, wäre ohne ein Brotgewerbe nicht möglich gewesen. Und Alfred Brehms Brotgewerbe war seine Arbeit als Zoodirektor.

Exotische Tiere gab es damals fast ausschließlich in Schaubuden und Wandermenagerien auf Volksfesten zu sehen. Der Adel leistete sich fest installierte Menagerien auf eigenem Grund und Boden, die jedoch lediglich einem kleinen Kreis von Menschen offenstanden. Nur wenige reiche Städte konnten sich einen öffentlichen Zoo leisten. Hamburg war eine solche Stadt, und ihre Bürger gönnten sich im Jahr 1863 einen Zoo, noch bevor an eine Universität auch nur gedacht wurde. Vielleicht kennen Sie den Ort dieses Zoos sogar, denn jeder, der inmitten des Großstadttrubels auf der Suche nach einer grünen Oase ist, findet ganz in der Nähe des Messe- und Kongresszentrums das weitläufige Gelände von Planten un Blomen und kann sich an der Vielfalt dieses Parks erfreuen. Schon damals war das Gelände in bester Lage, und als Brehm gebeten wurde, dort einen Zoo zu gründen, war dies eine große Sache nicht nur für ihn selbst, sondern auch für Hamburg.

Aber Brehm reichte es nicht, Tiere einfach nur in kleinen Käfigen auszustellen, wie es damals üblich war. Er wollte die Tiere und ihr Tierleben erlebbar machen, gönnte ihnen mehr Platz und versuchte ihre Käfige naturnaher zu gestalten. Nach knapp drei Jahren zogen die Hamburger Bürger die Notbremse – zu groß waren Brehms Visionen und zu klein war seine Kompromissbereitschaft.

Dank seiner guten Verbindungen zum Berliner Zoo konnte er noch im selben Jahr eine neue Direktorenstelle antreten. Berlin war offener für seine Ideen, und hier setzte Brehm sogar eine Vision um, die noch heute eine Seltenheit in Zoos ist: Er ließ die Menschen für die Tiere verschwinden. Sein »Vivarium« war eine Art Grotte, in der die Menschen in Dunkelheit lustwandelten und dabei in erleuchtete Aquarien oder Terrarien blickten. Ein grandioser Einfall, der auf kluge Weise Rücksicht nimmt auf die Bedürfnisse der Tiere, und ich wäre sicherlich weniger kritisch gegenüber heutigen Zoos, wenn sie sich stärker an dieser Idee orientieren würden.

Das Aquarium zu Berlin, Brehms »Vivarium«,
war eine große Neuerung.

Als Mitglied einer Beratergruppe habe ich für den größten Vergnü-
gungsparkbetreiber in Europa ein Konzept für ein Delfin-Altenheim mitent-
wickelt, und auch dort war vorgesehen, dass die Besucher für die Tiere nicht
sichtbar sein sollten. Bis heute wurde diese Idee jedoch noch nicht umgesetzt.
Brehm bleibt somit ein echter Visionär!

Doch heute wie damals gilt: Gute Ideen sind teuer. Es war somit kaum
eine Überraschung, dass Brehm irgendwann auch bei den Geldgebern in
Berlin aneckte und nach gut zehn Jahren den Berliner Zoo verließ.

An Brehms Vision, möglichst viele Tierarten auf einmal zu halten, um
den Menschen einen möglichst umfassenden Überblick über die Vielfalt der
Tierwelt zu geben, scheitern auch heute noch viele Zoos. Die Leidtragenden
sind die gehaltenen Tiere, die auf viel zu begrenztem Raum ein trauriges

Dasein fristen. Eine praktikablere und tierfreundlichere Lösung ist es, die Anzahl der Tierarten zu reduzieren und die wenigen Arten richtig zu halten. Doch dieser Vorschlag hätte wohl auch bei Alfred Brehm keine große Begeisterung hervorgerufen.

Das *Tierleben*

1863, fast zeitgleich mit Brehms Antritt seiner Direktorenstelle in Hamburg, erschien der erste Band von *Brehms Tierleben* beim Bibliographischen Institut (damals mit Sitz in Hildburghausen, heute in Berlin), und noch zu Lebzeiten Brehms entstand ein zehnbändiges Werk, das bald in zahlreiche Sprachen übersetzt wurde und auch nach heutigen Maßstäben als Bestseller bezeichnet werden kann. Brehm-Kenner heute loben sowohl den wissenschaftlichen Wert des zoologischen Standardwerkes als auch seine literarische Qualität.

Brehm war ein ausgezeichneter Beobachter. Außerdem traute er sich, auch Unkonventionelles öffentlich zu machen, und war zudem ein begnadeter Schreiber mit einem feinen Gespür für seine Leser.

Um sie an Erfahrungen teilhaben zu lassen, die sie in ihrem Leben wohl niemals selbst machen würden, verpackte er wissenschaftliche Informationen in spannende Anekdoten. Die Laute der Krokodile beschreibt er beispielsweise so:

Bei einer Reiherjagd am Weißen Nil näherte ich mich vorsichtig einer steilen Uferstelle und sah anstatt des erstrebten Vogels dicht unter mir ein Krokodil, dem ich den für den Reiher bestimmten Schrotschuß auf den Schädel jagt. Es erhob sich wütend aus dem Wasser, knurrte laut und verschwand dann unter den Fluten. Wenn es erzürnt wird, hört man blasendes oder dumpfzischendes Schnauben von ihm. Junge, vor kurzem erst dem Ei entschlüpfte Krokodile lassen einen eigentümlich quakenden, an das behagliche Knarren der Frösche erinnernden Laut vernehmen. Dieses »behagliche« Knarren soll übrigens die Krokodilmutter animieren die gerade geschlüpften Jungtiere zu beschützen.

Hier überrascht Brehm nicht nur mit seiner Erzählweise, sondern auch mit der für ihn typischen Art der Tierbeobachtung: Er überträgt soziale Strukturen und Gefühle, wie wir Menschen sie von uns selbst kennen, auf die Tiere – hier die Vorstellung eines »Familienlebens«. Über das Krokodil schreibt er im Folgenden gar: *Einen gewissen Grad von Verstand kann man ihm nicht absprechen. Es vergisst erlittene Verfolgungen nicht und sucht sich denselben später vorsichtig zu entziehen.*

Zu der Zeit, in der Brehm diese Beobachtungen aufschrieb, war es extrem abwegig, wenn nicht sogar abstoßend und absurd, einem Reptil so etwas wie Verstand zu unterstellen. Man kann es Brehm gar nicht hoch genug anrechnen, dass er keine Angst vor möglichen Kontroversen hatte, sondern es als wichtige Aufgabe sah, den Menschen das Verhalten der Tiere so zu schildern, wie er es wahrgenommen hatte.

In der zweiten Auflage des *Tierlebens* ab 1876 kam noch eine weitere Zutat zum Brehm'schen Erfolgsrezept hinzu: Zu den bereits sehr beeindruckenden Schwarz-Weiß-Zeichnungen von Robert Kretschmer gesellten sich nun die wunderbaren farbigen Illustrationen von Gustav Mützel und Eduard Oscar Schmidt hinzu – und die Tiere sprangen einem schon beim Aufschlagen der Buchseiten förmlich entgegen! Charles Darwin, der die Ansichten, aber auch die Schreibweise von Alfred Brehm sehr schätzte, soll gesagt haben, dass die Zeichnungen die besten Bilder seien, die er je in einem solchen Werk gesehen habe.

Ein letzter Aspekt seines Erfolgsrezeptes war Brehms Art, fremde Quellen in seine Texte einzuflechten. Er griff auf Beschreibungen der Bibel ebenso zurück wie auf Humboldts Reiseberichte oder wissenschaftliche Veröffentlichungen anderer Naturforscher seiner Zeit. Auch war er sich nicht zu schade, mit Bauern und Jägern zu sprechen, sich ihre Erfahrungen berichten zu lassen und diese in seinen Schriften zu berücksichtigen. Dabei entsteht beim Lesen schnell das Gefühl, dass Brehm mit all diesen Menschen – Forschern ebenso wie Amateurbeobachtern – eng verbunden war. Es gelingt ihm, auf eine sehr persönliche Weise ihre Geschichten an seine Leser weiterzugeben und dabei gleichzeitig seine wissenschaftlichen Erkenntnisse mit ihren Erlebnissen zu belegen. Auf diese Weise skizzierte er ein überraschend lebendiges Bild der Tiere, dass selbst heute mit all den technischen Mitteln der Videografie nur schwer entstehen will.

Die Wissenschaft zu Zeiten Brehms

Gut 50 Jahre vor der Geburt von Brehms Vater Christian veröffentlichte der schwedische Naturforscher Carl von Linné seine *Systema Naturae* (1735), die noch heute geltende binäre Nomenklatur zur Klassifizierung der Lebewesen (ein Beispiel: Der Braunbär heißt wissenschaftlich *Ursus arctos*, dabei steht *Ursus* für eine Gattung der Bären und *arctos* für die Art Braunbär). Linné ermunterte die Wissenschaftler seiner Zeit dazu, Lebewesen zu klassifizieren und deren Aussehen, Bau und Funktion detailliert zu dokumentieren. Christian Ludwig Brehm wuchs somit in eine Wissenschaft hinein, in der voller Sammelleidenschaft jedes Lebewesen, das dazu geeignet schien, in die Systematik aufgenommen zu werden, getötet, dokumentiert und so der Nachwelt erhalten wurde. Auf diese Weise entstanden die umfangreichen Sammlungen von ausgestopften Wirbeltieren, aufgespießten Insekten und eingelegten Weichtieren, die auch heute noch in zahllosen Museen und Ausstellungen zu sehen sind.

Durch unermüdliches Vergleichen dieser gesammelten Tiere konnte der französische Botaniker Jean-Baptiste de Lamarck 1809 seine Theorie des Artenwandels erstellen. Er ging davon aus, dass Tiere ihre erworbenen Anpassungen an ihre Nachkommen weitergeben. Dies ist zwar falsch, denn heute wissen wir, dass genetische Mutationen für den Artenwandel verantwortlich sind und dass sich sinnvolle genetische Veränderung im Verlauf der Evolution durch Selektion verfestigen. Nichtsdestotrotz läuteten Lamarcks Erkenntnisse ein fundamentales Umdenken ein – denn auf einmal gab es wissenschaftlich belegbare Fakten, die gegen die christliche Schöpfungsgeschichte sprachen! Das Leben sollte nicht nur an Tag drei, fünf und sechs der Schöpfung entstanden sein, sondern es sollte sich im Verlauf der Zeit entwickelt haben – eine unerhörte Vorstellung! Doch die Fakten sprachen

So könnte Christian Ludwig Brehm bei seiner Arbeit ausgesehen haben
(Zeichnung nach einem Aquarell von Carl Werner, 1859)

für sich und bereiteten den Weg für die im Jahr 1859 fast parallel erscheinenden Evolutionstheorien von Charles Darwin und Alfred Russel Wallace, die Lamarcks Entdeckung durch das Konzept der natürlichen Selektion erweiterten.

Alfred Brehm wuchs somit in einer Zeit des wissenschaftlichen Umbruchs auf, dessen Hauptwerkzeug die Sammlung, Vermessung und der Vergleich von toten Tieren war. Mit den dadurch gewonnenen Daten ließ sich – aus der Sicht seiner Zeitgenossen – die Welt aus den Angeln heben. Und schließlich galt: Die Methodik war bewährt, das Thema lag im Trend. Niemand in Brehms wissenschaftlichem Umfeld wäre es in den Sinn gekommen, sich für die geistigen Fähigkeiten von Tieren zu interessieren, da Ruhm und wissenschaftliche Ehren in anderen Bereichen zu holen waren.

Obwohl sich Brehm weiter mit großer Leidenschaft an der akribischen Sammlung von Tieren beteiligte und ihm die wissenschaftliche Relevanz der Arbeit seines Vaters und der anderen Wissenschaftler vertraut war, wollte er mehr. Er wollte das Leben der Tiere verstehen, er wollte wissen, was ihr Verhalten antrieb. Und er war mit den bestehenden Methoden nicht zufrieden. So kritisiert er in der ersten Auflage seines *Tierlebens* den eingeschränkten Blickwinkel der damaligen Wissenschaft: *[…] ja, man gibt sich zuweilen den Anschein, als halte man es für unvereinbar mit der Wissenschaftlichkeit, dem Leben und Treiben der Thiere mehr Zeit und Raum zu gönnen als erforderlich.*

Da Alfred Brehm das reichhaltige Instrumentarium der Verhaltensbiologie, Neurologie und der anderen Kognitionswissenschaften, die wir heute kennen, noch nicht zur Verfügung stand, benutzte er das einzige Werkzeug, das er hatte: seine *Theory of Mind*, die vielleicht komplexeste kognitive Fähigkeit, die wir als Menschen entwickelt haben. Ich habe bewusst den englischen Begriff gewählt, denn es gibt keine gute deutsche Übersetzung dafür. Als *Theory of Mind* bezeichnet man die Fähigkeit, sich in jemand anderen hineinzuversetzen oder auch über sich und andere nachzudenken. Brehm tat dies allerdings in einer Form, die heute wie damals in der Wissenschaft verpönt war: **Er vermenschlichte die Tiere!** Er sprach in seinen Aufsätzen und Berichten über Tiere von einem Familienleben, von Gefühlen und Gedanken, wie wir Menschen sie aus unserer eigenen Lebenswirklichkeit kennen.

Doch dürfen und können wir von uns auf Tiere schließen? Dürfen wir Tiere vermenschlichen? Vor wenigen Jahren noch wäre die Antwort eines jeden Wissenschaftlers auf diese Fragen ein klares und deutliches Nein gewesen. Heute kann die Antwort nicht mehr ganz so eindeutig und überzeugend ausfallen. An dieser Stelle kann ich Ihnen verraten, weshalb ausgerechnet ich diese Einführung zu Brehms wunderbarem Werk schreiben darf:

2017 gab ich dem Journalisten Peter Carstens vom *GEO*-Magazin ein Interview. Eine seiner Fragen darin lautete: ob man Tiere vermenschlichen müsse? Als Antwort darauf berichtete ich ihm ausführlich von den zahlreichen Gemeinsamkeiten zwischen Menschen und Tieren. Ganz am Schluss fügte ich jedoch, ohne groß darüber nachzudenken, noch hinzu: »Wenn in Untersuchungen der vergleichenden Verhaltensbiologie Tiere genauso gut abschneiden wie Menschen, dann lautet die Antwort ganz klar Ja – dann müssen wir davon ausgehen, dass wir unsere Fähigkeiten auf Tiere übertragen können.« Was ich nicht erwartete, war die Überschrift des *GEO*-Artikels: »Wir müssen Tiere vermenschlichen«! Im ersten Moment war ich geschockt, denn mit meiner Aussage hatte ich mit einem großen Tabu der Naturforschung gebrochen – aber gleichzeitig war ich auch enorm erleichtert. Denn nun war es endlich raus. Ich hatte mich etwas getraut, dass mir als Verhaltensbiologen eigentlich als völlig »unwissenschaftlich« verboten ist. Heute fällt es mir viel leichter, von der Vermenschlichung der Tiere zu sprechen, und ich bin sehr stolz, dass der Dudenverlag hier eine Art geistige Verwandtschaft zwischen mir und Brehm sieht und mich daher darum bat, eine Einleitung für diesen schönen Band zu schreiben.

Was Brehm bereits ahnte – und was wir heute wissen

Erinnern Sie sich an das Zitat von Brehm über Säugetiere, das ich gleich zu Beginn dieser Einführung erwähnte? Darin spricht Brehm von *Gedächtnis*, *Verstand*, *Gemüt* und *Charakter*, die er den Tieren zuschreibt, ebenso wie einen *selbständigen Willen* und *Willenskraft*. Er erwähnt die Fähigkeit der Tiere zu *Unterscheidungsvermögen*, zum Empfinden von *Liebe* und *Haß*. Seine Tiere *gedenken der Zukunft* und *sammeln und sparen für sie*, sie sind *klug* und *gefühlvoll*.

Sind dies nicht alles menschliche Fähigkeiten? Die Antwort auf diese Frage lautete: richtig – und falsch zugleich. Es handelt sich bei allen um menschliche Fähigkeiten, aber sie haben sich im Verlauf der Evolution entwickelt. Und nicht nur bei uns Menschen, sondern eben auch bei Tieren.

Auf den nächsten Seiten möchte ich Brehms Annahmen, die er in besagtem Abschnitt so wunderbar zusammenfasst, mit Konzepten der heutigen Tierverhaltensforschung ergänzen und erweitern. Ich möchte Sie mit den Begriffen der **Gedankenbilder**, der **Kategorien**, dem **logischen und kreativen Denken**, den Konzepten von **Selbstreflexion**, **Mitgefühl** und **Individualität** vertraut machen, und Ihnen mithilfe von konkreten Beispielen zeigen, dass Tiere tatsächlich, wissenschaftlich belegbar, über die Fähigkeiten verfügen, die Brehm ihnen bereits vor 150 Jahren zusprach.

Ich denke, mit diesem Wissen werden Sie ganz allgemein mehr Freude daran haben, Berichte über Tiere zu verfolgen. Und ganz sicher haben Sie dadurch mehr Spaß an Brehms Geschichten. Seine Anekdoten werden glaubhafter und seine Beobachtungen wertvoller.

Wenn Sie das Thema darüber hinaus interessiert oder ich aufgrund der Kürze nicht wirklich überzeugend sein sollte, dann möchte ich Sie an dieser Stelle einladen, mein Buch *Das Mysterium der Tiere* zu lesen. Ich habe beim Schreiben akribisch darauf geachtet, jede Information darin mit der entsprechenden wissenschaftlichen Quelle zu versehen, und möchte darum hier darauf verzichten.

Beginnen wir mit einigen einfachen Fragen: *Was ist Denken? Können Tiere denken und fühlen, und wenn ja, wie hat sich das überhaupt entwickelt?*

Schon einfach gebaute Tiere oder Einzeller reagieren auf Reize aus ihrer Umwelt mit fest programmierten Verhaltensmustern. Ein Reiz löst direkt eine Reaktion aus. Mit diesem unmittelbaren Steuermechanismus kommen Einzeller, Quallen, Schwämme und viele Würmer und Parasiten prima klar. Mit der Entstehung der ersten Nervenzellen wurden komplexere Programmierungen möglich. Aber auch dabei handelt es sich um einfache Wenn-dann-Beziehungen. In einem nächsten Schritt wurde es möglich, den ursprünglichen Reiz zu konservieren. Das bedeutet, der Reiz war weg, aber der Gedanke an den Reiz war noch da. In diesem Moment war der erste Gedanke auf unserem Planeten gedacht. In der heutigen Forschung bezeichnen wir dieses Konzept als **Gedankenbild.** Ein solches System hat immense Vorteile: Wenn beispielsweise ein Raubtier einer Beute hinterherjagt und diese hinter einem Baum verschwindet, dann ist es natürlich von Vorteil, wenn das Raubtier sich daran erinnert, dass es die Beute gerade eben noch gesehen hat. Nun kommt ein zweiter Gedanke hinzu: »Die Beute kann nicht einfach verschwunden sein!« Dieser neue Gedanke steuert ein völlig verändertes Verhaltensmuster, denn das Raubtier beginnt nun zu suchen.

Hat ein Tier es erst einmal geschafft, ein Gedankenbild im Netz der Nerven zu bewahren, kann es damit allerlei spannende Sachen machen. Der nächste größere Schritt in der Evolution war die Bildung von **Kategorien** — oder, wie Brehm vielleicht sagen würde, *Unterscheidungsvermögen.* Kategorien sind eine praktische Sache: Wenn ich zum Beispiel Kategorien habe wie »alles, was wegläuft, ist Essen« oder »alles, was auf mich zurennt, will mich futtern«, dann ist schon viel gewonnen. Kategorienbildung kann selbstverständlich noch viel komplizierter sein. Tauben zum Beispiel sind in der Lage, männliche und weibliche Menschen zu unterscheiden. Ich muss gestehen, ich kann keine männlichen und weiblichen Tauben voneinander unterscheiden. Dafür kann ich einen Picasso von einem Monet unterscheiden – die abstrakten Formen des einen gegen die verwaschenen Farbkleckse des anderen. Doch darauf darf ich mir nicht viel einbilden, denn Bienen können das auch. Letztlich haben Tiere in ihrer Welt die gleichen Probleme wie wir; sie müssen Dinge wiedererkennen, egal ob es sich um einen bekannten Artgenossen oder eine Landschaft handelt.

Doch können Tiere auch mehr? *Können sie logisch oder sogar abstrakt denken und kreativ sein?*

Brehm spricht — wie im Beispiel des Krokodils — häufig von *Verstand*, den er Tieren beimisst, und er nennt zahlreiche Tierarten in seinen Berichten *klug* oder *verständig*. Doch bis vor wenigen Jahrzehnten noch wurde logisches Denken ausschließlich uns Menschen zugetraut. Aber schon einfachste Experimente konnten beweisen, wie eingeschränkt diese Wahrnehmung war. Ein gutes Beispiel ist das Schütteln eines kleinen Kartons, in dem etwas raschelt oder klappert. Jedes Kind und jeder Erwachsene weiß, dass in diesem Karton etwas enthalten sein muss, was potenziell interessant sein kann. Dies gebietet uns die Logik. Im Experiment zeigte sich: Auch Tiere folgen dieser **Logik**. Sie wissen, dass in dem Karton etwas sein muss, und untersuchen ihn, wohingegen ein nicht raschelnder Karton uninteressant ist. Tiere, die zu dieser Art logischem Denken fähig sind, sind beispielsweise Menschenaffen und Hunde, aber auch Vögel wie Graupapageien, Kakadus, Keas und sogar manche Taube. Darüber hinaus gibt es unzählige Beobachtungen in freier Wildbahn, bei denen logisches Denken erkennbar wird (unter anderem bei Elefanten und Delfinen).

Aber Tiere besitzen nicht nur die Fähigkeit zu logischem Denken — sie denken auch **strategisch, planvoll und kreativ**. Auch hier wieder ein konkretes Beispiel für ein ganz einfaches Experiment: In einem Delfinarium wurde einigen Delfinen von einem Taucher gezeigt, dass man, wenn man in eine durchsichtige Futterbox Gewichte legt, nach vier Gewichten den enthaltenen Fisch bekommt. Delfine lernen prima durch Imitation, dadurch wussten sie sofort, was sie tun mussten. Das Experiment wurde ein wenig erweitert: Nun wurden die Gewichte in 50 Meter Entfernung deponiert. Ein Delfin hätte demnach vier Mal 100 Meter schwimmen müssen, um an einen kleinen Fisch zu kommen. Ein Mensch, der planvoll und strategisch denken und so den größten Nutzen bei kleinstem Aufwand für sich ermitteln kann, würde sich einfach alle vier Gewichte auf einmal nehmen — und genauso verhielten sich auch die Delfine. Doch auch in freier Wildbahn gibt es unglaubliche

Beobachtungen. Beispielsweise dokumentierten Forscher über Jahre hinweg, wie der Clan der Ngogo-Schimpansen im Kibale National Park in Uganda sein Territorium mit einem echten, strategisch geplanten Krieg erweiterte. Dabei verfolgten die Angreifer eine Art Guerillataktik, um sich neues Territorium anzueignen. Die ewigen Angriffe aus dem Hinterhalt vertrieben die ursprünglichen Bewohner und das Territorium wechselte seinen Besitzer. Genau diese Annahme von kreativem, planvollem Denken findet sich — wenn auch noch ohne wissenschaftliche Belege — schon bei Brehm, wenn er beispielsweise beschreibt, wie elegant ein Fuchs Fallen aus dem Weg gehen kann oder wie anpassungsfähig das Rebhuhn an jede Art von Umweltbedingung ist.

Nachdem wir nun festgestellt haben, dass Tiere denken können, und zwar sowohl logisch als auch planvoll und kreativ, stellt sich die nächste Frage eigentlich von selbst: *Können Tiere auch über sich selbst nachdenken und empfinden sie vielleicht sogar Mitgefühl gegenüber anderen Tieren?*

Wenn wir Menschen über uns nachdenken, spricht man von »Metakognition«. Wir nehmen unsere Interessen, Wünsche und unsere Vergangenheit wahr. In diesem Modus können wir unser eigenes Handeln infrage stellen und daraus unsere Schlüsse ziehen. Zu dieser Art der **Selbstreflexion** sind doch wirklich nur wir Menschen fähig, oder? Sie ahnen es: mitnichten! Selbst bei Nagetieren konnte experimentell bewiesen werden, dass sie dazu fähig sind, über sich selbst nachzudenken. Das entsprechende Experiment ist so einfach wie genial. Stellen Sie sich vor, Sie müssten zwei Töne in ihrer Länge unterscheiden. Dies gelingt ganz gut, solange sich die Töne ein bis zwei Sekunden unterscheiden. Wird der Unterschied kleiner, wird es zunehmend schwieriger — und das gilt für uns genauso wie für die Ratten, mit denen der Test durchgeführt wurde. Nachdem die Ratten gelernt hatten, was man von ihnen wollte, hatten sie allerdings die Wahl: Sie konnten weiter an dem Experiment teilnehmen oder es verweigern. Im letzten Fall bekamen sie einen kleinen Trostpreis. Wenn sie aber am Experiment teilnahmen und versagten, gingen sie leer aus. Eine jede Ratte musste sich also sehr genau überlegen, ob sie die Töne tatsächlich sicher unterscheiden konnte. Diese Überlegung ist kein logisches Denken, sondern eine Reflexion über sich selbst und über das eigene Wissen. Eine Ratte ohne Metakognition hätte immer am Experiment teilgenommen, denn sie hätte immer gehofft, die große Belohnung für die richtige Antwort zu kassieren. Aber dies war nicht der Fall. Und es gibt sicherlich noch weitere Tiere, die einen solchen Test erfolgreich bestehen – in diesem Bereich der Forschung stehen wir allerdings noch ganz am Anfang.

Brehm nahm geradezu selbstverständlich an, dass Tiere sich ihrer selbst bewusst sind – genau wie den anderen Mitgliedern ihrer Gruppe. Er sah in den unterschiedlichsten Tieren, beispielsweise Affen, Wildschweinen und Ameisen, Wesenszüge wie Freundlichkeit und Hilfsbereitschaft. Tatsächlich ist **Mitgefühl**, oder auch die sogenannte *Theory of Mind*, über die ich bereits berichtet habe, die komplexeste Form des Denkens, die wir kennen. Hier sind wir nicht mehr nur dazu in der Lage, über uns selbst nachzudenken – nein, wir können auch darüber nachdenken, was in anderen Köpfen vor sich geht. Dies ist extrem kompliziert, denn wir müssen dazu in unserem eigenen Nervensystem die Gedanken und Gefühle anderer simulieren und damit praktisch in einem Teil unseres Gehirns parallel fremde Gedanken denken. Eine solche Fähigkeit ist von unvorstellbarem Nutzen, denn ich kann auf diese Weise Probleme von anderen Individuen erkennen und ihnen helfen. Ich bin aber auch dazu in der Lage, andere zu manipulieren und zu betrügen. Da Mitgefühl der Gegenspieler von Gewalt ist, hat die Pharmaindustrie an dem Thema großes Interesse und versucht, mithilfe von Experimenten an Ratten in Bezug auf deren Mitgefühl, ein Mittel gegen Aggression zu finden. Eines dieser Experimente funktioniert folgendermaßen: Stellen Sie sich vor, eine Ratte wird in einer extrem engen Falle gefangen. Eine andere Ratte hat nun die Möglichkeit, sie mit einem einfachen Mechanismus aus der Falle zu befreien. Das klingt erst einmal gar nicht spektakulär, bis man sich klarmacht, welche kognitiven Fähigkeiten dazu nötig sind. Als Erstes muss sich die Ratte draußen nämlich in die Ratte in der Falle hineinfühlen oder -denken und dadurch erkennen, dass die gefangene Ratte ein Problem hat. Sie muss also Mitgefühl haben. Als Nächstes muss sie erkennen, dass sie etwas an der Situation der anderen Ratte ändern kann, und sich entscheiden, genau dies zu tun. In den Experimenten haben sich die Ratten genau so verhalten.

29

Aber dieses Verhalten ließe sich auch durch Konditionierung erklären, denn die befreite Ratte bedankte sich bei ihrem Befreier mit Kuscheln. Diese Belohnung durch Körperkontakt könnte einen einfachen Lernmechanismus durch Konditionierung auslösen. Die positive Verstärkung ihres Verhaltens brächte dann die Ratte dazu, die andere zu befreien. Um dies auszuschließen, wurde bei einem weiteren Experiment die befreite Ratte durch eine Glaswand daran gehindert, zu der sie befreienden Ratte zu gelangen. Die Belohnung für den Befreier blieb also aus. Wenn es sich um eine einfache Konditionierung gehandelt hätte, dann hätte die Ratte die andere vielleicht noch ein oder zwei Mal befreit, aber ihr Verhalten wäre nicht weiter positiv verstärkt worden und es wäre schließlich wieder »ausgestorben«. Tatsächlich befreite die Ratte in den Experimenten den gefangenen Artgenossen aber weiterhin. An dieser Stelle war das Experiment erfolgreich beendet. Man konnte eindeutig zeigen, dass die Ratte tatsächlich aus Mitgefühl handelte und nicht aufgrund einer Konditionierung. Doch die Forscher wollten noch eins draufsetzen und konfrontierten die Ratte mit einer extremen Versuchung: Die Ratte fand sich vor zwei Käfigen wieder. In einem davon saß die gefangene Ratte, im anderen lag ein Schokoladenplätzchen (eine unwiderstehliche Delikatesse für die Nager). Die Ratte hatte also zwei Möglichkeiten: Zuerst das Leckerli alleine essen und dann ihren Kumpel befreien, oder den Kumpel befreien und dann gemeinsam futtern. Was, denken Sie, haben die Ratten getan? Alle Ratten im Experiment befreiten tatsächlich zuerst den Kumpel und stürzten sich dann gemeinsam auf die Köstlichkeit. Ein Verhalten, das selbst das Handeln vieler Menschen in den Schatten stellt. Gelänge es nun, den Mechanismus für dieses Handeln genau zu bestimmen, könnte man eventuell ein Medikament für Mitgefühl erzeugen. Ich überlasse es an dieser Stelle Ihrer Fantasie, sich die Einsatzmöglichkeiten dafür vorzustellen …

Die Erkenntnis, dass Tiere ein Bewusstsein für das eigene Ich besitzen sowie die Fähigkeit, sich in andere einzufühlen, führt uns automatisch zum Thema der **Individualität.** Haustierbesitzer wissen es schon lange: Ihre lieben vierbeinigen Mitbewohner haben Charakter, Eigenheiten und Vorlieben, kurz: Sie haben Persönlichkeit. Auch die Individualität ist eine sehr alte Erfindung von Mutter Natur. So gibt es Individuen, die durch ihre Neugier dazu motiviert werden, neue Territorien und Ressourcen zu erschließen. Als Einzelwesen gehen sie damit ein großes Risiko ein, denn sie begeben sich aus dem Schutz der Gruppe hinaus. Entdecken sie dann jedoch eine Nahrungs-quelle, sind sie als Erster dran. In jedem Fall ist ihre Eigenheit, ihr beson-derer Wesenszug, für alle von Vorteil, denn letztlich haben alle etwas von der neuen Nahrungsquelle. Aber auch die zögerlichen, zurückhaltenden und introvertierten Individuen sind wichtig für eine Gemeinschaft. Ihre Verbun-denheit mit dem in der Vergangenheit Erfolgreichen und Verlässlichen lässt sie oft überleben. Gerade, wenn sich für alle anderen die neue Nahrungs-quelle als Falle entpuppt. Vermutlich ist die Erfindung der Individualität aus evolutionsbiologischer Perspektive schon recht alt – 500 Millionen Jahre, mindestens. Denn so alt sind Tiere wie Einsiedlerkrebse, Seesterne und Haie, die 2015 im Rahmen einer Arbeitsgruppe der Society for Experimental Biology als Beispiele für Individualität bei Tieren diskutiert wurden. Und in Südamerika gibt es sogar eine Spinnenart, die aufgrund persönlicher Vor-lieben ihren Beruf wählt! In der heutigen Wissenschaft ist man mittlerweile dazu übergegangen, die Eigenschaften der tierlichen Persönlichkeit mit den sogenannten *Big Five* der Psychologie (Offenheit, Gewissenhaftigkeit, Ext-raversion, Verträglichkeit und Neurotizismus) zu beschreiben. Brehms Ein-schätzung, dass Tiere unterschiedliche Persönlichkeiten besitzen, war somit völlig richtig – auch wenn die moderne Wissenschaft dies erst seit knapp zehn Jahren wirklich anerkennt.

Nachdem wir nun wissen, dass Tiere nicht nur denken können, sondern auch über höhere kognitive Fähigkeiten verfügen: *Wie sieht es nun mit den Gefüh-len aus?*

Mitfühlen, einfühlen, Gefühle erkennen und benennen – tatsächlich tun wir Menschen uns mit dem Fühlen recht schwer. Einerseits lernen wir in jedem zweiten Science-Fiction-Film, dass Roboter erst menschlich werden, wenn sie fühlen. Doch andererseits sind Gefühle für viele Menschen von geringerer Bedeutung als Gedanken, wenn es darum geht, Entscheidungen zu treffen. Fakt ist, dass unser Verhalten und die Physiologie unseres Kör-pers von zwei zwar interagierenden, aber gänzlich anders funktionierenden

Steuersystemen kontrolliert werden. Das eine System ist unser Nervensystem, und das andere unser Hormonsystem. Beide sind wichtig. Die menschliche Partnerwahl zum Beispiel ist eine komplexe Geschichte: Passt man wirklich zusammen, überschneiden sich die Interessen, ist man unterschiedlich genug, damit es nicht langweilig wird?, fragt die rationale Hälfte unseres Wesens. Gefällt einem das Gegenüber und kann man den Partner riechen?, fragt der hormongesteuerte Teil. Das alles und noch viel mehr führt dann letztendlich zu dem, was wir »romantische Liebe« nennen. Der Duft des Partners spielt dabei eine ganz besondere Rolle, denn wir erschnüffeln dort ein komplementäres Immunsystem. Das alles wissen wir heutzutage — und der Clou daran: Die Forschung zu diesem Thema findet an nur wenige Zentimeter großen Stichlingen statt! Denn auch diese kleinen Tiere entscheiden sich bei der Partnerwahl für den Partner, der besser riecht. Ihre Gefühle und die Motivation, sich an ihren Wahlpartner zu binden, fühlen sich genauso an wie unsere Gefühle. Ist es Ihnen zu weit hergeholt, von Fischen auf Menschen zu schließen? Vielleicht erscheint Ihnen dann das folgende Beispiel plausibler: Die Pharmaindustrie untersucht lachende Ratten (ja, Sie haben richtig gelesen: Ratten können lachen, und sie sind sogar lieber mit Ratten zusammen, die ebenfalls lachen), um neue Medikamente gegen Depressionen zu entwickeln. Genauso wie hier vom Tierexperiment auf den Menschen geschlussfolgert wird, so kann man dies auch umgedreht machen. Wenn wir wahrnehmen, dass jemand gut riecht, und wissen, dass dies Einfluss auf unsere Entscheidung hat, dann können wir diesen Prozess auch ohne Zögern auf ein Tier, bei dem nachweislich die gleichen Mechanismen wirken, übertragen.

Die Frage, die sich nun abschließend stellt, ist: *Was hat sich eigentlich in den letzten 150 Jahren in der Tierforschung getan?*

Und ich muss gestehen, dass ich mir diese Frage auch mit einigem Entsetzen stelle, denn tatsächlich sind wir kaum weitergekommen. Brehm hat durch seine Herangehensweise, sich in Tiere hineinzuversetzen und sie zu vermenschlichen, viele Dinge bereits erkannt und aufgeschrieben, die die moderne Naturwissenschaft erst nach viel Zögern als bewiesen akzeptiert hat. Fast ein Jahrhundert lang hat sich die Wissenschaft rundheraus geweigert, Tieren höhere kognitive Fähigkeiten zuzugestehen. Doch Brehm tat dies, und wir tun es heute glücklicherweise auch. Und anders als Brehm haben wir heute nachprüfbare Fakten, die uns und der Wissenschaft ein sicheres Fundament bieten.

Ich bin Alfred Brehm sehr dankbar dafür, dass er sich nicht von seinen Kollegen hat einschüchtern und zurückhalten lassen, sondern sich mutig so weit vorgewagt hat. Ohne ihn hätte es die Natur- und Tierschutzbewegung, der wir heute viel verdanken, vielleicht erst Jahrzehnte später gegeben. Denn Brehm hat zweifelsfrei wie kaum ein anderer vor oder nach ihm in den Menschen die Begeisterung für die Tierwelt geweckt.

Brehm und der Artenschutz

Für Brehm war die Vermenschlichung ein wichtiges Werkzeug, um seinen Mitmenschen die Tiere und ihre Verhalten begreiflich zu machen. Er handelte damit nach einem Leitsatz, der auch heute noch aktuell ist: *Nur was wir kennen und schätzen, das schützen wir auch.* Oder, etwas zugespitzter formuliert: *Wenn wir uns für wertvoll halten, dann müssen wir folglich auch Tiere für wertvoll halten, wenn sie uns geistig ähneln.*

Wir können heute nicht mehr sagen, ob Brehm beim Schreiben seiner Texte von Anfang an das Ziel verfolgte, Menschen derart für die Tiere zu gewinnen – vielleicht war es auch einfach die für ihn einzig vorstellbare Art und Weise, über Tiere zu sprechen. In jedem Fall müssen wir ihm dafür dankbar sein, denn sein Werk hat dem Tierschutz, wie wir ihn heute kennen, den Weg geebnet. Und zwar nicht nur in Deutschland, sondern in ganz Europa, wenn nicht gar in der ganzen Welt.

Schon in seinem ersten Sachbuch *Das Leben der Vögel. Dargestellt für Haus und Familie* (1861) sprach Brehm sich für den Vogelschutz aus und machte auf die Probleme seiner Lieblinge aufmerksam. Darum hätte er sich wahrscheinlich auch gefreut, wenn er miterlebt hätte, dass am 2. April 1979 die Europäische Vogelschutzrichtlinie (Richtlinie 79/409) in Kraft trat. In ihrem ersten Artikel stellt sie sämtliche wildlebende Vögel unter Schutz – ein unglaublicher Fortschritt im Naturschutz, den es so in dieser Form noch nie gab.

Und dennoch bedeutet dies leider nicht, dass damit jegliche Sorgen in Bezug auf den Vogelschutz beseitigt wären. Ich hatte vor einiger Zeit die Gelegenheit, in Erfurt eine Sonderausstellung über die illegale Tötung und den Fang von Vögeln in Europa zu besuchen, die vom Naturschutzverband CABS (Komitee gegen den Vogelmord e. V.) mitgestaltet wurde. Erschüttert musste ich dort lesen, dass der Thüringer Wald – der sowohl Alfred Brehms als auch meine Heimat ist – eine Hochburg des illegalen Singvogelfangs ist. Ich erfuhr, dass besonders Stieglitz, Zeisig und Gimpel dort gefangen werden. Die Tiere enden dann in Käfigen von sogenannten »Tierliebhabern«, die sich an ihrem Gesang erfreuen. Und auch wenn Brehm die Begeisterung für den Gesang der gefangenen Tiere sicher teilen würde, so würde er sich vermutlich im Grabe herumdrehen, wenn er wüsste, dass seine geliebten Vögel heute zwar offiziell den Schutz haben, den er sich gewünscht hatte, aber dass sie trotzdem sinnlos und aus reinem Egoismus weggefangen werden. Und der illegale Vogelfang ist ja nur eines von zahllosen Problemen. Trotz der Vogelschutzrichtlinie vergiften die Pestizide der konventionellen Landwirtschaft die Nahrung vieler Vogelarten, und Heckenscheren, egal ob im Rahmen der Verkehrssicherheit an öffentlichen Straßen oder auf privaten Grundstücken, schreddern im Frühjahr unzählige Nesthocker.

An dieser Stelle möchte ich nicht verheimlichen, dass Brehms Vision eines Artenschutzes aus heutiger Sicht ein zweischneidiges Schwert war. Ich halte es für wichtig, Sie auch auf die dunklen Seiten von Brehms Texten aufmerksam zu machen und Sie darauf vorzubereiten, dass Brehm durchaus auch schlecht über Tiere geschrieben hat. Dabei möchte ich kurz auf die Gründe eingehen, warum er das tat.

Brehms Vorstellung vom Tier- und Artenschutz wurde stark von seinem eigenen Wertesystem dominiert. Dies sah eine klare Unterscheidung zwischen nützlichen und schädlichen Arten vor, wie er beispielsweise in einem Artikel in der *Gartenlaube* von 1858 deutlich macht. Darin formuliert Brehm zunächst in wunderbaren Worten seine große Liebe zu den Vögeln:

Hat denn derjenige, welcher gleichgültig tausend Leben zerstört, welcher ein fröhliches Herz schon im Keime vernichtet, niemals daran gedacht, was der Vogel ist?! Ist es ihm denn niemals klar und verständlich geworden, daß der Vogel ein poetisches Bild, ein herrliches Gedicht der großen Dichterin Natur ist?! [...] Denn alle Vögel, welche das Haus, das Gehöft, den Garten des Menschen bewohnen, sind nützlich, außerordentlich nützlich, nicht einer von ihnen ist schädlich. Von den 530–560 Arten der europäischen Vögel, ist noch nicht der sechste Theil schädlich! Viele von denen, welche schädlich genannt werden, wiegen den wirklich verursachten Schaden reichlich durch ihren Nutzen auf, welcher aber gewöhnlich nicht erkannt wird.

Als Beispiel für diese letzte Gruppe nimmt er den Sperling und schreibt: *O, der ist ein Spitzbube, ein Erzdieb, Schelm, Schurke! – anderer übler Nachreden, namentlich hinsichtlich seiner in der That etwas stürmischen Liebeserklärungen, gar nicht zu gedenken! Armer Sperling! Wer hat wohl jemals deine Verdienste anerkannt?!*

Wie so oft greift Brehm hier in anerkennenswerter Weise ein weit verbreitetes Vorurteil auf und versucht, durch Aufklärung ein angemessenes Handeln seiner Mitmenschen und Empathie gegenüber dem beschriebenen Tier zu erreichen. Doch wehe der Vogelart, die von Brehm als tatsächlicher Schädling identifiziert wird! Ohne jede Selbstreflexion und im festen Glauben an die eigene Unfehlbarkeit schreibt er nämlich an anderer Stelle im Text: *Die wirklich schädlichen Vögel unseres Vaterlandes, deren Verfolgung und bezüglich Vernichtung nothwendig ist, sind folgende ...*

Es folgt eine Liste mit 16 demnach zur Ausrottung freigegebenen Arten, wie beispielsweise verschiedenen Adlerarten, über die er schreibt: *Die großen Arten von ihnen, also Stein-, Gold- und Schreiadler, sind es, welche, wie erwiesen ist, schon mehr als einmal kleine Kinder geraubt haben. Alle Adler bringen dem Menschen gar keinen Nutzen.*

35

Doch nicht nur bestimmte Vogelarten waren auf Brehms »Schwarzer Liste«. Auch die heute auf der deutschen Roten Liste als stark gefährdet eingestufte Kreuzotter konnte nur knapp die von Brehm initiierte Hetzjagd auf sie überstehen. In seinem *Tierleben* äußert Brehm sich ausgesprochen persönlich über das Reptil, und gibt auf Grundlage seiner (aus Brehms Sicht zumindest) kristallklaren Einstufung folgende Empfehlung – und ein Beispiel für völlig verfehlte Vermenschlichung:

Das Wesen der Kreuzotter, so weit wir es kennen, ist nichts weniger als ansprechend, die blinde, grenzenlose Wuth, welche sie, gereizt, bekundet, geradezu abstoßend. [...] Und in der That, bei keinem deutschen Thiere weiter ist die rücksichtsloseste, unnachsichtlichste Verfolgung in demselben Grade gerechtfertigt wie bei ihr. [...] Gewiß, wer aus übertriebener Thierfreundlichkeit den Schlangen das Wort redet, frevelt an den Menschen. Besser ist es, ich wiederhole es, daß sie alle, die schuldigen wie die unschuldigen, vernichtet werden, als daß ein einziger Mensch sein Leben durch eine giftige unter ihnen verliere, oder daß das Leben eines einzigen Menschen durch das höllische Gift in eine ununterbrochene Qual verkehrt werde. Daher Schutz den natürlichen Feinden der Ottern, [...] und unnachsichtliche Verfolgung ihrer selbst und ihres ganzen Gezüchtes!

Ich habe den Begriff »Ökologie« im Sinne eines Systems, bei dem alle Elemente ineinandergreifen und sich wertfrei bedingen, also so wie ihn seine Zeitgenossen Darwin oder der deutsche Zoologe Ernst Haeckel verwenden, bei Brehm nicht gefunden. In seiner Einteilung in »gut« und »böse«, oder vielmehr »nützlich« und »schädlich«, ist für ein natürliches Regulativ auch kein Platz. Brehm bleibt in einer Welt verhaftet, in der der Wert von Tieren an ihrer Nützlichkeit für den Menschen ermessen wird.

Doch trotz seiner aus heutiger Sicht unglaublich eingeschränkten Sichtweise war Brehm ein Vorreiter im Natur- und Artenschutz. Der Erhalt und das Verständnis unserer vielfältigen Tierwelt war ihm sein Leben lang ein Anliegen, und nicht zuletzt ein großer Antrieb für sein Schreiben und das Entstehen seines *Tierlebens*. Ich halte es nicht für übertrieben zu behaupten, dass er mit seinem großartigen Werk den fruchtbaren Samen des wachsenden Umweltbewusstseins in unsere Gesellschaft gepflanzt hat – und so die Grundlage für die Entstehung der ersten Naturschutzverbände schuf, die kurz nach seinem Tod gegründet wurden.

Schon 1863 formulierte Brehm in dem Werk *Die Thiere des Waldes,* das er gemeinsam mit dem älteren und erfahreneren Professor Emil Adolf Roßmäßler veröffentlichte, die Vision, *den Wald unter den Schutz des Wissens Aller* zu stellen. Dieser Gedanke, die Öffentlichkeit in den Schutz von Tier und Natur zu involvieren, war damals geradezu revolutionär. Und ihr Leitspruch lässt sich, wie ich finde, hervorragend umwandeln zu: *die Anliegen der Tiere unter den Schutz des Wissens Aller stellen.* Denn auch bei meinen Veröffentlichungen geht es schließlich immer darum, durch Aufklärung und das Begeistern meiner Leser neue Mitschützer zu finden und den Tieren im Kampf um ihre Rechte starke Mitstreiter an die Seite zu stellen.

Warum wir auch heute noch Brehm lesen sollten

Brehm ist zu Recht ein echter Klassiker, denn es macht einfach Freude, seine Sprache zu lesen. In seinen Büchern unternehmen wir eine Zeitreise und werden in ferne Länder versetzt, erfahren von Tieren, deren Namen wir noch nie zuvor gehört haben, und sehen uns bekannte Tiere mit anderen Augen. Schon nach kurzer Zeit hat man sich in seine besondere Sprachmelodie eingelesen und folgt ihm leicht und mit großer Neugier.

In Brehms Texten, aber auch bei vielen anderen Naturforschern aus seiner Zeit, bemerkt man beim Lesen, dass diese weitgereisten Wissenschaftler eine unglaubliche Dichte und Vielfalt des Lebens beschreiben. Sie beschreiben eine Welt, die wir uns heute kaum noch vorstellen können, wenn wir auf gepflegten Wegen durch den Wald spazieren und jedes dort gesichtete Tier eine kleine Sensation ist. Wenn man bedenkt, dass diese überbrodelnde Natur noch vor 150 Jahren fast überall der Normalzustand war, dann erscheint unsere heutige Welt verarmt, auch wenn jeder ein Handy und jeder Zweite ein Auto hat.

An dieser Stelle komme ich nicht umhin, Sie darauf aufmerksam zu machen, dass Brehms Texte wahrscheinlich die anschaulichste Möglichkeit sind, einige Tierarten näher kennenzulernen. Sie ahnen es schon, es handelt sich um die Tiere, die in den vergangenen 150 Jahren ausgerottet wurden.

Ich hoffe sehr, dass den heimischen Wildtieren, die Sie im zweiten Teil dieses Buches antreffen werden, dieses Schicksal erspart bleibt. Noch können Sie viele von ihnen auf Ihrem nächsten Spaziergang in der Natur – und einigen von ihnen sogar mitten in der Stadt – durchaus begegnen. Die Texte, und bis auf wenige Ausnahmen auch alle Abbildungen, stammen im Übrigen aus der zweiten Auflage von *Brehms Tierleben*, die ab 1876 erschien.

Alfred Brehm ermöglicht uns wie kaum ein anderer, in unsere eigene Geschichte im Umgang mit Tieren einzutauchen, und wir verdanken ihm viel, denn er hat als erster Naturforscher das lebende Tier und sein Verhalten in den Mittelpunkt seiner Aufmerksamkeit gerückt. Seine Herangehensweise war damals neu, kreativ, vielleicht ein wenig verrückt aus Sicht seiner Zeitgenossen, aber gleichzeitig absolut erforderlich. Entstanden ist auf diese Weise ein Werk, das zu Recht den Namen *Tierleben* trägt. Ihm gebührt ein unauslöschlicher Platz in unserer Kultur – und in jedem Bücherregal.

Danksagung

An allererster Stelle möchte ich Herrn Dr. Alfred Edmund Brehm für sein *Tierleben* danken. Er hat uns zweifelsfrei eines der tollsten Biologiebücher hinterlassen und eine ganze Generation in ihrem Weltbild geprägt. Wenn man sein Werk heute liest, dann ist es nicht mehr nur ein Biologiebuch, sondern ein Zeitdokument, das uns fast magisch in das Denken der Menschen von vor 150 Jahren hineinzieht.

Ein großer Dank gebührt auch dem Dudenverlag, der mich um diese Einführung gebeten hat. Mit großem Gespür haben sie sich einen Biologen gesucht, der ganz ähnlich wie Brehm versucht, den Menschen das Leben der Tiere näherzubringen.

Dieses Vorwort wäre nicht möglich gewesen ohne die großartige Unterstützung der Mitarbeiter der Brehm-Gedenkstätte in Renthendorf. Allen voran möchte ich dem Biologen Stefan Curth und Prof. Dr. Jochen Süss danken. Ebenso gilt mein Dank Thomas Peter, der mir von allen im Haus als (nicht ganz so heimlicher) Kenner der Brehm-Texte empfohlen wurde. Darüber hinaus möchte ich den Mitgliedern des Förderkreis Brehm e.V., Prof. Dr. Friedemann Schmoll und Dr. Dietrich von Knorre danken. Ohne ihre Sachkenntnis wären mir viele Zusammenhänge entgangen. Ebenso möchte ich hier Wolfgang Vogel von der Friedrich-Schiller-Universität Jena danken.

Das Brehms Artenschutzanliegen noch heute größte Brisanz hat, wäre mir ohne die Sonderausstellung zum Vogelfang im Naturkundemuseum Erfurt nicht bewusst gewesen. Dafür mein Dank an Florian Schäfer und den unterstützenden Naturschutzverband CABS.

Karsten Brensing

TEIL II

BREHMS TIERLEBEN

FUCHS

Unter den in unserem Vaterlande wildlebenden Säugethieren steht der Fuchs (CANIS VULPES, C. ALOPEX, VULPES VULGARIS) unzweifelhaft obenan. Kaum ein einziges anderes Mitglied der ersten Klasse genießt einen so hohen Ruhm und erfreut sich einer so großen Bekanntschaft wie Freund Reineke, das Sinnbild der List, Verschlagenheit, Tücke, Frevelhaftigkeit und, wie ich sagen möchte, gemeinen Ritterlichkeit. Ihn rühmt das Sprichwort, ihn preist die Sage, ihn verherrlicht das Gedicht; ihn hielt einer unserer größten Meister für würdig, seinen Gesang ihm zu widmen. Es ist gar nicht anders möglich: der Gegenstand einer so allgemeinen Theilnahme muß ein ausgezeichnetes Geschöpf sein. Und das ist denn auch unser Schlaukopf und Strauchdieb in jeder Hinsicht. Wir müssen ihm seiner geistigen wie leiblichen Eigenschaften wegen unsere Achtung zollen, ihn gewissermaßen liebgewinnen. Gleichwohl erfreut sich Reineke keineswegs unserer Freundschaft. Trotz aller Anerkennung, welche seine Fähigkeiten uns einflößen, wird er von uns verfolgt und befehdet, wo sich nur immer Gelegenheit dazu bietet. Es scheint fast, als bestände zwischen dem Menschen und Thiere ein Wettstreit, als bemühe sich der Mensch, ihm gegenüber zu zeigen, daß die geistigen Fähigkeiten des Erdenbeherrschers denn doch noch die des Fuchses überträfen: und Reineke seinerseits läßt es sich angelegen sein, seinem Verfolger immer und immer wieder zu beweisen, daß man auch trotz aller Hindernisse noch zu leben verstehe.

Der Fuchs ist ein vollendetes Thier in seiner Art. »Zierlicher, als seine Verwandten in Tracht und Haltung«, sagt Tschudi, »feiner, vorsichtiger, berechnender, biegsamer, von großem Gedächtnis und Ortssinn, erfinderisch, geduldig, entschlossen, gleich gewandt im Springen, Schleichen, Kriechen und Schwimmen, scheint er alle Erfordernisse des vollendeten Strauchdiebes in sich zu vereinigen und macht, wenn man seinen geistreichen Humor hinzunimmt, den angenehmen Eindruck eines abgerundeten Virtuosen in seiner Art.« Reineke ist unbedingt der allervollendetsten Spitzbuben einer. Mit seinen leiblichen Begabungen stehen seine geistigen Fähigkeiten nicht bloß im Einklange, sondern helfen ihm gewissermaßen über manche Mängel seiner leiblichen Ausrüstung, im Vergleiche zu anderen, besser begabten Raubthieren hinweg. Reineke versteht sein Handwerk zu treiben und läßt sich kaum von einem zweiten Geschöpfe übertreffen. Ihm scheint nichts unerreichbar, seiner List und Tücke kein Wild zu schnell oder zu stark, seiner Behendigkeit nichts zu rasch und zu gewandt zu sein. Gefahr würdigt er vollkommen, aber fürchtet sie nicht; denn für ihn sind alle Netze, Fallen, Schlingen und Jagdwaffen eigentlich kaum da; für ihn findet sich aus jeder Verlegenheit noch ein Ausweg, und nur die größere Menschenlist oder die durch Verbindung mit des Fuchses eigenen Familiengenossen unberechenbar vermehrte Macht des Erdenbeherrschers kostet unserem Strauchdiebe Haut und Haar.

Reineke lebt, hundertfach durch Wort und Bild gezeichnet, in Jedermanns Anschauung und ist wohl bekannt. Demungeachtet verdient er den weniger mit der Natur Vertrauten besonders vorgestellt zu werden. Seine Länge beträgt bis 1,3 Meter, wovon freilich 40 Centim. auf den Schwanz kommen, die Höhe am Widerrist dagegen nur 35, höchstens 38 Centim., das Gewicht sieben bis zehn Kilogramm. Der Kopf ist breit, die Stirn platt, die Schnauze, welche sich plötzlich verschmälert, lang und dünn. Die Seher stehen schief und die Lauscher, welche am Grunde sich verbreitern und nach oben zuspitzen, aufrecht. Der Leib erscheint seines ziemlich dichten Haarkleides wegen dick, ist in Wahrheit aber ungemein schlank, jedoch äußerst kräftig und der umfassendsten Bewegung fähig. Die Läufe sind dünn und kurz, die Standarte oder Lunte aber ist lang und buschig, der Balg sehr reichlich, dicht, weich, und hinsichtlich seiner Färbung ein wirklich vollendeter zu nennen. Reineke sammt seiner ganzen edlen Sippschaft trägt ein Kleid, welches seinem Räuberthume in der allervortrefflichsten Weise entspricht. Die Färbung, ein fahles, grauliches Roth, welches sich der Bodenfärbung förmlich anschmiegt, paßt ebenso zum Laubwalde wie zum Nadelholzbestande, er sei hoch oder niedrig, oder ist für die Heide wie für das Feld und für das Stein- oder Felsengeklüfte gleich geeignet. [...]

Reineke bewohnt den größten Theil der nördlichen Hälfte unserer Halbkugel. Er geht durch ganz Europa, Nordafrika, West- und Nordasien.

Man vermißt ihn nirgends gänzlich und trifft ihn in manchen Gegenden häufig an. Seine Allseitigkeit läßt ihn aller Orten passende Wohnplätze finden, wo andere Raubthiere, aus Mangel an solchen, sich nicht aufhalten können, und seine List, Schlauheit und Gewandtheit befähigen ihn, diese Wohnsitze mit einer Beharrlichkeit und Hartnäckigkeit zu behaupten, welche geradezu ohne Beispiel dasteht.

Seine Wohnplätze werden immer mit äußerster Vorsicht gewählt. Es sind tiefe, gewöhnlich verzweigte Höhlen im Geklüft, zwischen Wurzeln oder anderen günstigen Stellen, welche am Ende in einen geräumigen Kessel münden. Wenn es nur irgend angeht, gräbt er sich diese Baue nicht selbst, sondern bezieht alte, verlassene Dachsbaue oder theilt sie mit Grimbart, trotz der Abneigung desselben, mit anderen Thieren Geselligkeit zu pflegen. Alle größeren Fuchsbaue sind ursprünglich vom Dachse angelegt worden. Falls er es haben kann, gräbt er den Bau an Berggehängen, so daß die Röhren aufwärts führen, ohne zu flach unter den Boden zu kommen. In ganz ebenen Gegenden liegt der Kessel oft dicht unter der Oberfläche. Zur Herbst- und Winterszeit bezieht er, namentlich in ebenen Gegenden, gern zusammengefahrene Steinhaufen, und unter Umständen müssen eine alte Kopfweide und Kopfeiche als Wohnung und Wochenzimmer dienen. Bei Platzregen, Sturm, kalter Witterung und während der Paarungszeit, auch im Sommer während der größten Hitze oder solange die Füchsin kleine Junge hat, findet man unseren Buschklepper regelmäßig in seinem Baue; bei günstiger Witterung aber durchwandert er sein Gebiet und ruht da aus, wo sich gerade ein passendes Plätzchen findet, gewöhnlich im Dickichte, im Rohre, im Getreide, im Riedgrase usw. In waldarmen Ebenen, beispielsweise in dem Fruchtlande Unteregyptens, graben sich die Füchse nur für ihr Gewölfe wirkliche Baue, während die alten unter dem milden Himmel des Landes jahraus jahrein im Freien leben.

Der Fuchs zieht, um zu rauben, die Nacht dem Tage vor, jagt jedoch auch recht gern angesichts der Sonne, an stillen Orten über Tages lieber noch als in der Dunkelheit. In den langen Tagen der Sommermonate zieht er an gedeckten Stellen seines Gebietes oft mehrere Stunden vor Sonnenuntergang mit seinen Jungen auf Raub aus, und bei anhaltender Kälte und tiefem Schnee scheint er nur in den Morgenstunden zu ruhen; denn schon von zehn Uhr vormittags an sieht man ihn in den Feldern umherstreichen. Wie der Hund hält er die Wärme sehr hoch. Bei schönem Wetter legt er sich auf einen alten Baumstamm oder Stein, um sich zu sonnen, und verträumt in behaglichster Gemüthsruhe manches Stündchen. Da, wo er sich sicher fühlt, überläßt er sich auch an wenig oder nicht gedeckten Stellen ziemlich sorglos dem Schlafe, schnarcht laut wie ein Hund und schläft so tief, daß es bisweilen selbst den durch einen klugen Hund aufmerksam gemachten Jäger gelingt, ihn in solcher Lage zu überraschen und zu beobachten. Mit Einbruch der Dämmerung oder schon in den Nachmittagsstunden beginnt er einen seiner Schleich- und Raubzüge. Aeußerst vorsichtig strolcht er langsam dahin, äugt und windet von Zeit zu Zeit, sucht sich beständig zu decken und wählt deshalb immer die günstigsten Stellen zwischen Gestrüpp, Steinen, hohen Gräsern und dergleichen zu seinen Wegen, Pässen oder Wechseln. So lange es irgend angeht, hält er das Dickicht, und wenn er dieses verlassen muß, geschieht es sicher nur da, wo einzelne Büsche und ähnliche Deckungsmittel ihm nach einer anderen ebenso günstigen Stelle des Waldes gleichsam eine Brücke schlagen. […] Der Fuchs achtet auf alles und bemerkt auch das geringste, noch ehe andere Thiere davon etwas ahnen. Seine Sinnesfähigkeiten kommen ihm dabei vortrefflich zu statten: er vernimmt, äugt und windet außerordentlich scharf und weiß mit überraschender Geistesgegenwart und Schlauheit jede gemachte Beobachtung zu benutzen. List und Verstellung sind ihm zur zweiten Natur geworden. Ein auf die Jagd gehender Fuchs sieht harmlos aus und ist doch entschieden eines der gefährlichsten Raubthiere, welche wir in bewohnten Gegenden noch besitzen.

Seine Jagd gilt allem Gethier von dem jungen Reh an bis zum Käfer herab, vorzüglich aber den Mäusen, welche wohl den Haupttheil seiner Mahlzeiten bilden. Er schont weder Jung noch Alt, verfolgt die Hasen und Kaninchen aufs eifrigste, wagt es sogar, ein Reh- oder Hirschkälbchen zu beschleichen, wenn er glaubt, daß dieses einen Augenblick lang unbewacht ist […]. Er plündert nicht allein die Nester aller auf dem Boden brütenden Vögel, indem er Eier und Junge verzehrt, sondern versucht auch die flugbegabten, alten Vögel zu überlisten und kommt nicht selten zum Ziele. Er schwimmt und wadet durch Sumpf und Moor, um den auf dem Wasser brütenden Vögeln beizukommen: es sind Fälle bekannt, daß er brütende Schwäne erwürgt hat. Außerdem überfällt er die Herden des zahmen Geflügels und stiehlt sich zur Nachtzeit bis in die Höfe einzelnstehender Bauerngüter: wenn er ein gutes Versteck besitzt, schleicht er dem Hausgeflügel selbst bei hellem Tage nach. [...]

In großen Gärten und Weinbergen ist er sicherlich ein viel häufigerer Gast, als man gewöhnlich glaubt. In beiden fängt er Heuschrecken, Maikäfer und deren Larven, Regenwürmer usw., oder sucht süße Birnen, Pflaumen, Trauben und andere Beeren zusammen. An dem Bache lungert er umher, um eine schöne Forelle oder einen dummen Krebs zu überraschen; am Meeresstrande frißt er den Fischern die Netze aus; im Walde entleert er die Schneißen der Jäger. Kerfe aller Art: Käfer, Wespen, Bienenlarven und Fliegen und dergleichen zählen im Sommer wohl zu seinen regelmäßigen Gerichten. So kommt es, daß seine Tafel fast immer gut bestellt ist und er nur dann in Noth geräth, wenn sehr tiefer Schnee ihm seine Jagd besonders erschwert. [...]

Der Lauf des Fuchses ist schnell, ausdauernd, behend und im höchsten Grade gewandt. Er versteht zu schleichen, unhörbar auf dem Boden dahinzugleiten, aber auch zu laufen, zu rennen und außerordentlich weite Sätze auszuführen. Selbst gute Jagdhunde sind selten im Stande, ihn einzuholen. Bei rascherem Laufe trägt er die Lunte gerade nach rückwärts gestreckt, während er sie beim Gehen fast auf dem Boden schleppt. Wenn er lauert, liegt er fest auf dem Bauche, wenn er ruht, legt er sich nicht selten, wie der Hund, zusammengerollt auf die Seite oder auch selbst auf den Rücken; sehr häufig sitzt er auch ganz nach Hundeart auf den Keulen und schlägt dabei die buschige Standarte zierlich um seine Vorderläufe. Vor dem Wasser scheut er sich nicht im geringsten, schwimmt vielmehr leicht und rasch über Flüsse von der Größe der Elbe; auch im Klettern zeigt er sich nicht ungeschickt, da man ihn zuweilen auf Bäumen bis fünf Meter über dem Boden antrifft. [...]

Die Stimme des Fuchses ist ein kurzes Gekläff, welches mit einem stärkeren und höheren Kreischen endet. Erwachsene Füchse »bellen« bloß

47

vor stürmischem Wetter, bei Gewittern, bei großer Kälte und zur Zeit der Paarung; die Jungen dagegen schreien und kläffen, sobald sie hungerig sind oder sich langweilen. Im Zorne oder bei großer Gefahr knurrt oder heult der Fuchs; einen Schmerzenslaut vernimmt man von ihm nur dann, wenn er von einer Kugel getroffen oder ihm durch einen Schrotschuß ein Knochen zertrümmert worden ist: bei jeder anderen Verwundung schweigt er hartnäckig still. Im Winter, namentlich bei Schnee und Frost, schreit er laut und klagend; am meisten aber hört man ihn zur Zeit der Paarung.

Reineke zählt nicht zu den geselligen Thieren und unterscheidet sich auch dadurch von Urhunden, Wölfen und Schakalen. Zwar trifft man nicht selten mehrere Füchse in einem Dickichte und selbst in einem und demselben Baue an; sie aber vereinigte, in den meisten Fällen wohl gewohnheitsmäßig, die Oertlichkeit, nicht der Wunsch mit anderen ihresgleichen gemeinsam zu leben und zu wirken. Unter Umständen, namentlich in Zeiten der Noth, geschieht es wohl, daß Füchse gesellschaftlich jagen; ob jedoch hierbei gemeinschaftlich gehandelt wird, dürfte fraglich sein. In der Regel geht jeder Fuchs seinen eigenen Weg und bekümmert sich um andere seiner Art nur in so weit, als es sein Vortheil angemessen erscheinen läßt. Selbst die verliebten Füchse halten nur so lange zusammen, als ihre Liebe währt, und trennen sich sofort nach der Ranzzeit wieder. Freundschaft gegen andere Thiere kennt der Fuchs ebensowenig wie Geselligkeit. Man hat allerdings wiederholt beobachtet, daß er sogar mit seinem Todfeinde, dem Hunde, freundlich verkehrte: dies aber geschah jedenfalls nur in seltenen Ausnahmsfällen. Auch das Verhältnis zu Vetter Grimbart darf nicht als ein freundschaftliches aufgefaßt werden, da es Reineken keineswegs um den Dachs, sondern nur um dessen Wohnung zu thun ist. Er nimmt diese mit der ihm eigenen Dreistigkeit wenigstens theilweise in Besitz, ohne viel nach Grimbart zu fragen. […]

Die Ranzzeit fällt in die Mitte des Februar und dauert einige Wochen. Um diese Zeit gesellen sich gewöhnlich mehrere Rüden zu einer Fähin, folgen ihr auf Schritt und Tritt und machen ihr nach Hundeart den Hof. Jetzt vernimmt man ihr Gekläff öfter als je; auch werden unter den verschiedenen Mitbewerbern lebhafte Händel ausgekämpft. […]

Wenn die Fähin sich trächtig fühlt, verläßt sie, wahrscheinlich um den Nachstellungen noch verliebter Füchse besser entgehen und ihre ungestümen Zumuthungen leichter abweisen zu können, das Hochzeitsgemach wieder und hält sich in schützenden Dickichten auf, welche in der Nähe der von ihr zur Wochenstube ersehenen Baue liegen. Während der Trächtigkeitsdauer besucht und erweitert sie, laut Beckmann, verschiedene Baue ihres Wohngebietes und bezieht zuletzt in aller Stille denjenigen, dessen Umgebung in der letzten Zeit am seltensten von Menschen und Hunden betreten wurde. Ob dieser Bau versteckt oder frei liegt, kommt wenig in Betracht. In Ermangelung eines ihr passenden Baues gräbt sie eine Nothröhre oder erwählt sich einen hohlen Baum, einen Reisighaufen oder endlich ein in dichtem Gebüsche wohl verstecktes Lager, welches besonders sorgfältig hergerichtet und mit Haaren ausgekleidet wird, zum Wochenbette. […]

Sechszig bis dreiundsechszig Tage oder neun Wochen nach der Begattung, Ende Aprils oder anfangs Mai, wölft die Füchsin. Die Anzahl ihrer Jungen schwankt zwischen drei und zwölf; am häufigsten dürften ihrer vier bis sieben in einem Neste gefunden werden. Sie kommen nach Pagenstechers Untersuchungen mit verklebten Augen und Ohren zur Welt, haben ein durchaus glattes, kurzes, braunes, mit gelblichen und graulichen Spitzen gemischtes Haar, eine fahle, ziemlich scharf abgesetzte Stirnbinde, eine weiße Schwanzspitze und einen kleinen weißen undeutlichen Fleck auf der Brust, sehen äußerst plump aus, erscheinen höchst unbeholfen und entwickeln sich anfänglich sehr langsam. Frühestens am vierzehnten Tage öffnen sie die Augen; schon um diese Zeit aber sind bereits alle Zähnchen durchgebrochen. Die Mutter behandelt sie mit großer Zärtlichkeit, verläßt sie in den ersten Tagen ihres Lebens gar nicht, später nur auf kurze Zeit in tiefer Dämmerung, und scheint ängstlich bestrebt zu sein, ihren Aufenthalt zu verheimlichen. Ein oder einundeinhalb Monat nach ihrer Geburt wagen sich die netten, mit röthlichgrauer Wolle bedeckten Raubjunker in stiller Stunde heraus vor den Bau, um sich zu sonnen und unter einander oder mit der gefälligen Alten zu spielen. Diese trägt ihnen Nahrung in Ueberfluß zu, von allem Anfange an auch lebendiges Wildpret: Mäuse, Vögelchen, Frösche und Käfer, und lehrt die hoffnungsvollen Sprößlinge, gedachte Thiere zu fangen, zu quälen und zu verzehren. Sie ist jetzt vorsichtiger als je, sieht in dem unschuldigsten Dinge schon Gefahr für ihr Gewölfe und führt es bei dem geringsten Geräusche in den Bau zurück, schleppt es auch, sobald sie irgend eine Nachstellung merkt, im Maule nach einem anderen Baue, ergreift selbst hartbedrängt noch ein Junges, um es in Sicherheit zu bringen. Selten nur gelingt es dem Beobachter, die spielende Familie zu bemerken. Wenn die Kleinen eine gewisse Größe erlangt haben, liegen sie bei gutem Wetter morgens und abends gern vor der Eingangsröhre und erwarten die Heimkunft der Alten: währt ihnen diese zu lange, so bellen sie und verrathen sich hierdurch zuweilen selbst. Schon im Juli begleitet das Gewölfe die jagende Alte oder geht allein auf die Jagd, sucht bei Tage oder in der Dämmerung ein Häschen, Mäuschen, Vögelchen oder ein anderes Thierchen zu überraschen, und wäre es auch nur ein Käfer […].

Ende Juli's verlassen die jungen Füchslein den Bau gänzlich, und beziehen mit ihrer Mutter die Getreidefelder, welche ihnen reichen Fang versprechen und vollkommene Sicherheit gewähren. Nach der Ernte suchen sie dichte Gebüsche, Heiden und Röhricht auf, bilden sich inzwischen zu vollkommen gerechten Jägern und schlauen Strauchdieben aus, und trennen sich endlich im Spätherbste gänzlich von der Mutter, um auf eigene Faust ihr Heil zu versuchen. […]

Reineke ist der Jägerei ungemein verhaßt, steckt deshalb jahraus jahrein im Waldbanne und ist vogelfrei: für ihn gibt es keine Zeit der Hegung, keine Schonung. Man schießt, fängt, vergiftet ihn, gräbt ihn aus seinem sicheren Baue und schlägt ihn mit dem gemeinen Knüppel nieder, hetzt ihn zu Tode, holt ihn mit Schraubenziehern aus der Erde heraus, kurz, sucht ihn zu vernichten, wo immer nur möglich und zu jeder Zeit. Wäre er nicht so gescheit und schlau: der Mensch hätte ihn längst vollkommen ausgerottet. Bei allen Jägern gilt es als Evangelium, an welchem zu rütteln unverantwortliche Ketzerei ist, daß der Fuchs eines der schädlichsten Thiere des Erdenrunds sei und deshalb mit Haut und Haar, Kind und Kindeskind vertilgt werden müsse. Das sonst offene Weidmannsgemüth schreckt vor keinem Mittel zurück, nicht einmal vor dem gemeinsten und abscheulichsten, wenn es sich darum handelt, den Fuchs zu vernichten. Vom Standpunkte eines Jägers aus, in dessen Augen Wald und Fluren einzig und allein des Wildes wegen da zu sein scheinen, mag eine so unerbittliche, fast unmenschliche Verfolgung berechtigt erscheinen, von jedem anderen Gesichtspunkte aus ist sie es nicht. Denn Wald und Flur werden nicht der Rehe, Hasen, Auer-, Birk-, Hasel-, Rebhühner und Fasanen halber bestellt und gepflegt, sondern dienen ungleich wichtigeren Zwecken. Demgemäß ist es die Pflicht des Forst- und Landwirtes von beiden Gebieten nach Kräften alles fernzuhalten, was ihren Ertrag schmälern oder sie sonstwie schädigen kann. Nun wird Niemand im Ernste behaupten wollen, daß irgend eine der genannten Wildarten unseren Fluren und Forsten Nutzen bringen könnte: alle ohne Ausnahme zählen im Gegentheile zu den schädlichen Thieren. Man kann den von ihnen verursachten Schaden übersehen und verzeihen, nicht aber in Abrede stellen. Allen Gewinn, welchen man aus dem Wildstande ziehen kann, wiegt den Wildschaden nicht auf: jedes Reh, jeder Hase verzehrt an sonstwie zu verwerthenden Pflanzenstoffen mehr als sie einbringen. Schon daraus geht hervor, daß ein Raubthier, welches den Wildstand vermindert, streng genommen nicht zu den schädlichen, sondern zu den nützlichen Thieren gezählt werden muß. Beeinträchtigung des Wildstandes ist aber die geringste Leistung Reinekes: unverhältnismäßig mehr macht er sich verdient durch Vertilgung von Mäusen. Sie, die überaus schädlichen Nager, bilden, wie bereits bemerkt, seine Hauptspeise: er fängt nicht bloß so viele, als er zu seiner Nahrung braucht, zwanzig bis dreißig Stück auf die Mahlzeit, sondern fährt, auch wenn er vollkommen gesättigt ist, zu seinem Vergnügen mit der Mäusejagd fort, beißt die erlangten Wald- und Feldfeinde todt und läßt sie liegen. Hierdurch macht er sich in so hohem Grade nützlich, daß seine Thätigkeit allgemeine Beachtung, nicht aber nur Misachtung verdient. Ich bin weit entfernt, ihn von den Sünden, welche er sich zu Schulden kommen läßt, freisprechen zu wollen; denn ich weiß sehr wohl, daß er kein schwächeres Geschöpf verschont, viele nützliche Vögel frißt und deren Nester plündert, in Geflügelställen wie ein Marder würgt und andere Schandthaten begeht: dies alles aber wird durch den von ihm gestifteten Nutzen sicherlich aufgewogen. [...]

51

EICHHÖRNCHEN

Das Eichhorn oder Eichorn (SCIURUS VULGARIS, SC. ALPINUS UND ITA-
LICUS), einer von den wenigen Nagern, mit denen der Mensch sich be-
freundet hat, trotz mancher unangenehmen Eigenschaften ein gern gesehe-
ner Genosse im Zimmer, erscheint sogar dem Dichter als eine ansprechende
Gestalt. Dies fühlten schon die Griechen heraus, denen wir den Namen zu
danken haben, welcher jetzt in der Wissenschaft die Eichhörnchen bezeichnet.
»Der mit dem Schwanze sich schattende« bedeutet jener griechische Name, und
unwillkürlich muß jeder, welcher die Bedeutung des Wortes *Sciurus* kennt, an
das lebhafte Thierchen denken, wie es da oben sitzt, hoch auf den obersten
Kronen der Bäume. […]

Die Leibeslänge des Eichhorn beträgt etwa 25 Centim., die Schwanzes-
länge 20 Centim., die Höhe am Widerrist 10 Centim. und das Gewicht des
erwachsenen Thieres etwas über ein halbes Pfund. Der Pelz ändert im Sommer und im Winter, im Norden und im Süden vielfach ab, und außerdem
gibt es noch zufällige Ausartungen. Im Sommer ist die Färbung oben bräun-
lichroth, an den Kopfseiten grau gemischt, auf der Unterseite vom Kinne
an weiß, im Winter oberseits braunroth mit grauweißem Haar untermischt,
unterseits weiß, in Sibirien und Nordeuropa aber häufig weißgrau, ohne jede
Spur von rothem Anfluge, während der Sommerpelz dem unseres Hörnchens ähnelt. Häufig sieht man auch in den deutschen Wäldern eine schwarze
Abart, welche manche Naturforscher schon für eine besondere Art erklären
wollten, während wir mit aller Bestimmtheit sagen können, daß oft unter
den Jungen eines Wurfes sich rothe und schwarze Stücke befinden. Sehr selten sind weiße oder gefleckte Spielarten, solche mit halb oder ganz weißem
Schwanze und dergleichen. Der Schwanz ist sehr buschig und zweizeilig, das
Ohr ziert ein Büschel langer Haare, die Fußsohlen sind nackt.

Unser Eichhörnchen ist den Griechen und Spaniern ebensogut bekannt
wie den Sibiriern und Lappländern. Sein Verbreitungskreis reicht durch
ganz Europa und geht noch über den Kaukasus und Ural hinweg durch das
ganze südliche Sibirien bis zum Altai und nach Hinterasien. Wo sich Bäume

finden, und zumal wo sich die Bäume zum Walde einen, fehlt es sicher nicht; aber es ist nicht überall und auch nicht in allen Jahren gleich häufig. Hochstämmige, trockene und schattige Wälder bilden seine bevorzugtesten Aufenthaltsplätze; Nässe und Sonnenschein sind ihm gleich zuwider. Während der Reife des Obstes und der Nüsse besucht es die Gärten des Dorfes, doch nur dann, wenn sich vom Walde aus eine Verbindung durch Feldhölzchen oder wenigstens Gebüsche findet. Da, wo viele Fichten- und Kieferzapfen reifen, setzt es sich fest und erbaut sich eine oder mehrere Wohnungen, gewöhnlich in alten Krähenhorsten, welche es künstlich herrichtet. Zu kürzerem Aufenthalte benutzt es verlassene Elster-, Krähen- und Raubvögelhorste, wie sie sind; die Wohnungen aber welche zur Nachtherberge, zum Schutze gegen üble Witterung und zum Wochenbette des Weibchens dienen, werden ganz neu erbaut, obwohl oft aus den von Vögeln zusammengetragenen Stoffen. Man will bemerkt haben, daß jedes Hörnchen wenigstens vier Nester habe, doch ist mit Sicherheit hierüber wohl noch nichts festgestellt worden, und ich glaube beobachtet zu haben, daß Laune und Bedürfnis des Thieres außerordentlich wechseln. Höhlungen in Bäumen, am liebsten die in hohlen Stämmen, werden ebenfalls von ihm besucht und unter Umständen auch ausgebaut. Die freien Nester stehen gewöhnlich in einem Zwiesel dicht an dem Hauptstamme des Baumes; ihr Boden ist gebaut wie der eines größeren Vogelnestes, oben aber deckt sie nach Art der Elsternester ein flaches, kegelförmiges Dach, dicht genug, um dem Eindringen des Regens vollständig zu widerstehen. Der Haupteingang ist abwärts gerichtet, gewöhnlich nach Morgen hin; ein etwas kleineres Fluchtloch befindet sich dicht am Schafte. Zartes Moos bildet im Innern ringsum ein weiches Polster. Der Außentheil besteht aus dünneren und dickeren Reisern, welche durcheinander geschränkt wurden. Den festen, mit Erde und Lehm ausgekleibten Boden eines verlassenen Krähennestes benutzt das Hörnchen besonders gern zur Grundlage des seinigen.

Das muntere Thierchen ist unstreitig eine der Hauptzierden unserer Wälder. Bei ruhigem, heiteren Wetter bewegt es sich ununterbrochen, und zwar soviel als möglich auf den Bäumen, welche ihm zu allen Zeiten Nahrung und Obdach bieten. Gelegentlich steigt es gemächlich an einem Stam-

me herab, läuft bis zu einem zweiten Baume und klettert, oft nur zum Spaße, wieder an diesem empor; denn wenn es will, braucht es den Boden gar nicht zu berühren. Es ist der Affe unserer Wälder und besitzt viele Eigenschaften, welche an die jener launischen Südländer erinnern. Nur höchst wenige Säugethiere dürfte es geben, welche immerwährend so munter sind und so kurze Zeit auf einer und derselben Stelle bleiben, wie das Eichhorn bei leidlicher Witterung. Beständig geht es von Baum zu Baum, von Krone zu Krone, von Zweig zu Zweig; selbst auf der Erde ist es nichts weniger als fremd, langsam und unbehend. Niemals läuft es im Schritte oder Trabe, sondern immer hüpft es in größeren oder kleineren Sprüngen vorwärts, und zwar so schnell, daß ein Hund Mühe hat, es einzuholen, und ein Mann schon nach kurzem Laufe seine Verfolgung aufgeben muß. Allein seine wahre Gewandtheit zeigt sich doch erst im Klettern. Mit unglaublicher Sicherheit und Schnelligkeit rutscht es an den Baumstämmen empor, auch an den glättesten. Die langen, scharfen Krallen an den fingerartigen Zehen leisten ihm dabei vortreffliche Dienste.

Es häkelt sich in die Baumrinde ein, und zwar immer mit allen vier Füßen zugleich. Dann nimmt es einen neuen Anlauf zum Sprunge und schießt weiter nach oben; aber ein Sprung folgt so schnell auf den anderen, daß das Emporsteigen in ununterbrochener Folge vor sich geht und aussieht, als gleite das Thier an dem Stamme in die Höhe. Die Kletterbewegung verursacht ein weit hörbares Rasseln, in welchem man die einzelnen An- und Absätze nicht unterscheiden kann. Gewöhnlich steigt es, ohne abzusetzen, bis in die Krone des Baumes, nicht selten bis zum Wipfel empor; dort läuft es dann auf irgend einem der wagerechten Aeste hinaus und springt gewöhnlich nach der Spitze des Astes eines anderen Baumes hinüber, über Zwischenräume von vier bis fünf Meter, immer von oben nach unten. Wie nothwendig ihm die zweizeilig behaarte Fahne zum Springen ist, hat man durch grausame Versuche erprobt, indem man gefangenen Eichhörnchen den Schwanz abschlug: man bemerkte dann, daß das verstümmelte Geschöpf nicht halb so weit mehr springen konnte. Obgleich die Pfoten des Eichhorns nicht dasselbe leisten können wie die Affenhände, sind sie doch immer noch hinlänglich geeignet, das Thier auch auf dem schwankendsten Zweige zu befestigen, und dieses ist viel zu geschickt, als daß es jemals einen Fehlsprung thäte oder von einem Aste, den es sich auserwählt, herabfiele. Sobald es die äußerste Spitze des Zweiges erreicht, faßt es sie so schnell und fest, daß ihm das Schwanken des Zweiges nicht beschwerlich fällt, und läuft nun mit seiner anmuthigen Gewandtheit äußerst rasch wieder dem Stamme des zweiten Baumes zu. Auch das Schwimmen versteht es vortrefflich, obgleich es nicht gern ins Wasser geht. Man hat sich bemüht, die einfache Handlung des Schwimmens bei ihm so unnatürlich als möglich zu erklären, und gefabelt, daß sich das Hörnchen erst ein Stück Baumrinde ins Wasser trage zu einem Boote, welches es dann durch den emporgehobenen Schwanz mit Mast und Segel versähe usw.; das Eichhorn aber schwimmt eben auch nicht anders als die übrigen landbewohnenden Säugethiere und die Nager insbesondere.

Wenn das Hörnchen sich ungestört weiß, sucht es bei seinen Streifereien beständig nach Aesung. Je nach der Jahreszeit genießt es Früchte oder Sämereien, Knospen, Zweige, Schalen, Beeren, Körner und Pilze. Tannen-, Kiefern- und Fichtensamen, Knospen und junge Triebe bleiben wohl der

Haupttheil seiner Nahrung. Es beißt die Zapfen unserer Nadelholzbäume am Stiele ab, setzt sich behäbig auf die Hinterläufe, erhebt den Zapfen mit den Vorderfüßen zum Munde, dreht ihn ununterbrochen herum und beißt nun mit seinen vortrefflichen Zähnen ein Blättchen nach dem anderen ab, bis der Kern zum Vorscheine kommt, welchen es dann mit der Zunge aufnimmt und in den Mund führt. Besonders hübsch sieht es aus, wenn es Haselnüsse, seine Lieblingspeise, in reichlicher Menge haben kann. Am liebsten verzehrt es die Nüsse, wenn sie vollkommen gereift sind. Es ergreift eine ganze Traube, enthülst eine Nuß, faßt sie mit den Vorderfüßen und schabt, die Nuß mit unglaublicher Schnelligkeit hin- und herdrehend, an der Naht mit wenigen Bissen ein Loch durch die Schale, bis sie in zwei Hälften oder in mehrere Stücke zerspringt; dann wird der Kern herausgeschält und, wie alle Speise, welche das Thier zu sich nimmt, gehörig mit den Backenzähnen zermalmt. Bittere Kerne, wie z.B. Mandeln, sind ihm Gift: zwei bittere Mandeln reichen hin, um es umzubringen. Außer den Samen und Kernen frißt das Eichhorn Heidel- wie Preißelbeerblätter und Schwämme (nach Tschudi auch Trüffeln) leidenschaftlich gern. Aus Früchten macht es sich nichts, schält im Gegentheile das ganze Fleisch von Birnen und Aepfeln ab, um zu den Kernen zu gelangen. Leider ist es ein großer Freund von den Eiern, plündert alle Nester, welche es bei seinen Streifereien auffindet, und verschont ebensowenig junge Vögel, wagt sich sogar an alte: Lenz hat einem Eichhorn eine alte Drossel abgejagt, welche nicht etwa lahm, sondern so kräftig war, daß sie sogleich nach ihrer Befreiung weit wegflog, und andere Beobachter haben den meist als harmlos und unschuldig angesehenen Nager als mordsüchtigen Räuber kennen gelernt, welcher kein kleineres Wirbelthier der beiden ersten Klassen verschont: Schacht fand sogar einen Maulwurf im Neste eines Eichhorns.

Sobald das Thier reichliche Nahrung hat, trägt es Vorräthe für spätere, traurigere Zeiten ein. In den Spalten und Löchern hohler Bäume und Baumwurzeln, in selbstgegrabenen Löchern, unter Gebüsch und Steinen, in einem seiner Nester und an anderen ähnlichen Orten legt es seine Speicher an und schleppt oft durch weite Strecken die betreffenden Nüsse, Körner und Kerne nach solchen Plätzen. [...]

Durch diese Vorsorgen für den Winter bekunden die Eichhörnchen, wie außerordentlich empfindlich sie gegen die Einflüsse der Witterung sind. Falls die Sonne etwas wärmer strahlt als gewöhnlich, halten sie ihr Mittagsschläfchen in ihrem Neste, und treiben sich dann bloß früh und abends im Walde umher; noch viel mehr aber scheuen sie Regengüsse, heftige Gewitter, Stürme und vor allem Schneegestöber. Ihr Vorgefühl der kommenden Witterung läßt sich nicht verkennen. Schon einen halben Tag, bevor das gefürchtete Wetter eintritt, zeigen sie Unruhe durch beständiges Umherspringen auf den Bäumen und ein ganz eigenthümliches Pfeifen und Klatschen, welches man sonst bloß bei größerer Erregung von ihnen vernimmt. Sobald die ersten Vorboten des schlechten Wetters sich zeigen, ziehen sie sich in ihre Nester zurück, oft mehrere in ein und dasselbe, und lassen, das Ausgangsloch an der Wetterseite sorgfältig verstopfend und behaglich in sich zusammengerollt, das Wetter vorübertoben. […] Ein schlechter Herbst wird für sie gewöhnlich verderblich, weil sie in ihm die Wintervorräthe aufbrauchen. Folgt dann ein nur einigermaßen strenger Winter, so bringt er einer Unzahl von ihnen den Tod. Manche Speicher werden vergessen, zu anderen verwehrt der hohe Schnee den Zugang, und so kommt es, daß die munteren Thiere geradezu verhungern. Hier liegt eins und dort eins todt im Neste oder fällt entkräftet vom Baumwipfel herunter, und der Edelmarder hat es noch leichter als sonst, seine Hauptnahrung zu erlangen. In Buchen- und Eichenwäldern sind die Hörnchen immer noch am glücklichsten daran; denn außer den an den Bäumen hängenden Bücheln und Eicheln, welche sie abpflücken, graben sie deren in Menge aus dem Schnee heraus und nähren sich dann recht gut. […]

Die Stimme des Eichhorns ist im Schreck ein lautes »Duck, duck«, bei Wohlbehagen und bei gelindem Aerger ein merkwürdiges, nicht gut durch Silben auszudrückendes Murren, oder, wie Dietrich aus dem Winckell und Lenz noch besser sagen, ein Murxen. Besondere Freude oder Erregung drückt es durch Pfeifen aus.

Alle Sinne, zumal Gesicht, Gehör und Geruch, sind scharf; doch muß auch, weil sich sonst die Vorempfindung des Wetters nicht erklären ließe, das Gefühl sehr, und ebenso, von Beobachtungen an Gefangenen zu schließen, der Geschmack entschieden ausgebildet sein. Für die geistige Begabung sprechen das gute Gedächtnis, welches das Thier besitzt, und die List und Verschlagenheit, mit denen es sich seinen Feinden zu entziehen weiß. Blitzschnell eilt es dem höchsten der umstehenden Bäume zu, fährt fast immer auf der entgegengesetzten Seite des Stammes bis in den ersten Zwiesel hinan, kommt höchstens mit dem Köpfchen zum Vorschein, drückt und verbirgt sich soviel als thunlich, und sucht so unbemerkt als möglich seine Rettung auszuführen.

Aeltere Eichhörnchen begatten sich zum ersten Male im März, jüngere etwas später. Ein Weibchen versammelt um diese Zeit oft zehn oder mehr Männchen um sich, und diese bestehen dann in Sachen der Liebe blutige Kämpfe miteinander. Wahrscheinlich wird auch hier dem tapfersten der Minne Sold: das Weibchen ergibt sich dem stärkeren, hängt ihm vielleicht sogar eine Zeitlang mit treuer Liebe an. Vier Wochen nach der Paarung wirft es in dem bestgelegensten und am weichsten ausgefütterten Neste drei bis sieben Junge, welche ungefähr neun Tage lang blind bleiben und von der Mutter zärtlich geliebt werden. […] Bei Beunruhigung trägt, wie Knaben recht gut wissen, die Alte ihre Jungen in ein anderes Nest, oft ziemlich weit weg. Man muß daher, wenn man Junge ausnehmen will, vorsichtig sein, und darf sich nie beikommen lassen, ein Nest, in denen man ein Wochenbett vermuthet, zu untersuchen, ehe man die Jungen ausnehmen kann. Nachdem dieselben entwöhnt worden sind, schleppt ihnen die Mutter, vielleicht auch der Vater, noch einige Tage lang Nahrung zu; dann überläßt das Elternpaar die junge Familie ihrem eigenen Schicksale und schreitet zur zweiten Paarung. Die Jungen bleiben noch eine Zeitlang zusammen, spielen hübsch miteinander und gewöhnen sich sehr schnell an die Sitten der Eltern. Im Juni hat die Alte bereits zum zweiten Male Junge, gewöhnlich einige weniger als das erste Mal; und wenn auch diese soweit sind, daß sie mit ihr herumschweifen können, schlägt sie sich oft mit dem früheren Gehecke zusammen, und man sieht jetzt die ganze Bande, manchmal zwölf bis sechszehn Stück, in einem und demselben Waldestheile ihr Wesen treiben.

Ausgezeichnet ist die Reinlichkeit des Hörnchens: es leckt und putzt sich ohne Unterlaß. Weder seine noch seiner Jungen Losung legt es im Neste oder im Nachtlager, vielmehr immer unten am Stamme des Baumes ab. Aus diesem Grunde eignet sich das Eichhorn besonders zum Halten im Zimmer. Man nimmt zu diesem Zwecke die Jungen aus, wenn sie halb erwachsen sind, und füttert sie mit Milch und Semmel groß, bis man ihnen Kernnahrung reichen kann. Hat man eine säugende Katze von gutmüthigem Charakter, so läßt man durch diese das junge Hörnchen groß säugen; es erhält durch jene eine Pflege, wie man selbst sie ihm niemals gewähren kann. […]

In dem Edelmarder hat das Eichhorn seinen furchtbarsten Feind. Dem Fuchse gelingt es nur selten, ein Hörnchen zu erschleichen, und Milanen, Habichten und großen Eulen entgeht es dadurch, daß es, wenn ihm die Vögel zu Leibe wollen, rasch in Schraubenlinien um den Stamm klettert. Während die Vögel im Fluge natürlich weit größere Bogen machen müssen, erreicht es endlich doch eine Höhlung, einen dichten Wipfel, wo es sich schützen kann. Anders ist es, wenn es vor dem Edelmarder flüchten muß. Dieser mondsüchtige Gesell klettert genau ebensogut wie sein Opfer und verfolgt letzteres auf Schritt und Tritt, in den Kronen der Bäume ebensowohl wie auf der Erde, kriecht ihm sogar in die Höhlungen, in welche es flüchtet, oder in das dickwandige Nest nach. Unter ängstlichem Klatschen und Pfeifen flieht das Eichhorn vor ihm her, der gewandte Räuber jagt hinter ihm drein, und beide überbieten sich förmlich in prachtvollen Sprüngen. Die einzige Möglichkeit der Rettung für das Eichhorn liegt in seiner Fähigkeit, ohne Schaden vom höchsten Wipfel der Bäume herab auf die Erde zu springen und dann schnell ein Stück weiter fortzueilen, einen neuen Baum zu gewinnen und unter Umständen das alte Spiel nochmals zu wiederholen. Man sieht es daher, wenn der Edelmarder es verfolgt, so eifrig als möglich nach der Höhe streben und zwar regelmäßig in den erwähnten Schraubenlinien, bei denen ihm der Stamm doch mehr oder weniger zur Deckung dient. Der Edelmarder klimmt eifrig hinter ihm drein, und beide steigen wirklich unglaublich schnell zur höchsten Krone empor. Jetzt scheint der Marder es bereits am Kragen zu haben – da springt es in gewaltigem Bogensatze von hohem Wipfel weg in die Luft, streckt alle Gliedmaßen wagerecht von sich ab und saust zum Boden nieder, kommt hier wohlbehalten an und eilt nun ängstlich, so rasch als es kann, davon, um wo möglich ein besseres Versteck sich auszusuchen.

Das vermag ihm der Edelmarder doch nicht nachzuthun; demungeachtet fällt es diesem doch bald zur Beute, da er so lange jagt, bis das Opfer aus Erschöpfung geradezu ihm sich preisgibt. Junge Eichhörnchen sind weit mehr Gefahren ausgesetzt als die alten. Eben ausgeschlüpfte kann, wie ich aus eigener Erfahrung versichern darf, sogar ein behender Mensch kletternd einholen. Wir suchten als Knaben solche Junge auf und stiegen ihnen auf die Bäume nach, und mehr als einmal wurde die Gleichgültigkeit, mit welcher sie uns nahekommen ließen, ihr Verderben. Sobald wir den Ast, auf welchem sie saßen, erreichen konnten, waren sie verloren. Wir schüttelten den Ast mit Macht auf und nieder, und das erschreckte Hörnchen dachte gewöhnlich bloß daran, sich recht fest zu halten, um nicht herabzustürzen. Nun ging es weiter und weiter nach außen, immer schüttelnd, bis wir mit raschem Griffe das Thierchen fassen konnten. Auf einen Biß mehr oder weniger kam es uns damals nicht an, weil uns unsere gezähmten ohnehin genugsam mit solchen begabten. Letztere fing ich, wenn sie sich freigemacht hatten und entflohen waren, stets auf die geschilderte Weise wieder ein. […]

Die Alten wähnten, im Gehirn und Fleisch kräftige Heilmittel zu besitzen, und unter dem Landvolke besteht noch heutzutage hier und da der Glaube, daß ein zu Pulver gebranntes männliches Eichhorn das beste Heilmittel für kranke Hengste, ein weibliches für kranke Stuten gäbe. Manche Gaukler und Seiltänzer sollen in dem Wahne leben, durch den Genuß des gepulverten Gehirns vor Schwindel sicher zu sein, und deshalb dem Hörnchen oft nachstellen, um sich bei ihren gefährlichen Sprüngen zu sichern. Doch ist die Verfolgung, welche das Thier bei uns seitens des Menschen erleidet, kaum in Anschlag zu bringen. Man hegt es, seiner Niedlichkeit und Munterkeit halber, viel mehr, als es verdient. Vergleicht man den Nutzen, welchen es durch gelegentliches Aufzehren von Maikäfern und anderen schädlichen Kerbthieren sowie durch von ihm nicht beabsichtigtes Anpflanzen von Eichen, infolge der von ihm verschleppten Eicheln, bringen kann, mit dem Schaden, den es durch Abbeißen junger Triebe und Knospen, Benagen der Rinde und Plündern der Früchte unseren Nutzpflanzen, oder durch seine räuberischen Gelüste den hegenswerthen Vögeln zufügt, so wird man es zu den schädlichen Thieren zählen und mindestens streng beaufsichtigen müssen.

WILDSCHWEIN

Alle Schweine der Erde ähneln sich in ihrem Leibesbau und Wesen. Die geringen Unterschiede, welche sich feststellen lassen, beruhen auf der größeren Schlankheit oder Plumpheit des Baues, der Anzahl der Zähne und der Bildung der Hauzähne. […] Eiförmige, behaarte Ohren und mittellanger, am Ende buschiger Schwanz kennzeichnen die Schweine im engsten Sinne (SUS), welche unser Wildschwein (SUS SCROFA, SUS APER und FASCIATUS) würdig vertritt. Dieses starke, kräftige und wehrhafte Thier erreicht bei reichlich 2 Meter Gesammt- oder 1,8 Meter Leibes- und 25 Centim. Schwanzlänge, 95 Centim. Schulterhöhe und 150 bis 200 Kilogramm an Gewicht, ändert jedoch nach Aufenthalt, Jahreszeit und Nahrung in Größe und Gewicht bedeutend ab. Die in sumpfigen Gegenden wohnenden Wildschweine sind regelmäßig größer als die in trockenen Wäldern lebenden; die auf den Inseln des Mittelmeeres hausenden kommen nie den festländischen gleich. In seiner Gestalt ähnelt das Wildschwein seinem gezähmten Abkömmling; nur ist der Leib kürzer, gedrungener; die Läufe sind stärker, der Kopf ist etwas länger und schmächtiger; das Gehör steht mehr aufgerichtet und ist etwas länger und spitziger; auch die Gewehre oder Hauer werden größer und schärfer als bei dem zahmen Schweine. Die Färbung ist verschieden, wird jedoch im allgemeinen durch den Jägernamen »Schwarzwild« bezeichnet; denn graue, rostfarbene, weiße und gefleckte Wildschweine sind selten. Die Jungen haben auf grauröthlichem Grunde gelbliche Streifen, welche sich ziemlich gerade von vorn nach hinten ziehen, bereits in den ersten Monaten des Lebens aber sich verlieren. Das Haarkleid besteht aus steifen, langen und spitzigen, an der Spitze häufig gespaltenen Borsten; dazwischen mengt sich je nach der Jahreszeit mehr oder weniger kurzes, feines Wollhaar ein. Am Unterhalse und Hinterbauche sind die Borsten nach vorwärts, an den übrigen Theilen des Körpers nach rückwärts gerichtet; auf dem Rücken bilden sich eine Art von Kamm oder Mähne. Schwarz oder rußbraun ist ihre gewöhnliche Färbung, die Spitzen aber sind gelblich, grau und röthlich, und hierdurch wird der allgemeine Ton etwas lichter. Die Ohren sind schwarzbraun, der Schwanz, der

Rüssel und die untere Hälfte der Beine und Klauen schwarz; am Vordertheile des Gesichts ist das Borstenhaar gewöhnlich gesprenkelt. [...]

Früher fast über ganz Europa verbreitet und in der Mitte wie im Süden dieses Erdtheils gleich häufig auftretend, ist das Wildschwein gegenwärtig, ebenso zur Freude aller Land- und Forstwirte wie zum Kummer aller Jäger, in mehreren Ländern und in vielen Gegenden gänzlich ausgerottet worden, oder lebt doch nur noch als gehegtes Jagdthier in Wildparks. Sein Verbreitungsgebiet reicht nicht über den fünfundfunfzigsten Grad der Breite hinaus: es kommt also in allen nördlich der Ostsee gelegenen Ländern, wenigstens gegenwärtig, nicht mehr vor. In Deutschland lebt es immer noch in größerer Anzahl, als dem Landwirte lieb ist, in vollständiger Wildheit, hat sich sogar in den letzten Jahren so vermehrt, daß seine Hege- und Schonzeit aufgehoben werden mußte, und eigentlich jedermann die Erlaubnis hat, es auf eigenem Grund und Boden jederzeit zu tödten und nach Belieben zu verwerthen. Soviel mir bekannt, findet es sich noch heutigen Tages in allen größeren Waldungen Südwest-, West- Nord- und Ostdeutschlands oder im Elsaß und in den Rheinlanden, in Hessen, Nassau, Hannover, Pommern, Ost- und Westpreußen, auch hier und da in Brandenburg und Oberschlesien, im Königreiche Sachsen und in Thüringen, ist also eigentlich nur in den waldarmen Ebenen und auf einigen unserer kleinen Mittelgebirge gänzlich vertilgt worden. Häufiger noch als in Deutschland lebt es in einzelnen Gebirgswäldern Frankreichs und Belgiens und ebenso in Polen, Galizien, Ungarn, den Donautiefländern, Südrußland, auf der Balkan- und Iberischen Halbinsel. [...]

Feuchte und sumpfige Gegenden bilden unter allen Umständen den Aufenthaltsort des Wildschweins, gleichviel, ob hier ausgedehnte Waldungen sich finden oder die Gegend bloß mit Sumpfgräsern bestanden ist. In Europa und Asien wohnt das Thier vorzugsweise in feuchten Dickichten großer Waldungen, in Afrika dagegen bricht es sich sein Lager mitten im Sumpfe oder in ausgedehnten Feldern. [...]

Als sehr gesellige Thiere halten sich bis zur Fortpflanzungszeit immer mehrere Bachen und schwache Keuler zusammen, und nur die groben Schweine leben als Einsiedler für sich. Bei Tage liegen die Rudel still und

faul im Kessel; gegen Abend erheben sie sich, um nach Fraß auszugehen. Zuerst gehen sie, wie der Waidmann sagt, im Holze und auf den Wiesen ins Gebräche, d.h. stoßen wühlend den Boden auf, oder sie laufen einer Suhle zu, in welcher sie sich ein halbes Stündchen wälzen. Solche Abkühlung scheint ihnen unentbehrlich zu sein; denn sie laufen oft meilenweit nach dem Bade. Erst wenn alles ruhig wird, nehmen sie die Felder an, und wo sie sich nunmehr festgesetzt haben, lassen sie sich so leicht nicht vertreiben. Wenn das Getreide Körner bekommt, hält es sehr schwer, sie aus dem Felde zu scheuchen und sich vor Schaden zu hüten. Sie fressen weit weniger, als sie sonst durch oft wiederholtes Wälzen verwüsten, machen oft genug große Flächen vollkommen der Erde gleich und werden gerade deshalb außerordentlich schädlich. Im Walde und auf den Wiesen sucht das Schwarzwild

Erdmast, Trüffeln, Kerbthierlarven, Gewürm oder im Herbste und im Winter abgefallene Eicheln, Bücheln, Haselnüsse, Kastanien, Kartoffeln, Rüben und alle Hülsenfrüchte. Mit Ausnahme der Gerste auf dem Halme, frißt es überhaupt alle denkbaren Pflanzen und verschiedene thierische Stoffe, sogar gestorbenes Vieh, gefallenes Wild und Leichen, auch solche von seines Gleichen, wird sogar unter Umständen förmlich zum Raubthiere. Erfahrene Waidmänner verdächtigen das Wildschwein, junge, noch unbehülfliche Wildkälber mörderisch anzufallen oder ebenso verwundetem Edel-, Damund Rehwilde auf der Rothfährte zu folgen und nicht von ihm abzulassen, bis es die gewitterte Beute erlangt und getödtet hat, worauf es, neidisch und streitsüchtig gegen- und untereinander, tapfer schmausen soll, so daß der Jäger am nächsten Morgen kaum mehr als die Knochen findet.[...]

In seinen Eigenschaften ähnelt das Hausschwein in vieler Hinsicht noch seinem Urahn, und man kann deshalb leicht von jenem auf dieses schließen. Selbstverständlich ist das Wildschwein ein viel vollendeteres und muthigeres Geschöpf als unser durch die Knechtschaft verdorbenes Stallthier. Alle Bewegungen des Wildschweins sind, wenn auch etwas plump und ungeschickt, so doch rasch und ungestüm. Der Lauf ist ziemlich schnell und richtet sich am liebsten geradeaus; namentlich der Keuler liebt es nicht, scharfe Wendungen auszuführen. In erstaunenerregender Weise durchbrechen Wildschweine Dickichte; ihr spitziger Kopf und der schmale Leib scheinen ganz dazu zu passen, mit Gewalt durch Dickungen, welche anderen Geschöpfen geradezu undurchdringlich sind, einen Weg zu bahnen. Das schmale Gebreche schiebt sich hinein, der Leib muß dann folgen, und so geht's weiter mit Blitzesschnelle. [...] Auch im Sumpfe und im See selbst verstehen sie vortrefflich sich zu bewegen. Sie schwimmen ausgezeichnet, selbst über sehr breite Wasserflächen, setzen unter Umständen sogar von einer Insel im Meere zur anderen über. Bei dem Schwimmen kommt ihnen ihr Bau ebenfalls gut zu statten. Der fischähnliche, fettreiche Leib hält sich ohne weitere Anstrengung im Wasser schwebend, und so genügt eine geringe Bewegung der immerhin noch hinlänglich breiten Schalen, um ihn rasch vorwärts zu treiben. Man hat beobachtet, daß Schweine eine Strecke von sechs bis sieben Kilometer mit Leichtigkeit durchschwimmen.

Alle Wildschweine sind vorsichtig und aufmerksam, obwohl nicht gerade scheu, weil sie auf ihre eigene Kraft und ihre furchtbaren Waffen vertrauen können. Sie vernehmen und wittern sehr scharf, äugen aber schlecht. Keine andere Wildart kommt auf den anstehenden Jäger, wenn er sich ruhig verhält und unter dem Winde steht, so weit heran wie das Wildschwein; und keinem anderen größeren Thiere kann man sich, wenn es ruht und man zu schleichen versteht, so weit nähern. Der Geschmack kann nicht schlecht genannt werden, denn wenn das Schwein viel Fraß hat, gibt es immer dem besten den Vorzug; auch Empfindung ist ihm nicht abzusprechen. Sein geistiges Wesen ist nicht so stumpf, als man gewöhnlich annimmt. So lange nicht sein rasender Zorn entfacht wurde, und dieser es seine gewöhnliche Vorsicht vergessen ließ, benimmt es sich weder unklug noch ungeschickt, vielmehr regelmäßig den Umständen entsprechend, bekundet nicht selten auch bemerkenswerthe List und zuweilen berechnenden Verstand. Sein Wesen ist ein absonderliches Gemisch von behäbiger Ruhe, harmloser Gutmüthigkeit und ungewöhnlicher Reizbarkeit. Unerzürnt thut selbst das stärkste Schwein keinem Menschen etwas zu Leide; nur dem Hunde widersetzt es sich stets und versucht, ihm gefährlich zu werden. Aber alle Sauen [...] vertragen keine Beleidigung, nicht einmal eine Neckerei. Wenn der Mensch seinen Gang ruhig fortsetzt, bekümmert sich das Wildschwein nicht um ihn oder entfernt sich flüchtig; reizt man das Thier aber, so nimmt es den bewaffneten Mann ohne weiteres an und geht, in Wuth gerathen, gleichsam blind auf seinen Gegner los. [...] Selbst schwächere Sauen, ja sogar jährige Frischlinge, nehmen, wenn sie sehr in die Enge getrieben werden, zuweilen den Menschen an, ohne ihm jedoch Schaden zufügen zu können. Bei Gefahr leisten sich die Wildschweine gegenseitig Hülfe, und namentlich junge werden mit unerschütterlichem Muthe von den älteren vertheidigt. Bachen, welche noch kleine Frischlinge führen, gehören zu den gefährlichsten aller Thiere und lassen in der Verfolgung eines Kindesräubers nicht ab, bis dieser überwunden ist oder ihnen wenigstens die Jungen zurückgegeben hat. [...]

Die Stimme des Wildschweins ähnelt der unseres zahmen Schweines in jeder Hinsicht. Bei ruhigem Gange vernimmt man das bekannte Grunzen, welches einen gewissen Grad von Gemüthlichkeit ausdrückt; im Schmerz

hört man von Frischlingen, jährigen Keulern und Bachen ein lautes Krei-
schen oder »Klagen«, wie der Jäger sagt. Das Hauptschwein dagegen gibt
selbst bei den schmerzlichsten Verwundungen nicht einen Laut von sich.
Seine Stimme ist tiefer als die der Bachen und artet zuweilen in grollendes
Brummen aus. Dies vernahm ich namentlich, wenn Hauptschweine zum
Fraße gingen und in der Nähe unserer Versteckplätze Gefahr witterten.

Gegen Ende November beginnt die Brunstzeit der Wildschweine. Sie
währt etwa vier bis fünf, vielleicht auch sechs Wochen. Wenn Bachen, wie es
zuweilen vorkommt, zweimal in einem Jahre brunsten und frischen, sind es
wahrscheinlich solche, welche von zahmen Schweinen abstammen und in irgend einem Forste ausgesetzt wurden; eigentlich wilde brunsten nur einmal
im Jahre. Sobald die Brunstzeit herannaht, nähern sich die bisher einsiedle-
risch lebenden Hauptschweine dem Rudel, vertreiben die schwächeren Keuler und laufen mit den Bachen umher, bis sie ihr Ziel erreicht haben. Unter Gleichstarken kommt es zu heftigen und langdauernden Kämpfen. Die
Schläge, welche sich die wackeren Streiter beibringen, sind aber selten tödt-
lich, weil sie fast alle auf die Gewehre und die undurchdringlichen Schilder
fallen. Bei Kämpen von gleicher Stärke bleibt natürlich der Erfolg des Strei-
tes unentschieden, und sie dulden sich dann zuletzt neben einander, obgleich
selbstverständlich mit dem größten Widerstreben. [...] Achtzehn bis zwanzig Wochen nach der Brunst setzt die schwächere Bache vier bis sechs, die
stärkere elf bis zwölf Frischlinge. Sie hat sich vorher im einsamen Dickichte
ein mit Moos, Nadeln oder Laub ausgefüttertes Lager bereitet und hält die
von ihr zärtlich geliebten Kleinen während der ersten vierzehn Tage sorgsam
versteckt in diesem Lager, verläßt sie auch nur selten und bloß auf kurze Zeit,
um sich Fraß zu suchen. Dann führt sie das Rudel aus, bricht ihm vor, und
die netten, munteren Thierchen wissen schon recht hübsch ihr Gebreche
anzuwenden. Oft finden sich mehrere Bachen mit ihren Frischlingen zusammen und führen die junge Gesellschaft gemeinsam an. Dann kommt es auch
vor, daß, wenn eine Bache zufällig ihr Leben verliert, die anderen die Führung der Verwaisten annehmen.

Ein Rudel dieser jungen, schön gezeichneten Thiere bietet einen höchst
erfreulichen Anblick; denn die noch kleinen Frischlinge sind allerliebste

Geschöpfe. Ihr Kleid steht ihnen vortrefflich, und die Munterkeit und Beweglichkeit der Jugend bilden einen vollendeten Gegensatz zu der Trägheit
und Langweiligkeit des Alters. Ernsthaft gehen die Bachen ihren Frischlingen voran, und diese laufen quiekend und grunzend hinter ihnen drein, ohne
Unterlaß sich zerstreuend und wieder sammelnd, hier ein wenig verweilend
und brechend, einen plumpen Scherz versuchend, und dann wieder sich sammelnd und nach der Alten hindrängend, sie umlagernd und zum Stillstehen
zwingend, das Gesäuge fordernd und hierauf wieder lustig weiter trollend:
so geht es während der ganzen Nacht fort; ja, selbst bei Tage kann es die
unruhige Gesellschaft im Kessel auch kaum aushalten und dreht und bewegt
sich dort ohne Ende. [...]

Mit achtzehn bis neunzehn Monaten ist das Wildschwein fortpflanzungsfähig, mit fünf bis sechs Jahren vollständig ausgewachsen; das Lebens-
alter, welches es erreichen kann, schätzt man auf zwanzig bis dreißig Jahre.
Ein zahmes Schwein wird niemals so alt; denn der Mangel an Freiheit und an
zusagendem Fraße verkürzen ihm sein Leben. Die Wildschweine sind wohl
nur wenigen Krankheiten ausgesetzt. Bloß außerordentlich strenge Kälte mit
tiefem Schnee, welcher ihnen das Brechen und das Auffinden der Nahrung
unmöglich macht, oder, wenn er eine Rinde hat, auch die Haut an den Läufen
verletzt, werden Ursache, daß in nahrungsarmen Gegenden manchmal viele
von ihnen fallen. Wolf und Luchs, auch wohl der schlaue Fuchs, welcher
wenigstens einen kleinen Frischling wegzufangen wagt, sind bei uns zu Lande die Hauptfeinde des Wildschweins; in den südlicheren Gegenden stellen
die größeren Katzen, zumal der Tiger, mit Eifer dem fetten Wildpret nach.
Der größte Feind des Thieres ist aber wiederum der Mensch; denn die Jagd
des Wildschweines hat seit allen Zeiten als ein ritterliches, hoch geachte-
tes Vergnügen gegolten, und jeder echte Jäger setzt noch heutzutage gern
sein Leben ein, wenn es gilt, einem Wildschweine in der uralten Jagdweise
gegenüberzutreten. Gegenwärtig ist die Jagd bei uns freilich mehr zu einer
Spielerei geworden, nicht aber mehr ein Kampf mit den wüthenden und
gefährlichen Keulern oder Ebern, und von ritterlichem Streiten zwischen
den Jägern und ihrem Wild bei der jetzigen Jagdweise keine Rede mehr. [...]

IGEL

Wenn an den ersten warmen Abenden, welche der junge, lachende Früh-ling bringt, Alt und Jung hinausströmt, um sich in den während des Winters verwaisten und nun neu erwachenden Gärten, Hainen und Wäld-chen neue Lebensfrische zu holen, vernimmt der Aufmerksamere vielleicht ein eigenthümliches Geräusch im trockenen, abgefallenen Laube, gewöhn-lich unter den dichtesten Hecken und Gebüschen, wird auch, falls er hübsch ruhig bleiben will, bald den Urheber dieses Lärmens entdecken. Ein kleiner, kugelrunder Bursche, mit merkwürdig rauhem Pelze, arbeitet sich aus dem Laube hervor, schnuppert und lauscht und beginnt sodann seine Wanderung mit gleichmäßig trippelnden Schritten. Kommt er näher, so bemerkt man ein sehr niedliches, spitzes Schnäuzchen, gleichsam eine nette Wiederholung des gröberen und derberen Schweinsrüssels vorstellend, ein Paar klare, freund-lich blickende Aeuglein und einen Stachelpanzer, welcher die ganzen oberen Theile des Leibes bedeckt, ja auch an den Seiten noch weit herabreicht. Das ist unser, oder ich will eher sagen mein lieber Gartenfreund, der Igel, ein zwar beschränkter, aber gemüthlicher, ehrlicher, treuherziger Gesell, welcher harmlos in das Leben schaut und nicht begreifen zu können scheint, daß der Mensch so niederträchtig sein kann, ihn, welcher sich so hohe Verdienste um das Gesammtwohl erwirbt, nicht nur mit allerlei Schimpfnamen zu belegen, sondern auch nachdrücklich zu verfolgen, ja aus reiner Bubenmordlust sogar todtzuschlagen. Man muß das Entsetzen gesehen haben, mit welchem eine Gesellschaft von Frauen aufspringt, wenn sich plötzlich der Stachelheld zwi-schen sie drängt oder auch nur von ferne zeigt. Sie thun gerade, als wäre dies ein Feind, welcher das Leben bedrohen oder ihnen wenigstens Verletzungen beibringen könnte, an denen sie jahrelang zu leiden hätten! Keine einzige der aufschreienden aber hat sich jemals die Mühe genommen, das Thier selbst zu beobachten.

Hätte sie dies gethan, so würde sie bemerkt haben, daß der scheinbar so muthig auf den Menschen zutrabende Held, sobald er sich von der Nähe des gefährlichen Feindes überzeugt hat, im höchsten Entsetzen einen Augenblick lang stutzt, die Stirne runzelt und plötzlich, Gesicht und Beine an den Leib ziehend, zu einer Kugel sich zusammenrollt und in dieser Stellung verharrt, bis die vermeintliche Gefahr vorüber ist. Der Harmlose ist froh, wenn er selbst nicht behelligt wird und geht gern jedem größeren Thiere, und zumal dem Menschen, aus dem Wege.

Unser Igel (ERINACEUS EUROPAEUS) ist bald beschrieben. Der ganze Körper mit all seinen Theilen ist sehr gedrungen, dick und kurz, der Rüssel spitzig und vorn gekerbt, der Mund weit gespalten; die Ohren sind breit, die schwarzen Augen klein. Wenige schwarze Schnurren stehen im Gesichte unter den weiß- oder rothgelb, an den Seiten der Nase und Oberlippe aber dunkelbraun gefärbten Haaren; hinter den Augen liegt ein weißer Fleck. Das Haar am Halse und Bauche ist lichtrothgelblichgrau oder weißgrau; die Stacheln sind gelblich, in der Mitte und an der Spitze dunkelbraun; in ihre Oberfläche sind feine Längsfurchen, 24 bis 25 an der Zahl, eingegraben, zwischen denen sich gewölbte Leisten erheben; das Innere zeigt eine mit großen Zellen erfüllte Markröhre. Die Länge des Thieres beträgt 25 bis 30 Centim., die des Schwanzes 2,5 Centim., die Höhe am Widerrist ungefähr 12 bis 15 Centim. Das Weibchen unterscheidet sich vom Männchen außer seiner etwas bedeutenderen Größe durch spitzigere Schnauze, stärkeren Leib und lichtere, mehr grauliche Färbung; auch ist die Stirn bei ihm gewöhnlich nicht so tief herab mit Stacheln besetzt, und der Kopf erscheint hierdurch etwas länger. An den meisten Orten unterscheiden die Leute zwei Abarten des Igels: den Hundsigel, welcher eine stumpfere Schnauze, dunklere Färbung und geringere Größe haben soll, und den Schweinsigel, dessen hauptsächlichste Kennzeichen in der spitzigeren Schnauze, der helleren Färbung und der bedeutenderen Größe liegen sollen. Diese Unterschiede beruhen offenbar bloß auf zufälligen Eigenthümlichkeiten; auch sind die Ansichten der so fein unterscheidenden naturkundigen Alleswisser keineswegs dieselben, und wenn man der Sache genau auf den Grund geht, wird man regelmäßig mit geheimnisvollen Bemerkungen abgespeist, aus denen, trotz aller Bemühungen, kein Sinn zu entnehmen ist. [...]

Das Verbreitungsgebiet des Igels erstreckt sich nicht bloß über ganz Europa, mit Ausnahme der kältesten Länder, sondern auch über den größten

Theil von Nordasien: man findet ihn in Syrien wie in West- und Südostsibirien, und zwar in einem Zustande, welcher von großer Behäbigkeit zeigt; denn er erlangt dort wie in der Krim eine viel bedeutendere Größe als bei uns. In den europäischen Alpen kommt er bis zum Krummholzgürtel, einzeln bis über 2000 Meter über dem Meere vor, im Kaukasus steigt er noch um tausend Meter höher empor. Er findet sich ebensowohl in flachen wie in bergigen Gegenden, in Wäldern, Auen, Feldern, Gärten, und ist in ganz Deutschland eigentlich nirgends selten, aber auch nirgends häufig. Weit zahlreicher tritt er in Rußland auf, wo er, wie es scheint, besonders geschont wird, und Fuchs und Uhu, seine Hauptfeinde aus dem Thierreiche, so viele andere Nahrung haben, daß sie ihn in Frieden lassen können. Laubholz mit dichtem Gebüsch oder faule, an der Wurzel ausgehöhlte Bäume, Hecken in Gärten, Haufen von Mist und Laub, Löcher in Umhegungsmauern, kurz Orte, welche ihm Schlupfwinkel gewähren, wissen ihn zu fesseln, und hier darf man auch mit ziemlicher Sicherheit darauf rechnen, ihn jahraus jahrein zu finden. Will man ihn hegen und pflegen, so muß man sein hauptsächlichstes Augenmerk auf Anlegung derartiger Zufluchtsorte richten. »Früher«, sagt Lenz, »hatte ich in meinem Garten mit Stroh gefüllte, in Abtheilungen gebrachte und mit niederen Gängen versehene Häuschen für die Igel, stellte ihnen auch Milch zum Trinken hin und kaufte zu ihrer Vermehrung neue. Sie zogen aber meinen Zaun und noch mehr einen großen, aus Reisich und Dornen aufgebauten Haufen vor, und durch das Anschaffen neuer brachte ich gar keine Vermehrung zu Stande, wahrscheinlich weil sie, ihre Heimat suchend, entflohen. Später habe ich in dem genannten Garten ein zweihundert Schritt langes Wäldchen angelegt, dessen Buschwerk dicht in einander schließt und wo alle geringen Lücken jährlich mit Dornen beworfen werden, so daß sich weder ein Mensch, noch ein Hund darin herumtreiben kann. Hier steht eine Anzahl Kästchen, welche unten und an einer Seite offen sind und den Igeln eine gute Winterherberge geben. Dieses Wäldchen behagt ihnen gar sehr, und neben ihnen tummeln sich Drosseln, Rothkehlchen, Zaunkönige, Gold-ammern und Grasmücken lustig herum. Ich möchte anrathen, da, wo es an-geht, ähnliche Schlupfwinkel für den unschuldig Geächteten anzulegen. Aus dem folgenden mag hervorgehen, warum.

Der Igel ist ein drolliger Kauz und dabei ein guter, furchtsamer Gesell, welcher sich ehrlich und redlich, unter Mühe und Arbeit durchs Leben
schlägt. Wenig zum Gesellschafter geeignet, findet er sich fast stets allein
oder höchstens in Gemeinschaft mit seinem Weibchen. Unter den dichtesten Gebüschen, unter Reisichhaufen oder in Hecken hat sich jeder einzeln
sein Lager aufgeschlagen und möglichst bequem zurechtgemacht. Es ist ein
großes Nest aus Blättern, Stroh und Heu, welches in einer Höhle oder unter dichtem Gezweige angelegt wird. Fehlt es an einer schon vorhandenen
Höhle, so gräbt er sich mit vieler Arbeit eine eigne Wohnung und füttert

71

diese aus. Sie reicht etwa 30 Centim. tief in die Erde und ist mit zwei Aus-
gängen versehen, von denen der eine in der Regel nach Mittag, der andere
gegen Mitternacht gelegt ist. Allein diese Thüren verändert er wie das Eichhorn, zumal bei heftigem Nord- oder Südwinde. In hohem Getreide gräbt
er sich selten eine Höhle, sondern macht sich bloß ein großes Nest. Die
Wohnung des Weibchens ist fast immer nicht weit von der des Männchens,
gewöhnlich in einem und demselben Garten. Es kommt wohl auch vor, daß
beide Igel in der warmen Jahreszeit in ein Nest sich legen; ja zärtliche Igel
vermögen es gar nicht, von ihrer Schönen sich zu trennen, und theilen regelmäßig das Lager mit ihr. Dabei spielen sie allerliebst miteinander, necken
und jagen sich gegenseitig, kurz, kosen zusammen, wie Verliebte überhaupt
zu thun pflegen. Wenn der Ort ganz sicher ist, sieht man die beiden Gatten
wohl auch bei Tage ihre Liebesspiele und Scherze treiben, an halbwegs lauten Orten aber erscheinen sie bloß zur Nachtzeit.« […]

Die Paarzeit des Igels währt von Ende März bis zu Anfang Juni. Auch er
zeigt sich, wenn er mit seinem Weibchen zusammen ist, sehr erregt. Er spielt
nicht nur mit seiner Gattin, sondern stößt außerdem Laute aus, welche man
sonst nur bei der größten Aufregung vernimmt. Ein dumpfes Gemurmel
oder heiser quiekende Laute oder auch ein helles Schnalzen scheint behagliche Stimmung auszudrücken, während ein eigenthümliches Trommeln, wie
der Dachs es hören läßt, ein Zeichen von gestörter Gemüthlichkeit, Wuth
oder Angst ist. Alle diese Laute werden aber gerade bei der Paarungszeit
vernommen; denn der Igel hat ebenfalls seine Noth, um ein Weib an sich
zu fesseln. Unberufene Nebenbuhler drängen sich auch in sein Gehege und
machen ihm den Kopf warm, zumal sein Weibchen sich keineswegs in den
Schranken einer gebührenden Treue hält. Sieben Wochen nach der Paarung
wirft letzteres seine drei bis sechs, in seltenen Fällen wohl auch acht, blinden
Jungen in einem besonders hierzu errichteten, schönen, großen und gut ausgefütterten Lager unter dichten Hecken, Zäunen, Laub- und Mooshaufen
oder in Getreidefeldern. Die neugeborenen Igelchen sind etwa 6,5 Centim.
lang, sehen anfangs weiß aus und erscheinen fast ganz nackt, da die Stacheln
erst später zum Vorschein kommen. Daß sie schon bei der Geburt vorhanden sind, hat Lenz bei den Igeln gesehen, welche in seinem Zimmer geboren

wurden. »Die Sache«, sagt er, »gibt auch bei der Geburt gar keinen Anstoß. Die Stacheln stehen auf einer sehr weichen, federnden Unterlage; der Rücken ist noch ganz zart, und jeder Stachel, den man z.B. mit dem Finger berührt, sticht Einen gar nicht, sondern drückt sich rückwärts in den weichen Rücken, aus dem er jedoch gleich wieder hervorkommt, sobald man die Fingerspitze wegthut. Nur wenn man den Stachel von der Seite mit dem Nagel oder mit einem eisernen Zängelchen faßt, fühlt man, daß er hart ist. Da nun die Thierchen gewöhnlich mit dem Kopfe vorweg geboren werden und die Stacheln etwas nach hinten gerichtet sind, ist an eine Verletzung der Alten nicht zu denken.«

Um das Maul haben die Neugebornen Borsten, im übrigen sind sie unbehaart und ihre Augen und Ohren geschlossen. Schon binnen den ersten vierundzwanzig Stunden treten die Stacheln auf eine Länge von 9 Millim. hervor. Anfangs sind sie ganz weiß, nach einem Monate aber hat der junge Igel ganz die Farbe des alten. Dann frißt er schon allein, obgleich er auch noch saugt. Erst ziemlich spät erlangt er die Fertigkeit, sich zusammenzurollen und die Kopfhaut bis gegen die Schnauze herabzuziehen. Die Mutter trägt schon frühzeitig Regenwürmer und Nacktschnecken sowie abgefallenes Obst als Nahrung in das Lager und führt die kleine Brut später wohl auch abends mit sich aus. Im Freileben beweist sie sich gegen ihre Jungen jedenfalls zärtlicher als in der Gefangenschaft; denn hier frißt sie, wie ich zu meinem Befremden erfahren mußte, zuweilen die ganze Schar ihrer Kinder mit der ihr überhaupt eignen Seelenruhe auf, der reichlichsten und leckersten Speise ungeachtet!

Gegen den Herbst hin sind die jungen Igel soweit erwachsen, daß sich jeder einzelne selbst seine Nahrung aufsuchen kann, und ehe noch die kalten Tage kommen, hat jeder sich ein Schmerbäuchlein angelegt und denkt jetzt, wie die Alten, daran, sich seine Winterwohnung herzurichten. Diese ist ein großer, wirrer, aus Stroh, Heu, Laub und Moos bestehender, im Innern aber sehr sorgfältig ausgefütterter Haufen. Die Stoffe trägt der Igel auf seinem Rücken nach Hause und zwar auf sehr sonderbare Weise. Er wälzt sich nämlich in dem Laube herum, dort, wo es am dichtesten liegt, und spießt sich hierdurch eine Ladung auf die Stacheln, welche ihm dann ein ganz großartiges Ansehen verleiht. In ähnlicher Weise schafft er auch Obst nach Hause. Man hat dies oft bezweifelt, Lenz aber hat es gesehen, und einem solchen Beobachter gegenüber wäre fernerer Zweifel ein Frevel, dessen wir uns nicht schuldig machen wollen.

Mit Eintritt des ersten, starken Frostes vergräbt sich der Igel tief in sein Lager und bringt hier die kalte Winterzeit in einem ununterbrochenen Winterschlafe zu. Die Fühllosigkeit des Thieres, welche schon, wenn es am regsten sich bewegt, bedeutend ist, steigert sich jetzt noch in merkwürdiger Weise. Nur wenn man ihm sehr arg mitspielt, erwacht es, wankt ein wenig hin und her und fällt dann augenblicklich wieder in seinen Todtenschlaf zurück. Man hat solchen Igeln während des Winterschlafes den Kopf abgeschnitten, und dabei bemerkt, daß das Herz nach der Enthauptung noch längere Zeit fortschlug. Bei einer Gelegenheit war nicht bloß das Gehirn, sondern auch das Rückenmark durchschnitten; gleichwohl schlug das Herz noch zwei Stunden fort. Tiefe Verwundungen in der Brust führen bei einem schlafenden Igel den Tod oft erst nach mehreren Tagen herbei. Der Winterschlaf währt gewöhnlich bis zum März. […]

Um einen Igel zu zähmen, braucht man ihn bloß wegzunehmen und an einen ihm passenden Ort zu bringen. Hier gewohnt er bald ein und verliert in kürzester Zeit alle Scheu vor dem Menschen. Nahrung nimmt er ohne weiteres zu sich, sucht auch selbst in Haus und Hof oder noch mehr in Scheunen und Schuppen nach solchen umher. Tschudi bezweifelt zwar, daß er zum Mäusefang gebraucht werden kann, weil er einen Igel besaß, welcher mit einer Maus zugleich aus einer Schüssel fraß. Dies beweist jedoch nichts, da zahlreiche Beobachtungen dargethan haben, daß der Igel ein ganz tüchtiger Mäusejäger ist. In manchen Gegenden wird er zu diesem Geschäft gerade sehr gesucht und namentlich in Niederlagen verwendet, in denen man keine Katze halten mag, weil diese oft die üble Gewohnheit hat, mit ihrem stinkenden Harn kostbare Zeuge zu verderben. Auch ich habe Igel im Käfige gehalten, welche tagelang mit Mäusen zusammenlebten und mit ihnen Semmelmilch fraßen; schließlich fiel es ihnen aber doch ein, ihre Kameraden abzuwürgen und zu verspeisen. Zur Vertilgung lästiger Kerbthiere, zumal zum Aufzehren der häßlichen Küchenschaben, eignet sich der Igel vortrefflich,

74

liegt seinem Geschäfte auch mit größtem Eifer ob. Wenn er nur einigermaßen freundlich und verständig behandelt wird, und für ein verborgenes
Schlupfwinkelchen gesorgt worden ist, verursacht die Gefangenschaft ihm
durchaus keinen Kummer. [...]

Unangenehm wird der im Hause gehaltene Igel durch sein langweiliges
Gepolter bei Nacht. Sein täppisches Wesen zeigt sich bei seinen Streifereien
wie bei jeder Bewegung. Von dem geisterhaften Gange der Katzen bemerkt
man bei ihm nichts. Auch ist er ein unreinlicher Gesell, und der widrige,
bisamähnliche Geruch, den er verbreitet, keineswegs angenehm. Dagegen
erfreut er wieder durch seine Drolligkeit. Leicht gewöhnt er sich an die aller-
verschiedenartigste Nahrung und ebenso an ganz verschiedenartige Getränke. Milch liebt er ganz besonders, verschmäht aber auch geistige Getränke
nicht und thut nicht selten hierin des Guten zu viel. Dr. Ball erzählt von
seinen gefangenen Igeln mancherlei lustige Dinge, unter anderen auch, daß
er dieselben mehr als einmal in Rausch versetzte. Er gab einem starken Wein
oder Branntwein zu trinken, und der Igel nahm davon solche Mengen zu sich,
daß er sehr bald vollkommen betrunken wurde. [...]

Der Igel hat außer dem unwissenden, böswilligen Menschen noch viele
andere Feinde. Die Hunde hassen ihn aus tiefster Seele und verkünden dies
durch ihr anhaltendes, wüthendes Gebell. Sobald sie einen Igel entdeckt haben, versuchen sie alles mögliche, um dem Stachelträger ihren Grimm zu zeigen. Der aber verharrt in seiner leidenden Stellung, solange sich der Hund
mit ihm beschäftigt, und überläßt es diesem, sich eine blutige Nase zu holen.
Die Wuth des Hundes ist wahrscheinlich größtentheils in dem Aerger begründet, dem Gepanzerten nicht nur nichts anhaben zu können, sondern sich
selbst zu schaden. [...] Der Fuchs soll, wie versichert wird, dem Igel eifrig
nachstellen und ihn auf niederträchtige Weise zum Aufrollen bringen, indem
er die Stachelkugel mit seinen Vorderpfoten langsam dem Wasser zuwälzt
und sie da hineinwirft oder sie so dreht, daß der Igel auf den Rücken zu liegen kommt, und ihn sodann mit seinem stinkenden Harn bespritzt, worauf
sich der arme Geselle verzweifelt aufrollt, im gleichen Augenblicke aber von
dem Erzschurken an der Nase gefaßt und getödtet wird. Auf diese Weise
gehen viele Igel zu Grunde, zumal in der Jugend. [...] Noch mehr Igel, als

den genannten Feinden zum Opfer fallen, mögen eine Beute des Winters werden. Die unerfahrenen Jungen wagen sich oft, vom Hunger getrieben, noch im Spätherbste mit der beginnenden Nacht aus ihren Verstecken hervor und erstarren in der Kühle des Morgens. Viele sterben auch während des Winters, wenn ihr Nest dem Sturm und Wetter zu sehr ausgesetzt ist. So geht in manchem Garten oder Wäldchen in einem Winter zuweilen die ganze Brut zu Grunde.

Auch noch nach seinem Tode muß der Igel dem Menschen nützen, wenigstens in manchen Gegenden. Sein Fleisch wird wahrscheinlich bloß von Zigeunern und ähnlichem umherstreifenden Gesindel verzehrt, also doch gegessen, und man hat sogar eine eigne Zubereitungsweise erfunden. Der Igel wird von dem wahren Kochkünstler mit einer dicken Lage gut durchgekneteten, klebrigen Lehms überzogen und mit dieser Hülle übers Feuer gebracht, hierauf sorgfältig in gewissen Zeiträumen gedreht und gewendet. Sobald die Lehmschicht trocken und hart geworden ist, nimmt man den Braten vom Feuer, läßt ihn etwas abkühlen und bricht dann die Hülle ab, hierdurch zugleich die sämmtlichen Stacheln, welche in der Erde stecken bleiben, entfernend. Bei dieser Zubereitungsart wird der Saft vollkommen erhalten und ein nach dem Geschmacke der genannten Leute ausgezeichnetes Gericht erzielt. In Spanien wurde er früher, zumal während der Fastenzeit, häufig genossen, weil ihm von den Pfaffen seine Stellung in der Klasse der Säugethiere abgesprochen, und er, wer weiß für welches Thier erklärt wurde. Bei den Alten spielte er auch in der Arzneikunde seine Rolle. Man gebrauchte sein Blut, seine Eingeweide, ja selbst seinen Mist als Heilmittel oder brannte das ganze Thier zu Asche und verwendete diese in ähnlicher Weise wie die Hundeasche. Selbst heutzutage wird sein Fett noch als besonders heilkräftig angesehen. Die Stachelhaut benutzten die alten Römer zum Karden ihrer wollenen Tücher, und man trieb deshalb mit Igelhäuten lebhaften Handel, welcher so bedeutenden Gewinn abwarf, daß er durch Senatsbeschlüsse geregelt werden mußte. [...]

ROTHIRSCH

Keine einzige Gruppe der ganzen Ordnung läßt sich leichter kennzeichnen als die Familie der Hirsche (CERVINA). Sie sind geweihtragende Wiederkäuer. Mit diesen Worten hat man sie hinlänglich beschrieben; denn alles übrige erscheint dieser Eigenthümlichkeit gegenüber als nebensächlich. […] Ihr Bau ist schlank und zierlich, der Leib wohlgeformt und gestreckt, der Hals stark und kräftig, der Kopf nach der Schnauzenspitze zu stark verschmälert; die Beine sind hoch und fein gebaut; die Füße haben sehr entwickelte Afterklauen und schmale, spitzige Hufen. Große, lebhafte Augen, aufrechtstehende, schmale, mittellange und bewegliche Ohren, die glatte, ungefurchte Oberlippe und sechs Backenzähne in jedem Kiefer sind anderweitige Merkmale der Gruppe.

Die Geweihe kommen meist nur den Männchen zu. Sie sind, wie oben angegeben, paarige, knöcherne, verästelte Fortsetzungen der Stirnbeine und werden alljährlich abgeworfen und aufs neue erzeugt. Ihre Bildung und die Absterbung steht im innigen Zusammenhang mit der Geschlechtsthätigkeit. Verschnittene Hirsche bleiben sich hinsichtlich des Geweihes immer gleich, d.h. sie behalten es, wenn die Verschneidung während der Zeit erfolgte, wo sie das Geweih trugen, oder sie bekommen es niemals wieder, wenn sie verschnitten wurden, als sie das Geweih eben abgeworfen hatten; ja einseitig Verschnittene setzen bloß an der unversehrten Seite noch auf. […]

Im allgemeinen ist die Gestalt des Geweihes eine sehr regelmäßige, obgleich Oertlichkeit und Nahrung Veränderungen zur Folge haben können. Für die Artbestimmung bleibt das Geweih immer noch eines der Hauptmerkmale, mögen auch einzelne Naturforscher solcher Bestimmung nur einen sehr zweifelhaften Werth zusprechen wollen. […]

Schon in der Vorzeit waren die Hirsche über einen großen Theil der Erdoberfläche verbreitet. Gegenwärtig bewohnen sie mit Ausnahme des größten Theiles von Afrika und von ganz Australien alle Erdtheile und so ziemlich alle Klimate, die Ebenen wie die Gebirge, die Blößen wie die Wälder. Manche leben gemsenartig, andere so versteckt als möglich in dichten

Waldungen, diese in trockenen Steppen, jene in Sümpfen und Morästen. Nach der Jahreszeit wechseln viele ihren Aufenthalt, indem sie, der Nahrung nachgehend, von der Höhe zur Tiefe herab- und wieder zurückziehen; einige wandern auch und legen dabei unter Umständen sehr bedeutende Strecken zurück. Alle sind gesellige Thiere; manche rudeln sich oft in bedeutende Herden zusammen. Die alten Männchen trennen sich gewöhnlich während des Sommers von den Rudeln und leben einsam für sich oder vereinigen sich mit ihren Geschlechtsgenossen; zur Brunstzeit aber gesellen sie sich zu den Rudeln der Weibchen, rufen andere Gesinnungstüchtige zum Zweikampfe heraus, streiten wacker mit einander und zeigen sich überhaupt dann außerordentlich erregt und in ihrem ganzen Wesen wie umgestaltet. Die meisten sind Nachtthiere, obwohl viele, namentlich die, welche die hohen Gebirge und die unbewohnten Orte bevölkern, auch während des Tages auf Aesung ausziehen. Alle Hirsche sind lebhafte, furchtsame und flüchtige Geschöpfe, rasch und behend in ihren Bewegungen, feinsinnig, geistig jedoch ziemlich gering begabt. Die Stimme besteht in kurz ausgestoßenen, dumpfen Lauten bei den Männchen und in blökenden bei den Weibchen.

Nur Pflanzenstoffe bilden die Nahrung der Hirsche; wenigstens ist es noch keineswegs erwiesen, ob die Renthiere, wie man behauptet hat, Lemminge fressen oder nicht. Gräser, Kräuter, Blüten, Blätter und Nadeln, Knospen, junge Triebe und Zweige, Getreide, Obst, Beeren, Rinde, Mose, Flechten und Pilze bilden die hauptsächlichsten Bestandtheile ihrer Aesung. Salz erscheint ihnen als Leckerei, und Wasser ist ihnen Bedürfnis.

Die Hirschkuh wirft ein oder zwei, in seltenen Fällen drei Junge, welche vollständig ausgebildet zur Welt kommen und schon nach wenigen Tagen der Mutter folgen. Bei einigen Arten nimmt sich auch der Vater seiner Nachkommenschaft freundlich an. Die Kälber lassen sich Liebkosungen seitens ihrer Mutter mit vielem Vergnügen gefallen, und diese pflegt jene aufs sorgfältigste, schützt sie auch bei Gefahr.

In Gegenden, wo Ackerbau und Forstwirtschaft den Anforderungen der Neuzeit gemäß betrieben werden, sind die Hirsche nicht mehr zu dulden. Der Schaden, welchen die schönen Thiere anrichten, übertrifft den geringen Nutzen, den sie bringen. Sie vertragen sich leider nicht mit der Land- und

Forstwirtschaft. Wäre die Jagd nicht, welche mit Recht als eine der edelsten und männlichsten Vergnügungen gilt, man würde sämmtliche Hirsche bei uns längst vollständig ausgerottet haben. Noch ist es nicht bis dahin gekommen; aber alle Mitglieder dieser so vielfach ausgezeichneten Familie, welche bei uns wohnen, gehen ihrem sichern Untergange entgegen und werden wahrscheinlich schon in kurzer Zeit bloß noch in einem Zustande der Halbwildheit, in Thierparks und Thiergärten nämlich, zu sehen sein.

Die Zähmung der Hirsche ist nicht so leicht, als man gewöhnlich annimmt. In der Jugend betragen sich freilich alle, welche frühzeitig in die Gewalt des Menschen kamen und an diesen gewöhnt wurden, sehr liebenswürdig, zutraulich und anhänglich; mit dem Alter aber schwinden diese Eigenschaften mehr und mehr, und fast alle alten Hirsche werden zornige, boshafte und rauflustige Geschöpfe. Hiervon macht auch die eine, schon seit längerer Zeit in Gefangenschaft lebende Art, das Ren, keine Ausnahme. Seine Zähmung ist keineswegs eine vollständige, wie wir sie bei anderen Wiederkäuern bemerken, sondern nur eine halbgelungene.

Eine der stattlichsten und edelsten Gestalten dieser Gruppe [der Hirsche], für uns die wichtigste aller Arten, ist der Edel- oder Rothhirsch (CERVUS ELAPHUS). Ungeachtet seiner Schlankheit ist er doch kräftig und schön gebaut und seine Haltung eine so edle und stolze, daß er seinen Namen mit vollstem Rechte führt. Seine Leibeslänge beträgt etwa 2,3 Meter, die des Schwanzes 15 Centimeter, die Höhe am Widerrist 1,5 Meter und die am Kreuz einige Centimeter weniger. Das Thier ist bedeutend kleiner und gewöhnlich auch anders gefärbt. Hinsichtlich der Größe bleibt unser Edelhirsch nur hinter dem Wapiti und dem persischen Hirsche zurück, wogegen er die übrigen bekannten Arten seiner Sippe übertrifft. Er hat gestreckten, in den Weichen eingezogenen Leib mit breiter Brust und stark hervortretenden Schultern, geraden und flachen Rücken, welcher am Widerrist etwas erhaben und am Kreuze vorstehend gerundet ist, langen, schlanken, seitlich zusammengedrückten Hals, und langen, am Hinterhaupte hohen und breiten, nach vorn zu stark verschmälerten Kopf, mit flacher, zwischen den Augen ausgehöhlter Stirne und geradem Nasenrücken. Die Augen sind mittelgroß und lebhaft, ihre Sterne länglichrund. Die Thränengruben stehen schräg abwärts gegen den Mundwinkel zu, sind ziemlich groß und bilden eine schmale, längliche Einbuchtung, an deren inneren Wänden eine fettige, breiartige Masse abgesondert wird, welche das Thier später durch Reiben an den Bäumen auspreßt. Das Geweih des Hirsches sitzt auf einem kurzen Rosenstocke auf und ist einfach verästelt, vielsprossig und aufrechtstehend. Von der Wurzel an biegen sich die Stangen in einem ziemlich starken Bogen, der Stirne gleichgerichtet, nach rückwärts und auswärts, oben krümmen sie sich wieder in sanften Bogen nach einwärts und kehren dann ihre Spitzen etwas gegen einander. [...] Mittelhohe, schlanke aber doch kräftige Beine tragen den Rumpf und gerade, spitzige, schmale und schlanke Hufe umschließen die Zehen; die Afterklauen sind länglichrund, an der Spitze flach abgestutzt und gerade herabhängend, berühren aber den Boden nicht. Der Schwanz ist kegelförmig gebildet und nach der Spitze zu verschmälert. Ein feines Woll- und ein grobes Grannenhaar deckt den Leib und liegt ziemlich glatt und dicht an, nur am Vorderhalse verlängert es sich bedeutend. Meiner Ansicht nach besteht die Winterdecke nicht aus Grannen, sondern ausschließlich aus überwuchernden, eigenthümlich veränderten Wollhaaren, zwischen denen sich noch einige wenige wie gewöhnlich gebildete befinden. Die richtige Deutung der Haare des Winterkleides unserer Wildarten ist übrigens schwer und eine irrige Ansicht in dieser Beziehung leicht möglich. Die straffe, nicht überhängende Oberlippe des Edelhirsches trägt drei Reihen dünner, langer Borsten; ähnliche Haargebilde stehen auch über den Augen. Nach Jahreszeit, Geschlecht und Alter ändert die Färbung des Rothwildes. Im Winter sind die Grannen mehr graubraun, im Sommer mehr röthlichbraun; das Wollhaar ist aschgrau mit bräunlicher Spitze. Am Maule fällt das Haar ins Schwärzliche, um den After herum ins Gelbliche. Nur die Kälber zeigen in den ersten Monaten weiße Flecken auf der rothbraunen Grundfarbe. Mancherlei Farbenänderungen kommen vor, indem die Grundfärbung manchmal ins Schwarzbraune, manchmal ins Fahlgelbe übergeht. Hirsche, welche auf farbigem Grunde weiß gefleckt oder vollkommen weiß sind, gelten als seltene Erscheinung. [...]

Noch gegenwärtig bewohnt das Edelwild fast ganz Europa, mit Ausnahme des höchsten Nordens, und einen großen Theil Asiens. In Eu-

ropa reicht seine Nordgrenze etwa bis zum 65., in Asien bis zum 55. Grad
nördlicher Breite; nach Süden hin bilden der Kaukasus und die Gebirge der
Mandschurei die Grenzen. In allen bevölkerten Ländern hat es sehr abge-
nommen oder ist gänzlich ausgerottet worden, so in der Schweiz und einem
großen Theile von Deutschland. Am häufigsten ist es noch in Polen, Galizien, Böhmen, Mähren, Ungarn, Siebenbürgen, Kärnten, Steiermark und
Tirol; viel häufiger aber als in allen diesen Ländern, findet es sich in Asien,
namentlich im Kaukasus und in dem bewaldeten südlichen Sibirien. Es liebt
mehr gebirgige als ebene Gegenden und vor allem große, zusammenhängen-
de Waldstrecken, namentlich Laubhölzer. Hier schlägt es sich zu größeren
oder kleineren Trupps zusammen, welche nach dem Alter und Geschlecht
gesondert sind: alte Thiere, Kälber, Spießer, Gabler und Schmalthiere bleiben gewöhnlich vereinigt; die älteren Hirsche bilden kleine Trupps für sich,
und die starken oder Kapitalhirsche leben einzeln bis zur Brunstzeit, wann
sie sich mit den übrigen Trupps vereinigen. Die stärksten Rudel werden
demgemäß von den Thieren und den jungen Hirschen, die schwachen von
Hirschen mittlern Alters gebildet. Die Kälber bleiben bis zur nächsten Satz-
zeit bei der Mutter und gesellen sich sodann als Spießer oder Schmalthiere
zu den aus älteren Hirschen und Schmalthieren gebildeten Trupps, wogegen
die Altthiere, sobald die Kälber ihnen folgen können, neue Rudel bilden und
erst im Spätsommer, jedoch nicht immer, mit jenen Rudeln wieder sich zu-
sammenschlagen. An der Spitze des Rudels steht stets ein weibliches Thier,
nach welchem alle übrigen sich richten. Dies geschieht selbst während der
Brunstzeit, so lange der Hirsch die Thiere nicht treibt. Jener erscheint im
Rudel stets zuletzt und zwar um so gewisser, je stärker er ist. »Sieht man«,
sagt Blasius, »in der Brunstzeit mehrere starke Hirsche beim Rudel, so kann
man immer mit Sicherheit auf einen noch stärkern rechnen, welcher oft fünf-
hundert Schritte hinterdrein trollt.« Im Winter ziehen sich die Trupps von
den Bergen zur Tiefe zurück, im Sommer steigen sie bis zu den höchsten
Spitzen der Mittelgebirge empor; im allgemeinen aber hält das Edelwild, so
lang es ungestört leben kann, an seinem Stande treulich fest und nur in der
Brunstzeit oder beim Aussetzen der neuen Geweihe und endlich bei Mangel
an Aesung verändert es freiwillig seinen alten Wohnort. Der Schnee treibt es

im Winter aus den höheren Gebirgen in die Vorberge herab, und das weiche Geweih nöthigt es, in sehr niederem Gebüsch oder im Holze, wo es an den Zweigen nicht anstreicht, sich aufzuhalten. Wird der Wald sehr unruhig, so thut es sich zuweilen in Getreidefeldern nieder. Den Tag über liegt es in seinem Bette verborgen, gegen Abend zieht es auf Aesung aus, im Sommer früher als im Winter. Nur in Gegenden, wo es sich völlig sicher weiß, äst es sich zuweilen auch bei Tage. Beim Ausgehen nach Aesung pflegt es in raschem Trabe sich zu bewegen oder zu trollen; der Rückzug am Morgen dagegen erfolgt langsam, weshalb ihn die Jäger den Kirchgang nennen. Auch wenn die Sonne bereits aufgegangen ist, verweilt es noch in den Vorhölzern; denn der Morgenthau, welcher auf den Blättern liegt, ist ihm unangenehm.

Alle Bewegungen des Edelwildes sind leicht, zierlich und anstandsvoll; namentlich der Hirsch zeichnet sich durch seine edle Haltung aus. Der gewöhnliche Gang fördert hinlänglich; im Trollen bewegt sich das Wild sehr schnell und im Laufe mit fast unglaublicher Geschwindigkeit. Beim Trollen streckt es den Hals weit nach vorn, im Galopp legt es ihn mehr nach rückwärts. Ungeheuere Sätze werden mit spielender Leichtigkeit ausgeführt, Hindernisse aller Art ohne Aufenthalt überwunden, im Nothfall breite Ströme, ja selbst – in Norwegen oft genug – Meeresarme ohne Besinnen überschwommen. Den Jäger fesselt jede Bewegung des Thieres, jedes Zeichen, welches er bei der Spur zurückläßt, oder welches überhaupt von seinem Vorhandensein Kunde gibt. Schon seit alten Zeiten sind alle Merkmale, welche den Hirsch bekunden, genau beobachtet worden. Der geübte Jäger lernt nach kurzer Prüfung mit unfehlbarer Sicherheit aus der Fährte, ob sie von einem Hirsche oder von einem Thiere herrührt, schätzt nach ihr sogar ziemlich richtig das Alter des Hirsches. [...]

Unter den Sinnen des Edelwildes sind Gehör, Geruch und Gesicht vorzüglich ausgebildet. Es wird allgemein behauptet, daß das Wild in Entfernungen von vier- bis sechshundert Schritt einen Menschen wittern kann, und nach dem, was ich an dem wilden Renthier beobachten konnte, wage ich nicht mehr, an jener Behauptung zu zweifeln. Auch das Gehör ist außerordentlich scharf; ihm entgeht nicht das geringste Geräusch, welches im Walde laut wird. Manche Töne scheinen einen höchst angenehmen Eindruck auf das

Rothwild zu machen: so hat man beobachtet, daß es sich durch die Klänge des Waldhorns, der Schalmei und der Flöte oft herbeilocken oder wenigstens zum Stillstehen bringen läßt.

Ueber Wesen und geistige Eigenschaften des Edelhirsches gehen die Ansichten ziemlich weit auseinander. Der Jäger ist geneigt, in seinem Lieblingswilde den Inbegriff aller Vollkommenheit zu erblicken, der minder eingenommene Beobachter, welcher den Hirsch mit anderen Thieren vergleicht, urtheilt minder günstig. Nach neuerem Dafürhalten ist dieser weder gescheiter noch liebenswürdiger als andere wildlebende Wiederkäuer. Er ist sehr ängstlich und scheu, nicht aber klug und verständig. Sein Gedächtnis scheint schwach, seine Fassungsgabe gering zu sein. Nach und nach sammelt auch er sich Erfahrungen und verwerthet sie nicht ungeschickt; von einem ernstern Nachdenken über seine Handlungen aber dürfte bei ihm kaum gesprochen werden können. Er handelt unvorsichtig, nicht überlegt, ist scheu, jedoch nicht klug. Wenn seine Leidenschaften erregt wurden, vergißt er häufig seine Sicherheit, auf welche er sonst stets zuerst Bedacht zu nehmen pflegt. Liebenswürdig ist er in keiner Weise. Selbstsüchtig denkt der männliche Hirsch ausschließlich an seinen eigenen Vortheil und ordnet diesem alles übrige unter. Das Thier behandelt er stets grob und roh, während der Brunstzeit am schlechtesten. Anhänglichkeit bekundet nur das Thier seinem Kälbchen gegenüber, der Hirsch kennt dieses Gefühl nicht. So lange er anderer Hilfe bedarf, ist er schmiegsam und für Freundlichkeit empfänglich, sobald er seiner Kraft sich bewußt geworden, erinnert er sich früher empfangener Wohlthaten nicht mehr. Andere Thiere fürchtet er, oder sie sind ihm gleichgültig, wenn nicht geradezu unangenehm; schwächere mißhandelt er. Sobald er sich beleidigt wähnt oder gereizt wird, verzerrt er rümpfend die Oberlippe, knirscht mit den Zähnen, verdreht ingrimmig die Lichter, beugt den Kopf nach unten und macht sich zum Stoßen bereit. Während der Brunstzeit ist er förmlich von Sinnen, vergißt alles, vernachlässigt selbst eine regelmäßige Aesung und scheint einzig und allein an das von ihm sonst sehr wenig beachtete Mutterwild und andere gleichstrebende Hirsche zu denken. Ein Brunsthirsch im freien Walde ist eine herrliche, ein Brunsthirsch im engen Gitter eine abscheuliche Erscheinung. […] Das Thier erscheint sanfter, hingebender, anhänglicher, kurz liebenswürdiger, ist aber im wesentlichen ebenso geartet wie der Hirsch. Im Freien tritt es, weil ihm die Waffen fehlen, noch furchtsamer auf als dieser, übernimmt deshalb auch regelmäßig die Leitung eines Rudels; wirklich verständig aber zeigt es sich ebensowenig wie jener. Die außerordentlich feinen Sinne, welche jede Gefahr gewöhnlich rechtzeitig zum Bewußtsein bringen, lassen Hirsch und Thier klüger erscheinen, als sie wahrscheinlich sind.

Unzweifelhaft zeigt sich das Edelwild deshalb so furchtsam, weil es erfahrungsmäßig den Menschen als seinen schlimmsten Feind kennt und dessen Furchtbarkeit würdigen gelernt hat. An Orten, wo es sich des Schutzes vollkommen bewußt ist, wird es sehr zutraulich. Im Prater bei Wien standen früher starke Trupps der stattlichen Geschöpfe, welche sich an das Heer der Lustwandelnden vollkommen gewöhnt hatten und, wie ich aus eigener Erfahrung versichern kann, ohne Scheu einen Mann bis auf dreißig Schritte an sich herankommen ließen. [...]

Anders verhält es sich, wenn der Hirsch in einen engen Raum gesperrt wird, oder wenn die Brunstzeit eingetreten ist. In beiden Fällen wird er oft durch die geringste Kleinigkeit gereizt und nimmt auch den Menschen an. Vor dem von ihm beabsichtigten Angriffe biegt er den Kopf herab, richtet die Spitzen der Augensprossen gerade auf seinen Feind und fährt mit so viel Schnelligkeit auf denselben los, daß schwer zu entkommen ist. Aeltere und neuere Jagdbücher wissen von vielen Hirschen zu erzählen, welche Menschen, oft ohne Veranlassung, angriffen und verwundeten oder umbrachten. [...] In den Thiergärten fürchtet man die eingehegten Edelhirsche mehr als Tiger und Löwen; denn diesen sieht man auf den ersten Blick an, ob sie gute oder schlechte Laune haben, jene dagegen sind unberechenbar und während der Brunstzeit förmlich von Sinnen. Nur in der Jugend beweisen sie ihrem Wärter eine gewisse Anhänglichkeit; je älter sie werden, um so mehr zeigen sie sich geneigt, gerade ihre besten Bekannten zu mißhandeln. Wirklich vertrauen darf man ihnen nie, weil sie kein Vertrauen verdienen. Das Thier ist nicht im geringsten liebenswürdiger und ansprechender als der Hirsch, nur minder wehrhaft und gefährlich. Aber auch sein Zorn flammt wie Strohfeuer auf, und es gebraucht seine Schalen mit ebensoviel Kraft wie

85

Geschick, sobald es sich darum handelt, seine Abneigung oder schlechte Laune kundzugeben. Gleichwohl lassen sich Hirsch und Thier bis zu einem gewissen Grade zähmen, auch zu mancherlei sogenannten Kunststückchen abrichten; jede Ziege aber leistet in dieser Beziehung mehr als sie. [...] An Futter und Pflege stellen gefangene Edelhirsche wenig Ansprüche, halten sich deshalb auch im engen Gewahrsam sehr gut, pflanzen sich ohne Umstände fort und erzeugen mit ihren nächsten Verwandten fruchtbare Blendlinge. Dies benutzend, hat man in neuerer Zeit mehrfach und nicht gänzlich ohne Erfolg Versuche gemacht, den Edelhirsch mit dem Wapiti zu kreuzen, um in geschützten Gegenden stärkeres Wild zu erzielen.

Je nach der Jahreszeit ist die Aesung des Edelwildes eine verschiedene. Im Winter besteht sie in grüner Saat und vielen Pflanzen, welche in der Nähe von Quellen hervorsprießen, in Knospen, Holzrinde, Heidekraut, Brombeerblättern, Misteln und dergleichen, im Frühlinge in Knospen und frischen Trieben mit oder ohne Laub, allerlei Grasarten und Kräutern, später aus Getreidekörnern, Rüben, Kraut, verschiedenen Früchten, Kartoffeln, Bücheln und Eicheln. Nach Blasius soll das Edelwild in Norddeutschland erst seit etwa funfzig Jahren den Kartoffeln nachgehen, auch Fichtenrinde früher nicht abgeschält haben, überhaupt seine Neigungen im Verlaufe verschiedener Geschlechter mehrfach geändert haben. Während der Brunstzeit nehmen die alten Hirsche nur das Nothdürftigste zu sich und fressen dann meist Pilze, und zwar auch solche, welche für den Menschen giftig sind. Salz liebt das Rothwild ebenso sehr wie die meisten übrigen Wiederkäuer. [...]

Die Feinde des Edelwildes sind der Wolf, der Luchs und der Vielfraß, seltener der Bär. Wolf und Luchs dürften wohl die schlimmsten genannt werden. Der erstere verfolgt bei tiefem Schnee das Wild in Meuten und hetzt und mattet es ab; der letztere springt ihm von oben herab auf den Hals, wenn es, nichts ahnend, vorüberzieht. Der schlimmste Feind aber ist und bleibt unter allen Umständen der Mensch, obgleich er das Edelwild gegenwärtig nicht mehr in der greulichen Weise verfolgt und tödtet als früher. Ich glaube hier von der Jagd absehen zu dürfen, weil eine genaue Beschreibung derselben uns zu weit führen dürfte und man darüber, wenn man sonst will, in anderen Büchern nachschlagen kann. Gegenwärtig ist dieses edle Vergnügen schon außerordentlich geschmälert worden, und die meisten der jetzt lebenden Jäger von Beruf haben keinen Hirsch geschossen: solches Wild bleibt für vornehmere Herren aufgespart. Es mag wohl eine recht lustige Zeit gewesen sein, in welcher die Grünröcke noch die liebe deutsche Büchse fast ausschließlich handhaben und in den glatten Schrotgewehren nur ein nothwendiges Uebel erblickten! Mit großartigem Schaugepränge zog man zu den Jagden hinaus, und fröhlich und heiter ging es zu, zumal dann, wenn einer oder der andere von den Sonntagsschützen oder noch nicht ganz weidgerechten Jägern sich irgend ein Versehen zu Schulden hatte kommen lassen. […]

Leider ist der Schaden, welchen das Rothwild anrichtet, viel größer als der Nutzen, den es bringt. Nur aus diesem Grunde ist es in den meisten Gegenden unseres Vaterlandes ausgerottet worden. Obschon Wildpret, Decke und Geweih hoch bezahlt werden, und man die Jagdfreude sehr hoch anschlagen darf: der vom Wild verursachte Schaden wird hierdurch nicht aufgehoben. Ein starker Hochwildstand verträgt sich mit unseren forstwirtschaftlichen Grundsätzen durchaus nicht mehr.

In früheren Zeiten beschäftigte sich der Aberglaube lebhaft mit allen Theilen des Hirsches; heutzutage scheinen bloß die Chinesen, welche die noch weichen Hirschgeweihe als Arzneimittel verwenden und mit außerordentlich hohen Preisen bezahlen, an ähnlichen Anschauungen festzuhalten. Bei uns zu Lande wurden vormals die sogenannten Haarbeine, die Thränendrüsen, die Eingeweide, das Blut, die Geschlechtstheile, die im Magen nicht selten vorkommenden Bezoare, ja selbst die Losung als viel versprechendes Heilmittel in hohen Ehren gehalten. Aus Hirschklauen verfertigte man sich Ringe als Schutzmittel gegen den Krampf; Hirschzähne wurden in Gold und Silber gefaßt und von den Jägern als Amulete getragen. Von dem Leben des Thieres erzählt man sich allerlei Fabeln, und selbst die Jäger hielten lange daran fest, bis erst die genauere Beobachtung den Hirsch uns kennen lehrte.

ZWERGMAUS

So schmuck und nett alle kleinen Mäuse sind, so allerliebst sie sich in der Gefangenschaft betragen: das kleinste Mitglied der Familie, die Zwergmaus (MUS MINUTUS, MUS PENDULINUS, SORICINUS, PARVULUS, CAMPESTRIS, PRATENSIS und MESSORIUS, MICROMYS AGILIS) übertrifft jene doch in jeder Hinsicht. Sie ist beweglicher, geschickter, munterer, kurz ein viel anmuthigeres Thierchen als alle übrigen. Ihre Länge beträgt 13 Centim., wovon fast die Hälfte auf den Schwanz kommt. Die Pelzfärbung wechselt. Gewöhnlich ist sie zweifarbig, die Oberseite des Körpers und der Schwanz gelblich braunroth, die Unterseite und die Füße scharf abgesetzt weiß; es kommen jedoch dunklere und hellere, röthlichere und bräunlichere, grauere und gelbere vor; die Unterseite steht nicht so scharf im Gegensatze mit der oberen; junge Thiere haben andere Körperverhältnisse als die alten und noch eine ganz andere Leibesfärbung, nämlich viel mehr Grau auf der Oberseite.

Von jeher hat die Zwergmaus den Thierkundigen Kopfzerbrechen gemacht. Pallas entdeckte sie in Sibirien, beschrieb sie genau und bildete sie auch ganz gut ab; aber fast jeder Forscher nach ihm, welchem sie in die Hände kam, stellte sie als eine neue Art auf, und jeder glaubte in seinem Rechte zu sein. Erst fortgesetzte Beobachtung ergab als unumstößliche Wahrheit, daß unser Zwerglein wirklich von Sibirien an durch ganz Rußland, Ungarn, Polen und Deutschland bis nach Frankreich, England und Italien reicht und nur ausnahmsweise in manchen Gegenden nicht vorkommt. Sie lebt in allen Ebenen, in denen der Ackerbau blüht, und keineswegs immer auf den Feldern, sondern vorzugsweise im Schilfe und im Rohre, in Sümpfen und in Binsen usw. In Sibirien und in den Steppen am Fuße des Kaukasus ist sie gemein, in Rußland und England, in Schleswig und Holstein wenigstens nicht selten. Aber auch in den übrigen Ländern Europas kann sie zuweilen häufig werden.

Während des Sommers findet man das niedliche Geschöpf in Gesellschaft der Wald- und Feldmaus in Getreidefeldern, im Winter massenweise unter Feimen oder auch in Scheuern, in welche sie mit der Frucht eingeführt wird. Wenn sie im freien Felde überwintert, bringt sie zwar einen Theil der kalten Zeit schlafend zu, fällt aber niemals in völlige Erstarrung, und trägt deshalb während des Sommers Vorräthe in ihre Höhlen ein, um davon leben zu können, wenn die Noth an die Pforte klopft. Ihre Nahrung ist die aller übrigen Mäuse: Getreide und Sämereien von verschiedenen Gräsern, Kräutern und Bäumen, namentlich aber auch kleine Kerbthiere aller Art.

In ihren Bewegungen zeichnet sich die Zwergmaus vor allen anderen Arten der Familie aus. Sie läuft, ungeachtet ihrer geringen Größe, ungemein schnell und klettert mit größter Fertigkeit, Gewandtheit und Zierlichkeit. An den dünnsten Aesten der Gebüsche, an Grashalmen, welche so schwach sind, daß sie mit ihr zur Erde beugen, schwebend und hängend, läuft sie empor, fast ebensoschnell an Bäumen, und der zierliche kleine Schwanz wird dabei so recht geschickt als Wickelschwanz benutzt. Auch im Schwimmen ist sie wohlerfahren und im Tauchen sehr bewandert. So kommt es, daß sie überall wohnen und leben kann.

Ihre größte Fertigkeit entfaltet die Zwergmaus aber doch noch in etwas anderem. Sie ist eine Künstlerin, wie es wenige gibt unter den Säugethieren, eine Künstlerin, welche mit den begabtesten Vögeln zu wetteifern versucht; denn sie baut ein Nest, das an Schönheit alle anderen Säugethiernester weit übertrifft. Als hätte sie es einem Rohrsänger abgesehen, so eigenthümlich wird der niedliche Bau angelegt. Das Nest steht, je nach des Orts Beschaffenheit, entweder auf zwanzig bis dreißig Rietgrasblättern, deren Spitzen zerschlissen und so durcheinandergeflochten sind, daß sie den Bau von allen Seiten umschließen, oder es hängt, zwischen 1/2 bis 1 Meter hoch über der Erde, frei an den Zweigen eines Busches, an einem Schilfstengel und dergleichen, so daß es aussieht, als schwebe es in der Luft. In seiner Gestalt ähnelt es am meisten einem stumpfen Eie, einem besonders rundlichen Gänseeie z.B., dem es auch in der Größe ungefähr gleichkommt. Die äußere Umhüllung besteht immer aus gänzlich zerschlitzten Blättern des Rohrs oder Rietgrases, deren Stengel die Grundlage des ganzen Baues bilden. Die Zwergmaus nimmt jedes Blättchen mit den Zähnen in das Maul und zieht es mehrere Male zwischen den nadelscharfen Spitzen durch, bis jedes einzelne Blatt sechs-, acht- oder zehnfach getheilt, gleichsam in mehrere besondere

Faden getrennt worden ist; dann wird alles außerordentlich sorgfältig durch-
einandergeschlungen, verwebt und geflochten. Das Innere ist mit Rohrähren,
mit Kolbenwolle, mit Kätzchen und Blütenrispen aller Art ausgefüttert. Eine
kleine Oeffnung führt von einer Seite hinein, und wenn man da hindurch
in das Innere greift, fühlt sich dieses oben wie unten gleichmäßig geglättet
und überaus weich und zart an. Die einzelnen Bestandtheile sind so dicht
mit einander verfitzt und verwebt, daß das Nest einen wirklich festen Halt
bekommt. Wenn man die viel weniger brauchbaren Werkzeuge dieser Mäuse
mit dem geschickten Schnabel der Künstlervögel vergleicht, wird man jenen
Bau nicht ohne Verwunderung betrachten und die Arbeit der Zwergmaus
über die Baukunst manches Vogels stellen.

Jedes Nestchen wird immer zum Haupttheile aus den Blättern derselben Pflanzen gebildet, welche es tragen. Eine nothwendige Folge hiervon ist,
daß das Aeußere auch fast oder ganz dieselbe Färbung hat wie der Strauch
selber, an dem es hängt. Nun benutzt die Zwergmaus jeden einzelnen ihrer
Paläste bloß zu ihrem Wochenbette, und das dauert nur ganz kurze Zeit: so
sind die Jungen regelmäßig ausgeschlüpft, ehe das Blätterwerk um das Nest
verwelken und hierdurch eine auffällige Färbung annehmen konnte.

Man glaubt, daß jede Zwergmaus jährlich zwei bis drei Mal Junge wirft,
jedes Mal ihrer fünf bis neun. Aeltere Mütter bauen immer künstlichere und
vollkommenere Nester als die jüngeren; aber auch in diesen zeigt sich schon
der Trieb, die Kunst der alten auszuüben. Bereits im ersten Jahre bauen die
Jungen ziemlich vollkommene Nester, um darin zu ruhen. Gewöhnlich verweilen sie so lange in ihrer prächtigen Wiege, bis sie sehen können. Die Alte
hat sie jedesmal warm zugedeckt oder vielmehr die Thüre zum Neste verschlossen, wenn sie die Wochenstube verlassen muß, um sich Nahrung zu
holen. Sie ist inzwischen wieder mit dem Männchen ihrer Art zusammenge-
kommen und gewöhnlich bereits von neuem trächtig, während sie ihre Kinder noch säugen muß. Kaum sind dann diese soweit, daß sie zur Noth sich
ernähren können, so überläßt sie die Alte sich selbst, nachdem sie höchstens
ein paar Tage lang ihnen Führer und Rathgeber gewesen ist.

Falls das Glück einem wohl will und man gerade dazu kommt, wenn die
Alte ihre Brut zum ersten Male ausführt, hat man Gelegenheit, sich an einem

der anziehendsten Familienbilder aus dem Säugethierleben zu erfreuen. So geschickt die junge Schar auch ist, etwas Unterricht muß ihr doch werden, und sie hängt auch noch viel zu sehr an der Mutter, als daß sie gleich selbständig sein und in die weite, gefährliche Welt hinausstürmen möchte. Da klettert nun ein Junges an diesem, das andere an jenem Halme; eines zirpt zu der Mutter auf, eines verlangt noch die Mutterbrust; dieses wäscht und putzt sich, jenes hat ein Körnchen gefunden, welches es hübsch mit den Vorderfüßen hält und aufknackt; das Nesthäkchen macht sich noch im Innern des Baues zu schaffen, das beherzteste und muthigste Männchen hat sich schon am weitesten entfernt und schwimmt vielleicht bereits unten in dem Wasser herum: kurz, die Familie ist in der lebhaftesten Bewegung und die Alte gemüthlich mittendrin, hier helfend, dort rufend, führend, leitend, die ganze Gesellschaft beschützend.

Man kann dieses anmuthige Treiben gemächlich betrachten, wenn man das ganze Nest mit nach Hause nimmt und in einen enggeflochtenen Drahtbauer bringt. Mit Hanf, Hafer, Birnen, süßen Aepfeln, Fleisch und Stubenfliegen sind die Zwergmäuse leicht zu erhalten, vergelten auch jede Mühe, welche man sich mit ihnen gibt, durch ihr angenehmes Wesen tausendfach. Allerliebst sieht es aus, wenn man eine Fliege hinhält. Alle fahren mit großen Sprüngen auf sie los, packen sie mit den Füßchen, führen sie zum Munde und tödten sie mit einer Hast und Gier, als ob ein Löwe ein Rind erwürgen wolle; dann halten sie ihre Beute allerliebst mit den Vorderpfoten und führen sie damit zum Munde. Die Jungen werden sehr bald zahm, aber mit zunehmendem Alter wieder scheuer, falls man sich nicht ganz besonders oft und fleißig mit ihnen abgibt. Um die Zeit, wo sie sich im Freien in ihre Schlupfwinkel zurückziehen, werden sie immer sehr unruhig und suchen mit Gewalt zu entfliehen, gerade so, wie die im Käfige gehaltenen Zugvögel zu thun pflegen, wenn die Zeit der Wanderung herannaht. Auch im März zeigen sie dasselbe Gelüste, sich aus dem Käfige zu entfernen. Sonst gewöhnen sie bald ein und bauen lustig an ihren Kunstnestern, nehmen Blätter und ziehen sie mit den Pfoten durch den Mund, um sie zu spalten, ordnen und verweben sie, tragen allerhand Stoffe zusammen, kurz, suchen sich so gut als möglich einzurichten.

WOLF

Der Wolf (CANIS LUPUS, LUPUS VULGARIS und L. SILVESTRIS, CANIS LYCAON) hat etwa die Gestalt eines großen, hochbeinigen, dürren Hundes, welcher den Schwanz hängen läßt, anstatt ihn aufgerollt zu tragen. Bei schärferer Vergleichung zeigen sich die Unterschiede namentlich in Folgendem: Der Leib ist hager, der Bauch eingezogen; die Läufe sind klapperdürr und schmalpfotig; die langhaarige Lunte hängt bis auf die Fersen herab; die Schnauze erscheint im Verhältnis zu dem dicken Kopfe gestreckt und spitzig; die breite Stirn fällt schief ab; die Seher stehen schief, die Lauscher immer aufrecht. Der Pelz ändert ab nach dem Klima der Länder, welche der Wolf bewohnt, ebensowohl hinsichtlich des Haarwuchses wie bezüglich der Färbung. In den nördlichen Ländern ist die Behaarung lang, rauh und dicht, am längsten am Unterleibe und an den Schenkeln, buschig am Schwanze, dicht und aufrechtstehend am Halse und an den Seiten, in südlichen Gegenden im allgemeinen kürzer und rauher. Die Färbung ist gewöhnlich fahlgraugelb mit schwärzlicher Mischung, welche an der Unterseite lichter, oft weißlichgrau erscheint. Im Sommer spielt die Gesammtfärbung mehr in das Röthliche, im Winter mehr in das Gelbliche, in nördlichen Ländern mehr in das Weiße, in südlichen mehr in das Schwärzliche. Die Stirne ist weißlichgrau, die Schnauze gelblichgrau, immer aber mit Schwarz gemischt [...]. Hier und da kommt eine schwarze Spielart des Wolfes vor, welche man als besondere Art (CANIS LYCAON) aufzustellen versucht, jedoch ebensowohl wie andere als bloße Abänderung aufzufassen hat. [...]

Ein ausgewachsener Wolf erreicht 1,6 Meter Leibeslänge, wovon 45 Centim. auf den Schwanz kommen; die Höhe am Widerriste beträgt etwa 85 Centim. Die Wölfin unterscheidet sich von dem Wolfe durch etwas schwächeren Körperbau, spitzere Schnauze und dünneren Schwanz. Noch heutigen Tages ist der Wolf weit verbreitet, so sehr auch sein Gebiet gegen frühere Zeiten beschränkt wurde. Er findet sich gegenwärtig noch fast in ganz Europa, wenn auch in den bevölkertsten Ländern dieses Erdtheils nur in den Hochgebirgen. [...]

93

Die Alten kannten den Wolf genau. Viele griechische und römische Schriftsteller sprechen von ihm, einige nicht allein mit dem vollen Abscheu, welchen Isegrimm von jeher erregt hat, sondern auch bereits mit geheimer Furcht vor ungeheuerlichen oder gespenstigen Eigenschaften des Thieres. […] In der altgermanischen Göttersage wird der Wolf, das Thier Wodans, eher geachtet als verabscheut; letzteres geschieht erst viel später, nachdem die christlichen Pfaffen die hochdichterische Götterlehre unserer Vorfahren durch ihre abgeschmackten Teufelsgeschichten zu verdrängen gewußt hatten. Sie verwandelten Wodan in den teuflichen »wilden Jäger« und seine Wölfe in dessen Hunde, bis zuletzt aus diesen der gespenstige Werwolf wird: eine der ungenießbarsten Früchte des Aberglaubens, ein Ungeheuer, zeitweilig Wolf, zeitweilig Mensch, Blindgläubigen ein Entsetzen. Noch heutigen Tages spukt die Werwolffabel in verdüsterten Köpfen und flüstert das Volk sich zu, durch welche Mittel das gespenstige Ungeheuer zu bannen und unschädlich zu machen sei.

Der Wolf wird zwar allmählich mehr und mehr zurückgedrängt; doch ist der letzte Tag seines Auftretens im gesitteten Europa anscheinend noch fern. Im vorigen Jahrhundert fehlte das schädliche Raubthier keinem größeren Waldgebiete unseres Vaterlandes, und auch in diesem Jahrhundert sind hier nach amtlichen Angaben immerhin noch Tausende erlegt worden. Innerhalb der Grenzen Preußens wurden im Jahre 1819 noch eintausendundachtzig Stück geschossen. In Pommern allein wurden erlegt im Jahre 1800 hundertundachtzehn Stück, 1801 hundertundneun Stück, 1802 hundertundzwei, 1803 sechsundachtzig, 1804 hundertundzwölf, 1805 fünfundachtzig, 1806 sechsundsiebenzig, 1807 zwölf, 1808 siebenunddreißig, 1809 dreiundvierzig. Sie wurden dann seltener, folgten jedoch im Jahre 1812 den sich aus Rußland zurückziehenden Franzosen und kamen nun wieder in sehr großer Menge vor: im Kösliner Regierungsbezirk wurden im Jahre 1816 bis 1817 hundertdreiundfünfzig Stück ausgelöst. Gegenwärtig sind sie sehr selten geworden; doch verlaufen sich alljährlich noch einzelne Wölfe aus Rußland, Frankreich und Belgien nach Ost- und Westpreußen, Posen, den Rheinlanden, in strengen Wintern auch nach Oberschlesien, unter Umständen bis tief in das Land. So trieben, laut Pagenstecher, im Jahre 1866 Wölfe im

Odenwalde ihr Unwesen, bis es nach vielen vergeblichen Jagden endlich gelang, ihrer habhaft zu werden. [...]

Der Wolf bewohnt einsame, stille Gegenden und Wildnisse, namentlich dichte, düstere Wälder, Brüche mit morastigen und trockenen Stellen,
und im Süden die Steppen. In Mitteleuropa findet er sich nur in den Hochgebirgen; im Süden, Osten und Norden haust er in Waldungen aller Höhengürtel, selbst in nicht allzu großen Buschdickichten, auf Kaupen in Brüchen

und Sümpfen, in Rohrwäldern, Maisfeldern, in Spanien sogar in Getreidefeldern, oft in geringer Nähe der Ortschaften. Diese meidet er überhaupt
viel weniger, als man gewöhnlich annimmt, hütet sich nur, so lange der Hunger ihm irgendwie es gestattet, sich sehr bemerklich zu machen. Wenn er
nicht durch das Fortpflanzungsgeschäft gebunden wird, hält er sich selten
längere Zeit an einem und demselben Orte auf, schweift vielmehr weit umher, verläßt eine Gegend tage- und wochenlang und kehrt dann wieder nach
dem früheren Aufenthaltsorte zurück, um ihn von neuem abzujagen. In
dicht bevölkerten Gegenden zeigt er sich nur ausnahmsweise vor Einbruch
der Dämmerung, in einsamen Wäldern dagegen wird er, wie der Fuchs unter ähnlichen Umständen, schon in den Nachmittagsstunden rege, schleicht
und lungert umher und sieht, ob nichts für seinen ewig bellenden Magen
abfalle. Während des Frühjahrs und Sommers lebt er einzeln, zu zweien, zu
dreien, im Herbste in Familien, im Winter in mehr oder minder zahlreichen
Meuten, je nachdem die Gegend ein Zusammenscharen größerer Rudel be-
günstigt oder nicht. Trifft man ihn zu zweien an, so hat man es in der Regel, im Frühjahre fast ausnahmslos, mit einem Paare zu thun; bei größeren
Trupps pflegen männliche Wölfe zu überwiegen. Einmal geschart, treibt er
alle Tagesgeschäfte gemeinschaftlich, unterstützt seine Mitwölfe und ruft
diese nöthigenfalls durch Geheul herbei. Gesellschaftlich treibt er sein Um-
herschweifen ebenso gut, als wenn er einzeln lebt, folgt Gebirgszügen mehr
als fünfzig Meilen weit, wandert über Ebenen von mehr als hundert Meilen
Durchmesser, durchreist, von einem Walde zum anderen sich wendend, ganze Provinzen und tritt deshalb zuweilen urplötzlich in Gegenden auf, in denen man ihn längere Zeit, vielleicht Jahre nach einander, nicht beobachtete.
Während andauernder Kriege zieht er den Heeren nach: so folgten in den
Jahren 1812 und 1813 die vierbeinigen Raubmörder den Franzosen von Rußland her bis in die Rheinländer. Erwiesenermaßen durchmißt er bei seinen
Jagd- und Wanderzügen Strecken von sechs bis zehn Meilen in einer einzigen
Nacht. Nicht selten, im Winter bei tiefem Schnee ziemlich regelmäßig, bil-
den Wolfsgesellschaften lange Rotten, indem die einzelnen Thiere, wie die
Indianer auf ihrem Kriegspfade, dicht hinter einander herlaufen und mög-
lichst in dieselbe Spur treten, sodaß es selbst für den Kundigen schwer wird,

zu erkennen, aus wie vielen Stücken eine Meute besteht. Gegen Morgen
bietet irgend ein dichter Waldestheil der wandernden Räubergesellschaft
Zuflucht; in der nächsten Nacht geht es weiter, bisweilen auch wieder zurück. Gegen das Frühjahr hin, nach der Ranzzeit, vereinzeln sich die Rudel,
und die trächtige Wölfin sucht, nach bestimmten Versicherungen glaubwür-
diger Jäger, meist in Gesellschaft eines Wolfes, ihren früheren oder einen
ähnlichen Standort wieder auf, um zu wölfen und ihre Jungen zu erziehen.

Die Beweglichkeit des Wolfes bedingt großen Aufwand von Kraft,
raschen Stoffwechsel und unverhältnismäßig bedeutenden Nahrungsver-
brauch; der gefährliche Räuber fügt daher allerorten, wo er auftritt, dem
ihm erreichbaren Gethier empfindliche Verluste zu. Sein Lieblingswild bilden Haus- und größere Jagdthiere aller Arten, behaarte wie befiederte; doch
begnügt er sich mit Kleingethier aller fünf Wirbelthierklassen, frißt selbst
Kerbthiere und verschmäht ebenso verschiedene Pflanzenstoffe nicht. Der
Schaden, welchen er durch seine Jagd anrichtet, würde, obschon immer bedeutend, so doch vielleicht zu ertragen sein, ließe er sich von seinem ungestümen Jagdeifer und ungezügelten Blutdurst nicht hinreißen, mehr zu
würgen, als er zu seiner Ernährung bedarf. Hierdurch erst wird er zur Geisel für den Hirten und Jagdbesitzer, zum ingrimmig oder geradezu maßlos
gehaßten Feinde von Jedermann. Während des Sommers schadet er weniger als im Winter. Der Wald bietet ihm neben dem Wilde noch mancherlei
andere Speise: Füchse, Igel, Mäuse, verschiedene Vögel und Kriechthiere,
auch Pflanzenstoffe; von Hausthieren fällt ihm daher jetzt höchstens Kleinvieh, welches in der Nähe seines Aufenthaltsortes unbeaufsichtigt weidet,
zur Beute. Unter dem Wilde räumt er entsetzlich auf, reißt und versprengt
Elche, Hirsche, Damhirsche, Rehe, und vernichtet fast alle Hasen seines
Gebietes, greift dagegen größeres Hausvieh doch nur ausnahmsweise an.
Manchmal begnügt er sich längere Zeit mit Ausübung der niedersten Jagd,
folgt, wie Islawin berichtet, den Zügen der Lemminge durch Hunderte
von Wersten und nährt sich dann einzig und allein von diesen Wühlmäu-
sen, sucht Eidechsen, Nattern und Frösche, und liest sich Maikäfer auf. Aas
liebt er leidenschaftlich und macht da, wo er mit Vetter Luchs zusammen-
haust, reinen Tisch auf dessen Schlachtplätzen. Nach einem Berichterstatter

der Jagdzeitung frißt er auch Mais, Melonen, Kürbisse, Gurken, Kartoffeln und sonstige Feldfrüchte. Ganz anders tritt er im Herbste und Winter auf. Jetzt umschleicht er das draußen weidende Vieh ununterbrochen und schont weder große noch kleine Herdenthiere, die wehrhaften Pferde, Rinder und Schweine nur dann, wenn sie in geschlossenen Herden zusammengehen und er sich noch nicht in Meuten geschart hat. Mit Beginn des Winters nähert er sich den Ortschaften mehr und mehr, kommt bis an die letzten Häuser von St. Petersburg, Moskau und anderer russischen Städte, dringt in die ungarischen und kroatischen Ortschaften ein, durchläuft selbst Städte von der Größe Agrams und treibt in kleineren Flecken und Dörfern regelrechte Jagd, zumal auf Hunde, welche ein ihm sehr beliebtes Wild und im Winter die einzige in der Nähe der Dörfer leicht zu erlangende Beute sind. Zwar verabsäumt er, wie ich in Kroatien erfuhr und in der »Gartenlaube« bereits mitgetheilt habe, keineswegs, auch eine andere Gelegenheit sich zu Nutze zu machen, schleicht sich ohne Bedenken in einen Stall ein, dessen Thüre der Besitzer nicht gehörig verschlossen, springt sogar durch ein offenstehendes Fenster oder eine ihm erreichbare Luke in denselben und würgt, wenn er seinen Rückzug gedeckt sieht, alles vorhandene Kleinvieh ohne Gnade und Barmherzigkeit, in gleichsam blinder, unüberlegter Mordgier wie ein Tiger hausend; doch gehören Einbrüche des frechen Räubers in Viehställe immerhin zu den Seltenheiten, während alle Dorfbewohner der von ihm heimgesuchten Gegenden allwinterlich einen guten Theil ihrer Hunde einbüßen, ebenso wie der Wolfsjäger regelmäßig im Laufe des Sommers mehrere von seinen treuen Jagdgenossen verliert. Jagt der Wolf in Meuten, so greift er auch Pferde und Rinder an, obgleich diese ihrer Haut sich zu wehren wissen. In Rußland erzählt man sich, wie Loewis mir mittheilt, daß hungerige Wolfsmeuten sogar den Bären anfallen und nach heftigem Kampfe schließlich bewältigen sollen: ob etwas Wahres an dieser unglaublich scheinenden Erzählung ist, lasse ich billig dahin gestellt sein. So viel ist sicher, daß der Wolf auf alles Lebende Jagd macht, welches er bewältigen zu können glaubt. Immer und überall aber hütet er sich so lange wie irgend möglich, mit dem Menschen sich einzulassen. Die schauerlichen Geschichten, welche in unseren Büchern erzählt und von unserer Einbildungskraft bestens ausgeschmückt werden, beruhen zum allergeringsten Theile auf Wahrheit. Daß eine vom Hunger gepeinigte, blindwüthende Wolfsmeute auch einen Menschen überfällt, niederreißt, tödtet und auffrißt, kann leider nicht in Abrede gestellt werden; so schlimm aber wie man sich die Gefahren vorstellt, welche den Menschen in von Wölfen bewohnten Ländern bedrohen, ist die Sache bei weitem nicht. Ein wehrloses Kind, ein Weib, welches zur Unzeit vor das Dorf sich wagt, mag in der Regel gefährdet sein; ein Mann, und wenn er auch nur mit einem Knüppel bewaffnet wäre, ist es nur in seltenen, durch Zusammentreffen ungünstiger Umstände herbeigeführten Fällen. Einzelne Wölfe wagen sich schwerlich jemals an einen Erwachsenen, Trupps schon eher; vom Hunger gepeinigte Meuten können gefährlich werden.

Bei seinen Jagden verfährt der Wolf mit der List und Schlauheit des Fuchses, von dessen Eigenschaften er gelegentlich auch noch eine andere, die Frechheit, an den Tag legt. Er nähert sich einer ausersehenen Beute mit äußerster Vorsicht, unter sorgfältiger Beobachtung aller Jagdregeln, schleicht lautlos bis in möglichste Nähe an das Opfer heran, springt ihm mit einem geschickten Satze an die Kehle und reißt es nieder. An Wechseln lauert er stundenlang auf das Wild, gleichviel ob dasselbe ein Hirsch oder Reh oder in Dauriens Steppen ein in den Bau geschlüpftes Murmelthier ist; einer Fährte folgt er mit untrüglicher Sicherheit. Bei gemeinschaftlichen Jagden handelt er im Einverständnisse mit der übrigen Meute, indem ein Theil die Beute verfolgt, der andere ihr den Weg abzuschneiden und zu verlegen sucht. […]

Aus vorstehenden Angaben geht zur Genüge hervor, wie schädlich der Wolf wird. Bei den Nomadenvölkern oder allen denen, welche Viehzucht treiben, ist er entschieden der schlimmste aller Feinde. Es kommt vor, daß er die Viehzucht wirklich unmöglich macht. So wurde ein Versuch, das so nützliche Ren auch auf den südlichen Gebirgen Norwegens zu züchten oder in Herden zu halten, durch die Wölfe vereitelt. Man hatte Renthiere aus Lappland gebracht und der Obhut einiger Lappen übergeben, welche ihrem Amte so gut vorstanden, daß nach wenigen Jahren die Herden von Hunderten auf Tausende gewachsen waren. Mit der Vermehrung der Renthiere nahm aber die Zahl der Wölfe derart überhand, daß man zuletzt gezwungen wurde, die

Renthiere theils zu tödten, theils verwildern zu lassen, um nur die Plage wieder loszuwerden. [...]

Der Wolf besitzt alle Begabungen und Eigenschaften des Hundes: dieselbe Kraft und Ausdauer, dieselbe Sinnesschärfe und denselben Verstand. Aber er ist einseitiger und erscheint weit unedler als der Hund, unzweifelhaft einzig und allein deshalb, weil ihm der erziehende Mensch fehlt. Sein Muth steht in gar keinem Verhältnisse zu seiner Kraft. So lange er nicht Hunger fühlt, ist er eines der feigsten und furchtsamsten Thiere, welche es gibt. Er flieht dann nicht bloß vor Menschen und Hunden, vor einer Kuh oder einem Ziegenbocke, sondern auch vor einer Herde Schafe, sobald die Thiere sich zusammenrotten und ihre Köpfe gegen ihn richten. Hörnerklang und anderes Geräusch, das Klirren einer Kette, lautes Schreien usw. vertreibt ihn regelmäßig. In der Thierfabel wird er als tölpelhafter, täppischer Gesell dargestellt, welcher sich von Vetter Reineke fortwährend überlisten und betrügen läßt: dieses Bild entspricht der Wirklichkeit jedoch durchaus nicht. Der Wolf gibt dem Fuchse an Schlauheit, List, Verschlagenheit und Vorsicht nicht das geringste nach, übertrifft ihn womöglich noch in allen diesen Stücken. In der Regel benimmt er sich den Umständen angemessen, überlegt, bevor er handelt und weiß auch in bedrängter Lage noch den rechten Ausweg zu finden. Eine Beute beschleicht er mit ebenso viel Vorsicht wie List; selbst gejagt, kommt er äußerst bedachtsam herangetrabt. Seine Sinne sind ebenso scharf wie die des zahmen Hundes, Geruch, Gehör und Gesicht gleich vortrefflich. Es wird behauptet, daß er nicht bloß spüre, sondern auch auf große Strecken hin wittere. Daß er leises Geräusch in bedeutender Entfernung vernimmt und zu deuten weiß, ist sicher. Ebenso versteht er genau, welchem Thiere eine Fährte angehört, die er zufällig auf seinen Streifereien gefunden hat. Er folgt dieser dann, ohne sich um andere zu bekümmern. Seine elende Feigheit, seine List und die Schärfe seiner Sinne zeigt sich bei seinen Ueberfällen. Er ist dabei überaus vorsichtig und behutsam, um ja seine Freiheit und sein Leben nicht aufs Spiel zu setzen.

Niemals verläßt er seinen Hinterhalt, ohne vorher genau ausgespürt zu haben, daß er auch sicher sei. Mit größter Vorsicht vermeidet er jedes Geräusch bei seinem Zuge. Sein Argwohn sieht in jedem Stricke, jeder

Oeffnung, in jedem unbekannten Gegenstande eine Schlinge, eine Falle oder einen Hinterhalt. Deshalb vermeidet er es immer, durch ein offenes Thor in einen Hof einzudringen, falls er irgendwie über die Einfriedigung springen kann. Angebundene Thiere greift er ebenfalls nur im äußersten Nothfalle an, jedenfalls weil er glaubt, daß sie als Köder für ihn hingestellt worden sind. Sieht er ein, daß ihm der Rückzug verschlossen ist, so kauert er sich selbst im Schafstalle feige in eine Ecke, ohne dem Vieh etwas zu Leide zu thun, und wartet angsterfüllt der Dinge, die da kommen sollen. […]

Anders benimmt sich der Wolf, wenn ihn der quälende Hunger zur Jagd treibt. Dieser verändert das Betragen und läßt ihn Vorsicht und List ganz vergessen, stachelt aber auch seinen Muth an. Der hungerige Wolf ist geradezu tollkühn und fürchtet sich vor nichts mehr: es gibt für ihn kein Schreckmittel.

Bei älteren Wölfen beginnt die Ranzzeit Ende Decembers und währt bis Mitte Januars; bei jüngeren tritt sie erst Ende Januars ein und währt bis Mitte Februars. Die liebesbrünstigen Männchen kämpfen dann unter einander auf Tod und Leben um die Weibchen. Nach einer Trächtigkeitsdauer von drei- oder vierundsechszig Tagen, welche also der unserer größeren Hunderassen genau entspricht, bringt die Wölfin an einem geschützten Plätzchen im tiefen Walde drei bis neun, gewöhnlich vier bis sechs Junge. In Kurland wählt sie, nach einer brieflichen Mittheilung des Kreisförsters Kade, zu ihrem Wochenbette erhabene, dicht mit Holz bestandene Stellen in den großen Morästen, welche nicht leicht von Menschen oder Weidevieh betreten und von den Jägern Traden, d.h. Aufenthaltsorte der Wölfe, genannt werden; im Süden Europa's wölft sie in selbstgegrabenen Löchern unter Baumwurzeln oder auch wohl in einem erweiterten Fuchs- und Dachsbaue. Die Jungen bleiben auffallend lange, nach den von Schöpff im Thiergarten zu Dresden gemachten Beobachtungen, einundzwanzig Tage, blind, wachsen anfänglich langsam, später sehr rasch, betragen sich ganz nach Art junger Hunde, spielen lustig mit einander und katzbalgen zuweilen unter lautem, auf weithin hörbarem Geheul und Gekläff. Die Wölfin behandelt sie mit aller Zärtlichkeit einer guten Hundemutter, beleckt und reinigt sie, säugt sie sehr lange, schafft reichliche, dem jeweiligen Stande des Wachsthums entsprechende Nahrung für sie herbei, ist fortwährend ängstlich bestrebt, sie nicht zu verrathen und trägt sie, wenn ihr Mistrauen erregt wurde oder Gefahr droht, im Maule nach einem anderen ihr sicher dünkenden Orte. »In der Nähe seiner Traden«, schreibt mir Kade, »raubt der Wolf nie, weshalb Rehe und junge Wölfe harmlos in einem und demselben Treiben erwachsen. Bei den meisten Wolfsjagden habe ich in demselben Treiben junge Wölfe und junge Rehe erlegt und erlegen sehen. Diesen niedlichen Thieren kann aber die Nähe der Wölfe unmöglich unbekannt bleiben, da letztere schon Ende Juli's zu heulen beginnen.« Daß die Wölfin ihre Jungen verschleppt, hat man vielfach beobachtet. Aber nicht allein sie, sondern auch der Wolf nimmt sich, laut Kade, der letzteren an. Die wiederholte Angabe, daß er seine Jungen auffresse, wo er sie finde, scheint nur bedingungsweise richtig zu sein. […] Wenn junge Wölfe im Baue oder Lager von älteren nicht behelligt werden, so dürfte dies wohl mehr der mistrauischen Vorsicht der Mutter als der Vaterliebe des Wolfes zu danken sein. Kade scheint die Meinung zu hegen, daß letzterer zur Ernährung der Jungen mit beitragen helfe, unterstützt seine Ansicht jedoch nicht durch überzeugende Belege, sodaß ich auch diesen Punkt noch keineswegs als erledigt betrachte. Erst später, nachdem die Jungen bereits den älteren Wölfen zugeführt worden sind, nehmen diese ihrer sich an, beantworten mindestens gewissenhaft ihr ungefüges Geplärr mit schulgerechtem Geheul, warnen und leiten sie bei Gefahr und klagen erbärmlich über ihren Verlust. Die Jungen wachsen bis ins dritte Jahr und werden in diesem fortpflanzungsfähig. Das Alter, welches sie überhaupt erreichen, dürfte sich auf zwölf bis fünfzehn Jahre belaufen. Viele mögen dem Hungertode erliegen; andere sterben an den vielen Krankheiten, denen die Hunde überhaupt ausgesetzt sind. […]

ALPENSTEINBOCK

Unter allen Steinböcken geht uns selbstverständlich diejenige Art am nächsten an, welche unsere Alpen bewohnt. Mit Unrecht übersetzt man den lateinischen Namen CAPRA IBEX noch immer mit »europäischer Steinbock«; denn von allen anderen Arten unseres Erdtheiles leben sicherlich gegenwärtig ihrer noch viel mehr als von dem Steinbocke der Alpen, welcher leider seinem gänzlichen Untergange entgegengeht.

Der Alpensteinbock (CAPRA IBEX, C. ALPINA, AEGOCEROS IBEX und IBEX ALPINUS) ist ein stolzes, ansehnliches und stattliches Geschöpf von 1,5 bis 1,6 Meter Leibeslänge, 80 bis 85 Centim. Höhe und 75 bis 100 Kilogramm Gewicht. Das Thier macht den Eindruck der Kraft und Ausdauer. Der Leib ist gedrungen, der Hals mittellang, der Kopf verhältnismäßig klein, aber stark an der Stirn gewölbt; die Beine sind kräftig und mittelhoch; das Gehörn, welches beide Geschlechter tragen, erlangt bei dem alten Bocke sehr bedeutende Größe und Stärke und krümmt sich einfach bogen- oder halbmondförmig schief nach rückwärts. An der Wurzel, wo die Hörner am dicksten sind, stehen sie einander sehr nahe; von hier entfernen sie sich, allmählich bis zur Spitze hin sich verdünnend, weiter von einander. Ihr Durchschnitt bildet ein längliches, hinten nur wenig eingezogenes Viereck, welches gegen die Spitze hin flacher wird. Die Wachsthumsringe treten besonders auf der Vorderfläche in starken, erhabenen, wulstartigen Knoten oder Höckern hervor, verlaufen auch auf den Seitenflächen des Hornes, erheben sich hier jedoch nicht so weit als vorn. Gegen die Wurzel und die Spitze zu nehmen sie allmählich an Höhe ab; in der Mitte des Hornes sind sie am stärksten, und hier stehen sie auch am engsten zusammen. Die Hörner können eine Länge von 80 Centim. bis 1 Meter und ein Gewicht von 10 bis 15 Kilogramm erreichen. Das Gehörn des Weibchens ähnelt mehr dem einer weiblichen Hausziege als dem des männlichen Steinbockes. Die Hörner sind verhältnismäßig klein, fast drehrund, der Quere nach gerunzelt und einfach nach rückwärts gekrümmt. Ihre Länge beträgt selbst bei erwachsenen Thieren nicht mehr als 15 bis 18 Centim. Schon im ersten Monate des Lebens sproßt bei dem jungen Steinbocke das Gehörn hervor; bei einem etwa einjährigen Bocke sind es noch kurze Stummel, welche hart über der Wurzel die erste quer-laufende, knorrige Leiste zeigen; an den Hörnern der zweijährigen Böcke zeigen sich bereits zwei bis drei wulstige Erhöhungen; dreijährige Böcke haben schon Hörner von 45 Centim. Länge und eine erhebliche Anzahl von Knoten, welche nun mehr und mehr steigt und bei alten Thieren bis auf vier-undzwanzig kommen kann. Einen sicheren Schluß auf das Alter des Thieres gewähren diese Knoten ebensowenig wie die wenig bemerklichen Wachs-thumsringe zwischen ihnen, oder die flachen Erhebungen zu beiden Seiten des Hornes, aus deren Anzahl die Jäger die Jahre des Thieres bestimmen zu können vermeinen.

Die Behaarung ist rauh und dicht, verschieden nach der Jahreszeit, im Winter länger, gröber, krauser und matter, im Sommer kürzer, feiner, glän-zender, während der rauhen Jahreszeit durchmengt mit einer dichten Grund-wolle, welche mit zunehmender Wärme ausfällt, und auf der Oberseite des Leibes pelziger, d.h. kürzer und dichter als unten. Außer am Hinterhalse und Nacken, wo die Haare mähnenartig sich erheben, verlängern sie sich bei dem alten Männchen auch am Hinterkopfe, indem sie hier zugleich sich kräuseln und einen Wirbel herstellen, und ebenso am Unterkiefer, bilden hier jedoch höchstens ein kurzes Stutzbärtchen von nicht mehr als 5 Centim. Länge, welches jüngeren Böcken wie den Steinziegen gänzlich fehlt. Im übrigen ist das Haar ziemlich gleich lang. Die Färbung ist nach Alter und Jahreszeit etwas verschieden. Im Sommer herrscht die röthlichgraue, im Winter die gelblichgraue oder fahle Färbung vor.

Der Rücken ist wenig dunkler als die Unterseite; ein schwach abge-setzter, hellbrauner Streifen verläuft längs seiner Mitte. Stirn, Scheitel, Nase, Rücken und Kehle sind dunkelbraun; am Kinne, vor den Augen, unter den Ohren und hinter den Nasenlöchern zeigt sich mehr rostfahle Färbung; das Ohr ist außen fahlbraun, inwendig weißlich. Ein dunkel- bis schwarz-brauner Längsseitenstreifen scheidet Ober- und Unterseite; außerdem sind Brust, Vorderhals und die Weichen dunkler als die übrigen Stellen, und an den Beinen geht die allgemeine Färbung in Schwarzbraun über. Die Mitte des Unterkörpers und die Umgebung des Afters sind weiß; der Schwanz ist oben braun, an der Spitze schwarzbraun. Auf der Rückseite der Hinterläufe verläuft ein heller, weißlich-fahler Längsstreifen. Mit zunehmendem Alter wird die Färbung gleichmäßiger.

Das Haarkleid der Steingeis entspricht im wesentlichen durchaus dem des Bockes, zeigt jedoch keinen Rückenstreifen und ist noch gleichartiger und mehr fahlgelblich-braun, im Grunde aber dunkler grau gefärbt, die Mähne kürzer und undeutlicher, von einem Barte endlich keine Spur zu sehen. Die Zicklein ähneln bis zur ersten Härung der Mutter, haben aber, wenn sie männlichen Geschlechtes sind, schon von Geburt an den dunkleren Rückenstreifen.

Bereits vor hunderten von Jahren waren die Steinböcke sehr zusammengeschmolzen, und wenn im vorigen Jahrhunderte nicht besondere Anstalten getroffen worden wären, sie zu hegen, gäbe es vielleicht keinen einzigen mehr. Nach alten Berichten bewohnten sie in früheren Zeiten alle Hochalpen der Schweiz, in vorgeschichtlicher Zeit scheinen sie sich sogar auf den Voralpen aufgehalten zu haben. Während der Herrschaft der Römer müssen sie häufig gewesen sein; denn dieses prunkliebende Volk führte nicht selten ein- bis zweihundert lebendig gefangene Steinböcke zu den Kampfspielen nach Rom. Schon im funfzehnten Jahrhunderte waren sie in der Schweiz selten geworden. [...]

Das Steinwild bildet Rudel von verschiedener Stärke, zu denen sich die alten Böcke jedoch nur während der Paarungszeit gesellen, wogegen sie in den übrigen Monaten des Jahres ein einsiedlerisches Leben führen. »Im Sommer«, so schreibt mir Graf Wilczek, »halten sie sich regelmäßig in den großartigsten und erhabensten, an furchtbaren Klüften und Abstürzen reichen, den Menschen also unzugänglichen Felsenwildnissen auf, und zwar meist die Schattenseite der Berge erwählend, wogegen sie im Winter tiefer ins Gebirge herabzusteigen pflegen.« Die Ziegen und Jungen leben zu allen Jahreszeiten in einem niedrigeren Gürtel als die Böcke, bei denen der Trieb nach der Höhe so ausgeprägt ist, daß sie nur Mangel an Nahrung und die größte Kälte zwingen kann, überhaupt in tiefere Gelände herabzusteigen. Stechende Hitze ist dem Alpensteinwilde weit mehr zuwider als eine bedeutende Kälte, gegen welche es in hohem Grade unempfindlich zu sein scheint.

Nach Berthoud von Berghem, dessen Angaben in die meisten Lebensbe-
schreibungen des Thieres übergegangen sind und noch heute Gültigkeit
beanspruchen, nehmen alle über sechs Jahre alten Böcke die höchsten Plätze
des Gebirges ein, sondern sich immer mehr ab und werden zuletzt gegen die
strengste Kälte so unempfindlich, daß sie oft ganz oben, gegen den Sturm
gewendet, wie Bildsäulen sich aufstellen und dabei nicht selten die Spitzen
der Ohren erfrieren. Wie die Gemsen weiden auch die Steinböcke des Nachts
in den höchsten Wäldern, im Sommer jedoch niemals weiter als eine Viertel-
stunde unter der Spitze einer freien Höhe. Mit Sonnenaufgang beginnen sie
weidend aufwärts zu klettern und lagern sich endlich an den wärmsten und
höchsten, nach Osten oder Süden gelegenen Plätzen; nachmittags steigen
sie wieder weidend in die Tiefe herab, um womöglich in den Waldungen die
Nacht zuzubringen. Wie Tuckott von einem Jagdaufseher des Königs Victor
Emanuel erfuhr, sieht man Steinböcke am häufigsten vor sechs Uhr morgens
und nach vier Uhr nachmittags; in der Zwischenzeit ruhen sie. Bei ihren
Weidegängen halten sie nicht allein ihre Wechsel ein, sondern lagern sich
auch regelmäßig auf bestimmten Stellen, am liebsten auf Felsenvorsprüngen,
welche ihnen den Rücken decken und freie Umschau gewähren. […]

Kein anderer Wiederkäuer scheint in so hohem Grade befähigt zu sein,
die schroffsten Gebirge zu besteigen, wie die Wildziegen insgemein und der
Steinbock insbesondere. […] Jede Bewegung des Steinwildes ist rasch, kräftig und dabei doch leicht. Der Steinbock läuft schnell und anhaltend, klettert mit bewunderungswürdiger Leichtigkeit und zieht mit unglaublicher,
weil geradezu unverständlicher Sicherheit und Schnelligkeit an Felswänden
hin, wo nur er Fuß fassen kann. Eine Unebenheit der Wand, welche das
menschliche Auge selbst in der Nähe kaum wahrnimmt, genügt ihm, sicher
auf ihr zu fußen; eine Felsspalte, ein kleines Loch etc. werden ihm zu Stufen
einer gangbaren Treppe. Seine Hufe setzt er so fest und sicher auf, daß er auf
dem kleinsten Raume sich erhalten kann. […]

Die Stimme des Steinbockes ähnelt dem Pfeifen der Gemse, ist aber
gedehnter. Erschreckt läßt er ein kurzes Niesen, erzürnt ein geräuschvolles
Blasen durch die Nasenlöcher vernehmen; in der Jugend meckert er. Unter
den Sinnen steht das Gesicht oben an. Das Auge des Steinwildes ist nach

Wilczeks Erfahrungen viel schärfer, die Witterung dagegen weit geringer als bei dem Gemswilde, das Gehör vortrefflich. Die geistigen Begabungen dürften mit denen der Ziegen insgesammt auf derselben Stufe stehen, wie auch das Wesen im allgemeinen mit dem Auftreten und Gebaren der Hausziegen übereinstimmt. Ein hoher Grad von Verstand läßt sich nicht in Abrede stellen. Der Steinbock beweist seine Klugheit durch die Wahl seiner Aufenthaltsorte und Wechsel, durch berechnende Vorsicht an Stelle der plumpen Scheu anderer Wiederkäuer, sorgfältiges Ueberlegen seiner beabsichtigten Handlungen, geschicktes Ausweichen von Gefahren und leichtes Sichfügen in veränderte Umstände. Nach Art der Ziegen gefällt er sich in der Jugend in neckischen, noch im Alter selbst in muthwilligen Streichen, tritt aber immer selbstbewußt auf und bekundet erforderlichenfalls hohen Muth, Rauf- und Kampflust, welche ihm keineswegs schlecht ansteht. Gefährlichen Thieren weicht er aus, schwächere behandelt er übermüthig oder beachtet sie kaum. Mit den Gemsen will er, wie behauptet wird, nichts zu thun haben und hält sich, unbedrängt, fern von ihnen; Hausziegen dagegen sucht er, vielleicht in richtiger Erkenntnis der zwischen beiden bestehenden Verwandtschaft, förmlich auf, paart sich auch freiwillig mit ihnen.

In stillen, vom Menschen wenig besuchten Hochthälern äst sich das Steinwild in den Vor- und Nachmittagsstunden, in Gebieten dagegen, wo es Störung befürchtet, nur in der Früh- und Abenddämmerung, vielleicht auch des Nachts. Leckere Alpenkräuter, Gräser, Baumknospen, Blätter und Zweigspitzen, insbesondere Fenchel- und Wermutarten, Thymian, die Knospen und Zweige der Zwergweiden, Birken, Alpenrosen, des Ginsters und im Winter nebenbei auch dürre Gräser und Flechten bilden seine Aesung. Salz liebt es außerordentlich, erscheint daher regelmäßig auf salzhaltigen Stellen und beleckt diese mit solcher Gier, daß es zuweilen die ihm sonst eigene Vorsicht vergißt. Ein auf weithin vernehmbares, eigenthümliches Grunzen drückt das hohe Wohlbehagen aus, welches dieser Genuß ihnen bereitet.

Die Brunstzeit fällt in den Januar. Starke Böcke kämpfen mit ihren gewaltigen Hörnern muthvoll und ausdauernd, rennen wie Ziegenböcke auf einander los, springen auf die Hinterbeine, versuchen den Stoß seitwärts zu richten und prallen endlich mit den Gehörnen so heftig zusammen, daß man das Dröhnen des Kampfes auf weithin im Gebirge wiederhallen hört. […] Fünf Monate nach der Paarung, meist in der letzten Woche des Juni oder im Anfange des Juli, wirft die Ziege ein oder zwei Junge, an Größe etwa einem neugeborenen Zicklein gleich, leckt sie trocken und läuft bald darauf mit ihnen davon. Das Steinzicklein, ein äußerst niedliches, munteres, wie Schinz sagt, »schmeichelhaftes« Geschöpf, kommt mit feinem, wolligem Haar bedeckt zur Welt und kleidet sich erst vom Herbste an in ein aus steiferen, längeren Grannen bestehendes Gewand. Bereits wenige Stunden nach der Geburt erweist es sich fast als ebenso kühner Bergsteiger wie seine Mutter. Diese liebt es außerordentlich, leckt es rein, leitet es, meckert ihm freundlich zu, ruft es zu sich, hält sich, so lange sie es säugt, mit ihm in den Felsenhöhlen verborgen und verläßt es nie, außer wenn der Mensch ihr gar zu gefährlich scheint, und sie das eigene Leben retten muß, ohne welches auch das ihres Kindes verloren sein würde. Bei drohender Gefahr eilt sie an fürchterlichen Gehängen hin und sucht in dem wüsten Geklüfte ihre Rettung. Das Zicklein aber verbirgt sich äußerst geschickt hinter Steinen und in Felsenlöchern, liegt dort mäuschenstill, ohne sich zu rühren, und äugt und lauscht und wittert scharf nach allen Seiten hin. Sein graues Haarkleid ähnelt den Felswänden und Steinen derart, daß auch das schärfste Falkenauge nicht im Stande ist, es wahrzunehmen oder vom Felsen zu unterscheiden, und dieser vertritt daher einstweilen Mutterstelle. Sobald die Gefahr vorüber ist, findet die gerettete Steinziege sicher den Weg zu ihrem Kinde wieder; bleibt sie aber zu lange aus, so kommt das Steinzicklein aus seinem Schlupfwinkel hervor, ruft nach der Alten und verbirgt sich dann schnell wieder. Wird die Mutter getödtet, so flieht es anfangs furchtsam und entsetzt, kehrt aber bald und immer wieder um und hält lange und fest an der Gegend, wo es seine treue Beschützerin verloren, kümmerlich sein Leben fristend. […]

Bei Gefahr vertheidigt die Steinbockziege ihr Junges nach besten Kräften. Der berühmte Steinbockjäger Fournier aus dem Wallis sah einmal sechs Steinziegen mit ihren Jungen weiden. Als ein Adler über ihnen kreiste, sammelten sich die Mütter mit den Zicklein unter einem überragenden Felsblocke und richteten die Hörner nach dem Raubvogel, je nachdem der Schatten des Adlers auf dem Boden dessen Stellung bezeichnete, nach der bedrohten Seite sich wendend. Der Jäger beobachtete lange diesen anziehenden Kampf und verscheuchte zuletzt den Adler. [...]

Verschiedene Ursachen wirken zusammen, daß das Steinwild auch da, wo es sorgsam gehegt wird, nur langsam sich vermehrt. Mit Ausnahme des Menschen hat es von ihm gefährlich werdenden Feinden wenig zu leiden. Große Raubvögel, namentlich der Steinadler und vielleicht auch der Bartgeier, bedrohen, wie aus vorstehend mitgetheilter Beobachtung Fourniers hervorgeht, junge Zicklein, jagen aber, dank der Wachsamkeit ihrer Mütter, wohl nur in seltenen Fällen mit Erfolg auf sie; älteres Steinwild mag unter Umständen durch Luchs, Wolf und Bär gefährdet sein: meines Wissens liegen jedoch keine bestimmten Beobachtungen über Angriffe seitens der genannten Raubthiere vor. Verderblicher als alle genannten Feinde zusammengenommen erweist sich die Unwirtsamkeit des Aufenthaltsortes im Winter und im Frühlinge. Wie Wilczek im Val Savaranche erfuhr, verlieren durch Lawinenstürze alljährlich verhältnismäßig viele Steinböcke ihr Leben, und zwar meist starke Böcke, welche der Gefahr mit kühlerem Muthe in das Auge zu sehen scheinen als die jüngeren, furchtsameren und vorsichtigeren. Die alte Geis soll immer nur ein Jahr um das andere ein Kitzchen bringen und nicht bloß so lange dieses säugt, sondern so lange sie überhaupt mit ihm geht, nicht beschlagen werden. Der schlimmste Feind auch des Steinwildes aber ist und bleibt der Mensch, und zwar der Raubschütze und Bubenjäger in Bauerngestalt. Jenen locken weniger der durch Verwerthung des Wildes zu erzielende Gewinn als die Gefährlichkeit der noch heutigen Tages mit harten Strafen verbotenen Jagd; diesen bewegt einzig und allein der schnöde Vortheil. Wahrscheinlich gibt es kein beschwerlicheres und gefahrbringenderes Unternehmen als die Steinwildjagd, wie sie von den unberechtigten Raubschützen betrieben wird. Alles, was von den Gefahren der Gemsjagd gesagt werden kann, gilt auch, wie Schinz treffend hervorhebt, und in noch höherem Grade von der Steinbockjagd. Wegen der Seltenheit seines Wildes muß sich der Jäger gefaßt machen, acht bis vierzehn Tage, fern von allen menschlichen Wohnungen, also meist unter freiem Himmel im Hochgebirge zu verleben; Frost und Schnee, Hunger und Durst, Nebel und Sturm zu ertragen, bei eisigem Winde oft mehrere Nächte nach einander auf harten

Felsen ohne alles Obdach zuzubringen und sehr oft nach langen Prüfungen seines Muthes leer nach Hause zu kehren; er muß selbst im günstigsten Falle mit der mühsam erworbenen Beute alle begangenen Pfade vermeiden, um jeder Begegnung mit Jagdaufsehern auszuweichen; er muß schwindelfrei die furchtbarsten Pfade wandeln können und im Tragen schwerer Lasten geübt, um überhaupt im Stande zu sein, den Lohn seiner Anstrengungen heim zu bringen. [...]

Jung eingefangene Steinböcke gedeihen, wenn man ihnen eine Ziege als Amme gibt, in der Regel gut, werden auch bald zahm, verlieren diese Eigenschaft jedoch mit zunehmendem Alter. Sie haben viel von dem Wesen unserer Hausziege, bekunden aber vom Anfange an größere Selbständigkeit als diese und gefallen sich schon in den ersten Wochen ihres Lebens in den kühnsten und verwegensten Kletterversuchen. Neugierig, neckisch und muthwillig wie junge Zicklein sind auch sie und anfänglich so spiellustig und drollig, daß man seine wahre Freude an ihnen haben muß. Mit ihrer Amme befreunden sie sich schon nach wenigen Tagen, mit ihrem Pfleger nach geraumer Zeit, unterscheiden diesen bestimmt von anderen Leuten und legen Freude an den Tag, wenn sie denselben nach längerer Abwesenheit wieder zu sehen bekommen. Ihre Anhänglichkeit an die Pflegemutter beweisen sie durch kindlichen Gehorsam; denn sie kehren stets zurück, wenn die Ziege meckernd sie herbeiruft, so gern sie auch möglichst ungebunden sich umhertreiben und dabei Höhen erklimmen, welche der Pflegemutter bedenklich zu sein scheinen. Gegen Liebkosungen höchst empfänglich, lassen sie sich doch nicht das geringste gefallen und stellen sich bald auch ihrem Wärter trotzig zur Wehre, den Kopf mit dem kurzen Gehörn in unendlich komischer Weise herausfordernd bewegend. Lammfromm halten sie still, wenn man sie zwischen den Hörnern kraut, muthwillig aber vergelten sie solche Wohlthaten nicht selten durch einen scherzhaft gemeinten, jedoch nicht unempfindlichen Stoß. Je älter sie werden, um so selbstbewußter und übermüthiger zeigen sie sich. Schon mit halberwachsenen Steinböcken ist nicht gut zu scherzen, erwachsene aber rennen, sobald sie erzürnt wurden, den stärksten Mann über den Haufen und sind im Stande, geradezu lebensgefährliche Verletzungen beizubringen.

111

ZWERGFLEDERMAUS

Noch ehe bei uns an schönen Sommertagen die Sonne zur Rüste gegangen ist, beginnt eine der merkwürdigsten Ordnungen unserer Klasse ihr eigenthümliches Leben. Aus allen Ritzen, Höhlen und Löchern hervor kriecht eine düstere, nächtige Schar, welche sich bei Tage scheu zurückgezogen hatte, als dürfte sie sich im Lichte der Sonne nicht zeigen, und rüstet sich zu ihrem nächtlichen Werke. Je mehr die Dämmerung hereinbricht, um so größer wird die Anzahl dieser dunklen Gesellen, bis mit eintretender Nacht alle munter geworden sind und nun ihr Wesen treiben. Halb Säugethier, halb Vogel, stellen sie ein Bindeglied zwischen einer Klasse zur anderen dar, und dieser Halbheit entspricht auch ihr Leibesbau und ihre Lebensweise. Sie sind eben weder das eine noch das andere ganz: sie, die Fledermäuse, sind gleichsam ein Zerrbild der vollendeten Fluggestalt des Vogels, aber auch ein Zerrbild des Säugethiers. Unser Vaterland liegt an der Grenze ihres Verbreitungskreises und beherbergt bloß noch kleine, zarte, schwächliche Arten. Im Süden ist es anders.

Je mehr wir uns dem heißen Erdgürtel nähern, um so mehr nimmt die Anzahl der Flatterthiere zu und mit der Anzahl auch der Wechsel und Gestaltenreichthum. Der Süden ist die eigentliche Heimat der Flatterthiere. Schon in Italien, Griechenland und Spanien bemerken wir eine auffallende Anzahl von Fledermäusen. Wenn dort der Abend naht, kommen sie nicht zu Hunderten, sondern zu Tausenden aus ihren Schlupfwinkeln hervorgekrochen und erfüllen die Luft mit ihrem Gewimmel. Aus jedem Hause, aus jedem alten Gemäuer, aus jeder Felsenhöhle flattern sie heraus, als ob ein großes Heer seinen Auszug halten wolle, und schon während der Dämmerung ist der ganze Gesichtskreis buchstäblich erfüllt von ihnen. Wahrhaft überraschend erscheint die Menge der Flatterthiere, welche man in heißen Ländern bemerkt. Es ist äußerst anziehend und unterhaltend, einen Abend vor den Thoren einer größeren Stadt des Morgenlandes zuzubringen. Die Schwärme der Fledermäuse, welche der Abend dort erweckt, verdunkeln buchstäblich die Luft. Sehr bald verliert man alle Schätzung; denn allerorts

sieht man Massen der dunklen Gestalten, welche sich durch die Luft fortwäl-
zen. Ueberall lebt es und bewegt es sich, zwischen den Bäumen der Gärten,
der Haine oder Wälder schwirrt es dahin, über die Felder flattert es in geringer oder bedeutender Höhe, durch die Straßen der Stadt, die Höfe und
Zimmer geht der bewegliche Zug. Hunderte kommen und Hunderte verschwinden. Man ist beständig von einer schwebenden Schar umringt. [...]

Die Flatterthiere oder Handflügler sind vorzugsweise durch ihre äußere
Körpergestalt ausgezeichnet. Sie haben im allgemeinen einen gedrungenen
Leibesbau, kurzen Hals und dicken, länglichen Kopf mit weiter Mundspalte.
In der Gesammtbildung stimmen sie am meisten mit den Affen überein und
haben wie diese zwei Brustzitzen. Allein in allem übrigen unterscheiden sie
sich auffallend genug von den genannten Thieren. Ihre Vorderhände sind
zu Flugwerkzeugen umgewandelt und deshalb riesig vergrößert, während
der Leib das geringste Maß der Größe hat. So kommt es, daß sie wohl groß
erscheinen, in Wirklichkeit aber zu den kleinsten Säugethieren zählen. [...]
Bezeichnend für die Flatterthiere erscheint die Handbildung. Ober- und
Unterarm und die Finger der Hände sind außerordentlich verlängert, namentlich die hinteren drei Finger, welche den Oberarm an Länge übertreffen.
Hierdurch werden die Finger zum Verbreitern der zwischen ihnen sich aus-
spannenden Flughaut ebenso geschickt wie zu anderen Dienstleistungen un-
tauglich. Nur der Daumen, welcher an der Bildung des Flugfächers keinen
Antheil nimmt, hat mit den Fingern anderer Säuger noch Aehnlichkeit: er ist,
wie gewöhnlich, zweigliederig und kurz und trägt eine starke Kralle, welche
dem Thiere beim Klettern und Sichfesthängen die ganze Hand ersetzen muß.
Die Oberschenkelknochen sind viel kürzer und schwächer als die Oberarm-
knochen, wie überhaupt alle Knochen des Beines auffallend hinter denen des
Armes zurückstehen. Die Beine haben eine ziemlich regelmäßige Bildung:
der Fuß theilt sich auch in fünf Zehen, und diese tragen Krallennägel. Allein
sein Eigenthümliches hat der Fuß doch; denn von der Ferse aus läuft ein nur
bei den Fledermäusen vorkommender Knochen, das Sporenbein, welches
dazu dient, die Flughaut zwischen dem Schwanze und dem Beine zu spannen.
So läßt der Bau des Gerippes die Flatterthiere auch wiederum als Mittel-
glieder zwischen den Vögeln und den vorweltlichen Flugechsen erscheinen.

113

Unter den Muskeln verdienen die ungewöhnlich starken Brustmuskeln Erwähnung, außerdem ein anderen Säugethieren gänzlich fehlender, welcher mit einem Ende am Schädel, mit dem anderen aber an der Hand angewachsen ist, und dazu dient, den Flügel spannen zu helfen. [...]

Unter allen Merkmalen ist jedenfalls die Entwickelung der Haut das merkwürdigste, weil sie nicht nur die ganze Körpergestaltung, sondern namentlich auch den Gesichtsausdruck bedingt und somit die Ursache wird, daß viele Fledermausgesichter ein geradezu ungeheuerliches Aussehen haben. Die breit geöffnete Schnauze trägt allerdings auch mit bei, daß der Gesichtsausdruck ein ganz eigenthümlicher wird: die Hautwucherung an den Ohren und der Nase aber ist es, welche dem Gesichte sein absonderliches Gepräge und – nach der Ansicht der Meisten wenigstens – seine Häßlichkeit gibt. [...]

Die Sinne der Flatterthiere sind vortrefflich, aber je nach den Sippen und Arten sehr ungleichförmig entwickelt. Einzelne Sinneswerkzeuge zeichnen sich, wie ich bereits andeutete, durch höchst sonderbare Anhängsel und eigenthümliche Vergrößerungen aus.

Wahrscheinlich steht der Geschmackssinn auf der tiefsten Stufe; doch ist auch er keineswegs stumpf zu nennen, wie die Beschaffenheit der Zunge, die Weichheit der Lippen und der Nervenreichthum beider schon im voraus schließen läßt. Außerdem hat man auch Versuche gemacht, welche die Schärfe des Sinnes beweisen. Wenn man nämlich schlafenden, selbst halb erstarrten Fledermäusen einen Tropfen Wasser in die geöffnete Schnauze flößt, nehmen sie denselben ohne weiteres an und schlucken ihn hinter. Gibt man ihnen dagegen Branntwein, Dinte oder sonst eine übelschmeckende Flüssigkeit, so wird alles regelmäßig zurückgewiesen. Nicht minder ausgebildet ist das Auge. Im Verhältnis zur Größe des Körpers muß man es klein nennen; doch ist der Stern einer bedeutenden Erweiterung fähig. Einige Sippen haben besonders kleine Augen und diese stehen, wie Koch hervorhebt, mitunter so in den dichten Gesichtshaaren versteckt, daß sie unmöglich dem Zwecke des Sehens entsprechen können. Diese kleinäugigen Thiere sind es auch, welche man zuweilen schon bei Tage fliegend antrifft, während die eigentlichen nächtlichen Flatterthiere größere und mehr freiliegende

Augen haben. Allein das Auge kann gänzlich außer Thätigkeit gesetzt werden, ohne daß sie eine bemerkliche Beeinträchtigung dadurch erleiden. Der
Gesichtssinn wird überhaupt durch Geruch, Gehör und Gefühl wesentlich
unterstützt. Man hat mehrfach den Versuch gemacht, Fledermäuse zu blen-
den, indem man ihnen einfach ein Stückchen englisches Pflaster über die
Augen klebte: sie flogen hierauf trotz ihrer Blindheit noch genau ebenso geschickt im Zimmer umher als sehend, und verstanden es meisterhaft, allen
möglichen Hindernissen, z.B. vielen, in verschiedenen Richtungen durch
das Zimmer gezogenen Fäden, auszuweichen. Der Sinn des Gefühls mag
wohl größtentheils in der Flatterhaut liegen; wenigstens scheint dies aus allen Beobachtungen hervorzugehen. Weit ausgebildeter als dieser Sinn sind

Geruch und Gehör. Die Nase ist bei allen echten Fledermäusen in hohem Grade vollkommen. Nicht bloß, daß sich die Nasenlöcher weit öffnen und durch eigenthümliche Muskeln bald erweitert, bald verengert oder gänzlich geschlossen werden können, besitzen die Thiere auch große, blätterartige, ausgedehnte Anhängsel, welche jedenfalls nur dazu dienen, den Geruch zu steigern. Bei Verwundung der blattartigen Aufsätze büßen sie von ihrer Flugfähigkeit ein, bei gründlicher Verletzung derselben verlieren sie ihr Flugvermögen ganz. [...] Das in ähnlicher Weise wie die Nase vervollständigte Ohr besteht aus einer sehr großen Ohrmuschel, welche oft bis gegen den Mundwinkel ausgezogen, mit besonderen Lappen und Ausschnitten versehen ist und außerordentlich leicht bewegt werden kann. Zudem ist noch eine große, bewegliche, verschiedenartig geformte Klappe, der Ohrdeckel, vorhanden, welcher dazu dient, bei stärkeren Geräuschen oder Tönen, als die Fledermaus sie vertragen kann, das Ohr zu schließen und ihr somit eine Qual zu ersparen, während dasselbe Anhängsel, wenn es gilt, ein sehr leises Geräusch zu vernehmen, befähigt, auch einen schwachen Schall aufzufangen. Es ist unzweifelhaft, daß die Fledermaus vorbeifliegende Kerbthiere schon in ziemlicher Entfernung hört und durch ihr scharfes Gehör wesentlich in ihrem Fluge geleitet wird. Schneidet man die blattartigen Ansätze oder die Ohrlappen und Ohrdeckel ab, so werden alle Flatterthiere in ihrem Fluge irre und stoßen überall an. [...]

Die geistigen Fähigkeiten der Flatterthiere sind keineswegs so gering, als man gern annehmen möchte, und strafen den auf ziemliche Geistesarmut hindeutenden Gesichtsausdruck Lügen. Ihr Gehirn ist groß und besitzt Windungen. Hierdurch ist schon angedeutet, daß ihr Verstand kein geringer sein kann. Alle Flatterthiere zeichnen sich durch einen ziemlich hohen Grad von Gedächtnis und einige sogar durch verständige Ueberlegung aus. Daß sie nach dem Flattern stets dieselben Orte wieder aufsuchen und für den Winterschlaf sich immer äußerst zweckmäßige Orte wählen: dies allein schon beweist, daß sie nicht so dumm sind, als sie aussehen. Mit der bequemen Ausflucht gläubiger und denkfauler Naturerklärer, daß der sogenannte Instinkt die maßgebende geistige Kraft der Fledermäuse sei, kommt man bei genauerer Beobachtung der Thiere nicht aus. [...] Auch ihre Feinde kennen sie sehr gut und verstehen, ihnen schlau zu begegnen, wie sie ihrerseits wieder die kleineren Thiere, denen sie nachstellen, zu überlisten wissen. So erzählt Kolenati, daß eine Fledermaus, welche in einer Lindenallee jagte, das Weibchen eines Schmetterlings verschonte, weil sie bemerkt hatte, daß dieses viele Männchen heranlockte, welche sie nun nach und nach wegschnappen konnte. Wenn man Schmetterlinge an Angeln hängt, um Fledermäuse damit zu fangen, wird man sich stets vergeblich bemühen. Sie kommen heran, untersuchen das schwebende Kerbthier, bemerken aber auch sehr bald das feine Roßhaar, an welches die Angel befestigt ist, und lassen alles vorsichtig unberührt, selbst wenn sie wenig Futter haben sollten. Daß die Fledermäuse bei guter Behandlung sehr zahm und ihrem Herrn zugethan werden können, ist von vielen Gelehrten und Naturfreunden beobachtet worden. Einzelne Forscher brachten die Thiere bald dahin, ihnen Nahrung aus der Hand zu nehmen oder solche aus Gläsern sich herauszuholen […]. Mein Bruder hatte eine Ohrenfledermaus so weit gezähmt, daß sie ihm durch alle Zimmer folgte und, wenn er ihr eine Fliege hinhielt, augenblicklich auf seine Hand sich setzte, um jene zu fressen. Die größeren Flatterthiere sind wirklich liebenswürdig in der Gefangenschaft, werden außerordentlich zahm und zeigen sich sehr verständig. Solche und ähnliche Aeußerungen der Hirnthätigkeit auf die breite Faulbrücke Instinkt schieben zu wollen, erscheint geradezu widersinnig. […]

Im allgemeinen ist der Flug aller Handflügler keineswegs ein dauernder, sondern nur ein zeitweiliger. Er wird durch immerwährende Bewegung der Arme hervorgebracht. Der Vogel kann schweben, die Fledermaus nur flattern. Ihr Flattern oder Schwirren wird durch ihren Körperbau sehr erleichtert. Die starken Brustmuskeln des Vorderkörpers, der leichte und eingezogene Unterleib, die bis zu dreifacher Körperlänge ausgedehnten Arme und Hände und die zwischen Armen, Händen und Fingern ausgespannte federnde Haut befördern diese Bewegung, während das Schweben unmöglich wird, weil keiner der Fledermausknochen luftführend ist, die Leibeshöhle nicht die großen Luftsäcke des Vogelleibes enthält und vor allem, weil das Flatterthier keine Schwing- und Steuerfedern besitzt. Sein Flug ist ein immerwährendes Schlagen auf die Luft, niemals ein längeres Durchgleiten oder Durchschießen derselben ohne Flügelbewegung.

117

Um leichter ihre Flughaut breiten und aufflattern zu können, befestigen sich alle Handflügler während ihrer Ruhe mit den Krallen der Hinterbeine an irgend einen erhabenen Gegenstande und lassen ihren ganzen Körper nach abwärts hängen. Bevor sie aufflattern, ziehen sie den Kopf von der Brust ab, heben den Arm, breiten die Finger sammt dem Mittelarmknochen auseinander, strecken den in der Ruhe angezogenen Schwanz nebst den Sporen am Fuße, lassen sich los und beginnen nun sogleich und ohne Unterbrechung schnell nacheinander mit ihren Armen die Luft zu schlagen. Mit der Schwanzhaut wird gesteuert; aber dieses Steuer ist natürlich bei weitem unvollkommener als das der Vögel. Eine solche Bewegung bedingt eine ganz eigenthümliche Fluglinie, welche Kolenati sehr bezeichnend eine geknitterte nennt.

Vom Boden können sich die Flatterthiere nicht so leicht erheben; sie helfen sich aber dadurch, daß sie zuerst die Arme und die Flughaut ausbreiten und ihren Körper durch Unterschieben der Füße etwas aufrichten, ein oder mehrere Male in die Höhe springen und dann flatternd abfliegen. Ist dies ihnen geglückt, so geht der Flug ziemlich rasch vorwärts. Wie ermüdend derselbe ist, sieht man am besten daraus, daß die Fledermäuse oft schon nach sehr kurzem Fluge zum Ausruhen an Baumäste, Mauervorsprünge und dergleichen sich anhängen und hierauf ihre Bewegung fortsetzen. Keine Fledermaus würde im Stande sein, in ununterbrochener Weise zu fliegen, wie z.B. ein Mauersegler, und aus diesem Grunde ist allen Flatterthieren eine so ausgedehnte Winterwanderung, wie Vögel sie unternehmen, geradezu unmöglich. […]

Die Stimme aller bekannten Flatterthiere ähnelt sich in hohem Grade, unterscheidet sich, so weit unsere gegenwärtigen Beobachtungen reichen, überhaupt nur dadurch, daß sie schwächer oder kräftiger, höher oder tiefer klingt. Die kleinen Arten bringen ein zitterndes Gekreisch hervor, welches ungefähr wie »Krikrikri« klingt; die Flughunde lassen erzürnt oder sonstwie beunruhigt ähnliche Laute vernehmen. Die Stimme fällt immer unangenehm in das Ohr, gleichviel ob sie hoch oder tief ist.

Alle Flatterthiere schlafen bei Tage und schwärmen bei Nacht. Die meisten kommen erst mit Eintritt der Abenddämmerung zum Vorscheine und ziehen sich schon lange vor Sonnenaufgang wieder in ihre Schlupf-winkel zurück; einzelne Arten jedoch erscheinen schon viel früher, manche bereits nachmittags zwischen drei und fünf Uhr, und schwärmen trotz des hellsten Sonnenscheins lustig umher. [...]

Jede Art hat ihre eigenthümlichen Jagdgebiete in Wäldern, Baumgärten, Alleen und Straßen, über langsam fließenden oder stehenden Wasserflächen usw., seltener im freien Felde, aus dem sehr einfachen Grunde, weil es dort für sie nichts zu jagen gibt. In dem reicheren Süden finden sie sich auch dort, namentlich über Mais- und Reisfeldern, weil diese stets eine Menge von Kerbthieren beherbergen, ihnen also gute Beute liefern. Gewöhnlich streichen sie nur durch ein kleines Gebiet von vielleicht tausend Schritten im Durchmesser. [...]

Bei Tage halten sich alle Flatterthiere versteckt in den verschiedenar-tigsten Schlupfwinkeln. Bei uns zu Lande sind hohle Bäume, leere Häuser und seltener auch Felsenritzen oder Höhlen ihre Schlafplätze. In den Wende-kreisländern hängen sich viele Arten frei an die Baumzweige auf, sobald diese ein dichtes Dach bilden. Bei uns zu Lande geschieht dies ebenfalls, obschon seltener: Koch beobachtete namentlich in den dichten Epheuranken alter Burgen mehrfach Fledermäuse, welche sich hier ihren Schlupfplatz erwählt hatten. [...] Weitaus die Mehrzahl aller Flatterthiere hingegen versteckt sich, einige Arten zwischen und unter der Rinde von Bäumen oder in Baumhöh-lungen, andere unter Dächern zwischen dem Schindel- und Ziegelwerk, der Haupttheil endlich in natürlichen Felshöhlen, Mauerlöchern, Gewölben ver-fallener oder wenig besuchter Gebäude, tiefen Brunnen, Schachten, Berg-werksstollen und ähnlichen Orten. [...]

Unter sich halten viele, vielleicht die meisten Flatterthiere gute Ge-meinschaft. Einzelne Arten bilden zahlreiche Gesellschaften, welche ge-meinschaftlich jagen und schlafen. Ganz ohne Streit und Kampf geht es da-bei freilich nicht immer ab: eine gute Beute oder eine bequeme Schlafstelle ist genügende Ursache zur Zwietracht. Dafür versuchen Gesunde Kranken aber auch beizustehen und nach Kräften zu helfen, und zwar thun dies nicht allein die wehrhaften Flughunde, sondern ebenso kleinere Flatterthiere, beispielsweise Blattnasen. [...] Ungeachtet aller Geselligkeit der Fledermäuse

119

einer und derselben Art, leben die Flatterthiere doch keineswegs mit allen Mitgliedern ihrer Ordnung in Frieden. Verschiedene Arten hassen sich auch wohl, und eine frißt die andere auf. Die blutsaugenden Blattnasen z.B. greifen, wie Kolenati beobachtete die Ohrenfledermäuse an, um ihnen Blut auszusaugen, und diese fressen ihre Feinde dafür auf, handeln also vernünftiger als Menschen, welche sich von Blutsaugern ihres Geschlechtes ruhig brandschatzen lassen, ohne sie unschädlich zu machen.

Die Nahrung der Flatterthiere besteht in Früchten, in Kerbthieren, unter Umständen auch in Wirbelthieren und in dem Blute, welches sie größeren Thieren aussaugen. [...] Die in Europa wohnenden Arten der Ordnung, bekanntlich nur echte Fledermäuse, verzehren hauptsächlich Kerbthiere, namentlich Nachtschmetterlinge, Käfer, Fliegen und Mücken, und wenn man am Morgen nach warmen Sommernächten in Baumgängen hingeht, findet man gewiß sehr häufig die Ueberbleibsel ihrer Mahlzeiten, namentlich abgefressene Flügel und dergleichen. Ihr Hunger ist außerordentlich; die größeren fressen bequem ein Dutzend Maikäfer, die kleinsten ein Schock Fliegen, ohne gesättigt zu sein. Größere Kerfe stemmen sie, nachdem sie dieselben gefangen haben, an die Brust und fressen sie so langsam hinter; kleinere werden ohne weiteres verschlungen. Je lebhafter ihre Bewegung ist, um so mehr Nahrung bedürfen sie, und aus diesem Grunde sind sie für uns außerordentlich nützliche Thiere, welche die größtmögliche Schonung verdienen. [...]

Alle Fledermäuse gehen fleißig nach dem Wasser und trinken sehr viel. Ueberhaupt trifft man sie am häufigsten in der Nähe von Gewässern, freilich nicht allein, weil sie dort ihren Durst am leichtesten stillen können, sondern auch weil hier die meiste Beute für sie sich findet. [...]

Daß die Fledermäuse bedeutende Hitzegrade aushalten können, beweisen uns schon diejenigen unter ihnen, welche auf Dachböden, unter Kirchendächern und an ähnlichen Orten den Tag verbringen, unbekümmert um die bedeutende Hitze, welche hier zu herrschen pflegt, noch mehr aber die südländischen Arten. [...]

Auch das dichte Zusammendrängen der Fledermäuse, durch welches ein bedeutender Wärmegrad entwickelt werden muß, gibt anderweitige

Belege für diese Thatsachen. Die meisten Arten werden durch rauhe Witterung, Regen oder Wind in ihren Schlupfwinkeln zurückgehalten; andere fliegen zwar an kalten Abenden, immer aber nur kurze Zeit, und kehren so schnell als möglich wieder nach ihren Schlafplätzen zurück. Hierbei spricht allerdings der Umstand mit, daß an rauhen Abenden ihr Umherfliegen mehr oder weniger nutzlos ist, weil dann auch die Kerbthiere sich verborgen halten und ebenso der einigermaßen heftige Wind ihren Flug ungemein erschwert, da bekanntlich bloß die schmalflügeligen Arten einem einigermaßen heftigen Luftzuge Trotz bieten können. […]

Was von der Geselligkeit der Fledermäuse gesagt wurde, gilt auch im allgemeinen während ihres Winterschlafes. Es gibt Gattungen, welche ausnahmslos gesellig überwintern und nicht nur neben einander, sondern auch in mehreren Lagen dicht auf einander hängen, mitunter in Gruppen von verschiedenen Formen, zusammen zu mehreren Hunderten von Stücken. Andere gesellig überwinternde Gattungen bedecken ganze Wände und Flächen im Inneren hohler Bäume, wo sie getrennt neben einander hängen; andere überwintern vereinzelt und finden sich niemals in Gesellschaft; wiederum andere werden ebenso wohl einzeln als gesellig angetroffen. […]

Schon wenige Wochen nach dem Ausfliegen macht die Liebe sich geltend. Nachdem die Fledermäuse ihren Winteraufenthalt verlassen haben, locken die verschiedenen Geschlechter, laut Koch, sich durch einen eigenthümlichen Ruf, welcher von dem ärgerlichen Bellen, Angriffen gegenüber, wesentlich verschieden ist. In warmen Ländern sollen die großen Arten so laut werden, daß sie lästig fallen können. Bei der Liebeswerbung jagen und necken die Männchen die Weibchen, stürzen sich mit ihnen aus der Luft herab und treiben allerlei Kurzweil; doch geht dieses Schwärmen und Paaren nicht bei allen Arten der Fledermäuse der Begattung voraus – letztere erfolgt vielmehr bei einzelnen auffallend frühzeitig im Jahre. […] Die Paarung verrichten die Fledermäuse, indem sie mit den Vordergliedern sich umklammern und theilweise in die Flughaut sich einhüllen. Bald nach ihr trennen sich beide Geschlechter, und die Weibchen bewohnen nun gemeinschaftliche Schlupfwinkel, während die Männchen mehr einzeln, oft in ganz anderen Gegenden umherstreifen. Mein Vater beobachtete, daß letztere nach der

Begattung ganz für sich und stets einzeln leben, während die Weibchen sich zusammenrotten und gemeinschaftlich in den Höhlungen der Bäume oder in anderen Schlupfwinkeln wohnen; er hält es für sehr wahrscheinlich, daß keine männliche Fledermaus in die Frauengemächer eindringen darf. Unter Dutzenden von Fledermäusen, welche zusammengefunden wurden, fand er und später auch Kaup niemals ein Männchen, sondern immer nur trächtige Weibchen.

Wenige Wochen nach der Begattung (man nimmt an, nach fünf bis sechs) werden die Jungen geboren. Das kreisende Weibchen hängt sich, laut Blasius und Kolenati, gegen seine Gewohnheit mit der scharfen Kralle beider Daumen der Hände auf, krümmt den Schwanz mit seiner Flatterhaut gegen den Bauch und bildet somit einen Sack oder ein Becken, in welches das zu Tage kommende Junge fällt. Sogleich nach der Geburt beißt die Alte den Nabelstrang durch, und das Junge häkelt sich, nachdem es von der Mutter abgeleckt worden ist, an der Brust fest und saugt. Die blattnasigen Fledermausweibchen haben in der Nähe der Schamtheile zwei kurze, zitzenartige Anhängsel von drüsiger Beschaffenheit, an welche sich die Jungen während der Geburt sofort ansaugen, um nicht auf die Erde zu fallen, weil diese Fledermäuse während des Gebärens ihren Schwanz zwischen den beiden eng an einander gehaltenen Beinen zurück auf den Rücken schlagen und keine Tasche für das an das Licht tretende Junge bilden. Später kriechen auch diese Jungen zu den Brustzitzen hinauf und saugen sich dort fest.

Alle Flatterthiere tragen ihre Jungen während ihres Fliegens mit sich umher und zwar ziemlich lange Zeit, selbst dann noch, wenn die kleinen Thiere bereits selbst recht hübsch flattern können und zeitweilig die Brust der Alten verlassen: daß letzteres geschieht, habe ich an Fledermäusen beobachtet, welche ich in den Urwäldern Afrika's an Bäumen aufgehängt fand. In etwa sechs bis acht Wochen haben die Jungen ihre volle Größe erreicht, lassen sich aber bis gegen den Herbst und Winter hin an dem plumperen Kopfe, den kürzeren Gliedmaßen und der dunkleren Färbung ihres Pelzes als Junge erkennen und somit von den Alten unterscheiden.

Eine noch ungeborene Fledermaus hat ein sehr merkwürdiges Ansehen. Wenn sie so weit ausgebildet ist, daß man ihre Glieder erkennen,

die Flughaut aber noch nicht wahrnehmen kann, hat sie mit einem unge-
borenen Menschenkinde eine gewisse Aehnlichkeit. Die Hinterfüße sind
noch viel kleiner als die vorderen, und die vortretende Schnauze zeigt das
Thierische; aber der Bau des Leibes, der kurze, auf dem Brustkorbe sitzende
Hals, die breite Brust, die ganze Gestalt der Schulterblätter und besonders
die Beschaffenheit der Vorderfüße, welche mit ihren noch kurzen Fingern
halbe Hände bilden, erinnert lebhaft an den menschlichen Keimling im ersten Zustande seiner Entwickelung. […]

Der Nutzen, welchen die meisten Mitglieder der sehr zahlreichen Ordnung dem Menschen leisten, übertrifft den Schaden, welchen sie ihm unmittelbar zufügen, bei weitem. Gerade während der Nachtzeit fliegen sehr viele
von den schädlichsten Kerbthieren und zeigen sich somit dem Auge ihrer
Feinde. Außer Ziegenmelkern, Kröten, Zieseln und Spitzmäusen stellen um
diese Zeit nur noch die Fledermäuse dem ewig kriegsbereiten, verderblichen
Heere nach, und die auffallende Gefräßigkeit, welche allen Flatterthieren
eigen ist, vermag in der Vertilgung der Kerfe wirklich Großes zu leisten.
Hiervon kann man sich einen oberflächlichen Begriff verschaffen, wenn man
die Schlupfwinkel der Fledermäuse untersucht. […] Man würde eine große
Liste aufzustellen haben, wenn man alle die Schmetterlinge, Kerfe, Fliegen
und sonstigen Kerbthiere aufführen wollte, welche, als den Fledermäusen
zur Nahrung dienend, festgestellt wurden, und es mag daher die Angabe
genügen, daß sie gerade unter den schädlichsten Arten am besten aufräumen,
während ihnen die nützlichen, welche meistens bei Tage fliegen, kaum zur
Beute fallen. Alle bei uns zu Lande vorkommenden Fledermäuse bringen
uns nur Nutzen, und die wenigen, welche schädlich werden können, indem
sie Früchte fressen, gehen uns zunächst nichts an, wie auch die Blutsauger
keineswegs so schädlich sind, als man gewöhnlich gesagt hat. Nach den neu-
eren und zuverlässigsten Berichten tödten die blutsaugenden Fledermäuse
niemals größere Thiere oder Menschen, selbst wenn sie mehrere Nächte
nach einander ihre Nahrung aus deren Leibern schöpfen sollten, und die
fruchtfressenden Flatterthiere leben in Ländern, wo die Natur ihre Nahrung
so reichlich erzeugt, daß der Verbrauch derselben durch sie eben nur da bemerklich wird, wo der Mensch mit besonderer Sorgfalt gewisse Früchte sich

erzeugt, z.B. in Gärten; Früchte aber kann man durch Netze und dergleichen vor ihnen schützen. Somit dürfen wir die ganze Ordnung als ein höchst nützliches Glied in der Kette der Wesen betrachten. Die Alten gedenken der Fledermäuse in der Regel mit noch größerem Abscheu als unsere unkundigen Männer und zimperlichen Frauen, und selbst die alten Egypter, diese ausgezeichneten Forscher, mögen eine Abneigung gegen sie gehabt haben, weshalb sie die bildliche Darstellung derselben möglichst vermieden. […]

Das kleinste Mitglied der Gruppe, das kleinste europäische Flatterthier überhaupt, ist die Zwergfledermaus (NANNUGO PIPISTRELLUS, VESPERTILIO PIPISTRELLUS, PYGMAEUS und NIGRICANS, VESPERUGO PIPISTRELLUS). Ihre Gesammtlänge beträgt nur 6,7 Centim., wovon der Schwanz 3,1 Centim. wegnimmt; die Fittige klaftern 17 bis 18 Centim. Der in der Färbung wechselnde Pelz ist oben gelblichrostbraun, auf der Unterseite mehr gelblichbraun, das zweifarbige Haar an der Wurzel dunkler, an der Spitze fahlbräunlich. Die dickhäutigen Ohr- und Flughäute haben dunkelbraunschwarze Färbung.

Die Zwergfledermaus bewohnt fast ganz Europa und den größten Theil von Nord- und Mittelasien; ihr Verbreitungsgebiet reicht von Skandinavien und Spanien bis Japan. […] In Deutschland gibt es keine Stadt, kein Dorf, ja fast kein Hofgut, auf welchem man sie nicht anträfe, falls man einmal ihre meist sehr verborgenen Aufenthaltsorte kennen gelernt hat. Während der Tagesruhe findet man sie in verschiedenen Schlupfwinkeln unter Dächern, in Mauer- und Balkenritzen, Gewölben, in Baumlöchern, unter der Rinde alter Bäume oder unter Holzgetäfel, Bildern usw., selbst in den Aesten dichtbelaubter Bäume, Epheuranken und an ähnlichen Orten. Im Schlosse zu Weilburg sitzt sie, laut Koch, immer in den gläsernen Laternen der Gänge, entweder einzeln oder in Gruppen; in alten Eichen kriecht sie zuweilen in die Bohrlöcher der Hirschkäfer, Larven und großen Bockkäfer: kurz jede ihr irgendwie zufluchtgewährende Stelle wird von ihr ausgenutzt. Für den Winter wie zur sommerlichen Ruhe sucht sie sich ähnliche Oertlichkeiten, zeigt sich auch hierbei nicht gerade wählerisch, da sie besser als alle übrigen Verwandten der Unbill der Witterung widersteht. Später als sämmtliche deutsche Fledermäuse zieht sie sich in ihre Schlupfwinkel zurück, und früher als jede verwandte Art erscheint sie wieder im Freien, verläßt ihre

124

Schlafstätten sogar sehr oft im Winter und treibt sich jagend nicht allein in geschützten Räumen, sondern auch im Freien umher. Unter allen Umständen gesellig, schart sie sich während des Winterschlafes oft zu mehreren Hunderten bis Tausenden, welche große Klumpen bilden, vereinigt sich auch wohl mit Verwandten, gleichviel ob diese ebenso stark oder stärker als sie sind.

Je nach der Jahreszeit kommt die Zwergfledermaus früher oder später in ihrem Jagdgebiete zum Vorscheine. Altum hat hierüber ansführliche Beobachtungen angestellt und versichert, daß ihre Pünktlichkeit im Erscheinen den Fluganfang bei gleich günstiger Witterung fast nach Minuten bestimmen läßt. […]

Der Flug der Zwergfledermaus zeichnet sich durch große Gewandtheit aus, erscheint jedoch der geringen Größe des Thieres entsprechend, wie Altum passend sich ausdrückt, kleinlich behend. Die Höhe ihres Fluges ist nach Angabe dieses Beobachters sehr verschieden. Sie jagt vorübergehend niedrig über dem Wasserspiegel kleiner Teiche umher, huscht häufiger zwischen den Stämmen von Baumgruppen hindurch und flattert, namentlich an heiteren Abenden, in einer Höhe von 15 bis 20 Meter. In der Stadt, wo sie sehr zahlreich auftritt, hält sie weit die Höhe des zweiten Stockwerkes inne. Auf den Straßen fliegt sie nicht eine größere Strecke in der Mitte derselben, sondern vorzugsweise nahe bei den Gebäuden auf und nieder, schwirrt aber nicht über die höheren Dächer hinweg. Auf dem Lande ist sie bei jedem Gehöfte oder doch nicht weit von demselben entfernt anzutreffen. Auf den Hofräumen der Landgüter treibt sie sich stets umher, die Winkel und Ecken der Gebäude, Innenräume der offenen Böden und Stallungen planmäßig absuchend. Gern auch fliegt sie in offene, erleuchtete Zimmer, und unter Umständen können binnen wenigen Minuten hier zwanzig bis dreißig Stück sich sammeln. […] Niemals aber begibt sie sich in niedrige und kleine Stuben, sondern stets nur in größere Säle und dergleichen. Dagegen vermeidet sie baumlose, freie Plätze oder zieht doch nur vorübergehend über diese weg.

Die Fortpflanzung fällt in die ersten Monate; bisweilen begatten sich die Zwergfledermäuse schon im Monat Februar, unter ungünstigen Umständen spätestens in der ersten Hälfte des März. Die Begattung, welche Koch an Gefangenen beobachtete, geschieht in der oben geschilderten Weise unter merklicher Theilnahmlosigkeit der sonst gegenwärtigen Männchen. Im Mai bringen sie zwei, seltener nur ein einziges Junges zur Welt; Ende Juni's oder im Juni sieht man die schon wohl entwickelten Kinderchen vereint mit ihren Müttern fliegen und kann sie, auch abgesehen von der Größe, noch sehr wohl von den Alten unterscheiden.

Während diese sich in den mannigfaltigsten, gewandtesten Wendungen regen, flattern die Jungen, laut Altum, mit schnurrendem, rauschendem, aber wenig förderndem Flügelschlage in mehr oder weniger gerader Richtung fort, so daß ihr Flug eine auffallende Aehnlichkeit mit dem eines Tagschmetterlings erhält. Zwergfledermäuse lassen sich bis zu einem gewissen Grade zähmen, halten wenigstens in der Gefangenschaft ziemlich gut aus, nehmen Milch an, fangen die ihnen vorgeworfenen lebenden Kerbthiere und finden sich nach und nach darein, auch getödtete, und selbst rohes und gekochtes Fleisch zu genießen. […]

Mehr als andere Flatterthiere wird die Zwergfledermaus von allerlei Feinden bedroht. Man findet ihre Schädelreste in den Gewöllen verschiedener Tag- und Raubvögel, und nach Koch ist es namentlich der Thurmfalke, welcher ihr nachstellt und sie jeder anderen Nahrung vorzuziehen scheint. Auch Marder, Iltis und beide Wiesel nehmen gar manche weg, und selbst die Mäuse arbeiten sich im Winter zu den Aufenthaltsorten unserer Flatterthiere durch, überfallen sie und fressen sie auf. Der »schrecklichste der Schrecken« für das in hohem Grade nützliche Thier, welches in unmittelbarer Nähe unserer Wohnungen unter den so schädlichen Motten, den Stechfliegen und anderen lästigen Kerfen aufräumt, ist leider »der Mensch in seinem Wahn«, der ungebildete, rohe, theilnahmlose Nichtkenner seiner besten Freunde, welcher aus Unverstand und Muthwillen die niedlichen, harmlosen und wohlthätigen Geschöpfe oft zu Hunderten freventlich umbringt.

LAUBFROSCH

Unser Laubfrosch (HYLA ARBOREA, VIRIDIS und SAVIGNII, RANA, CALAMITA und DENDROHYAS ARBOREA), für uns das Urbild der Familie und Vertreter der verbreitetsten, seinen Namen tragenden Sippe (HYLA), das kleinste Mitglied seiner gesammten Verwandtschaft in Europa, erreicht eine Leibeslänge von drei Centimeter und ist auf der Oberseite schön blattgrün, auf der Unterseite graulichweiß gefärbt. Ein schwarzer, oben gelbgesäumter Streifen, welcher an der Nase anfängt und bis zum Hinterschenkel verläuft, scheidet beide Hauptfarben; die Vorder- und Hinterschenkel sind oben grün und gelb umrandet, unten lichtgelb. Das Männchen unterscheidet sich vom Weibchen durch die schwärzliche Kehlhaut, welche jenes zu einer großen Blasenkugel aufblähen kann. Kurz vor und nach der Häutung, welche alle vierzehn Tage stattzufinden pflegt, ändert sich die Färbung in Aschblau und bezüglich Hell- oder Blaugrün um, geht aber bald wiederum in Blattgrün über. Nach Gredlers Beobachtungen trübt sich die Färbung oft und bis zur Unkenntlichkeit, wird perlgrau, dunkel chokoladebraun, zeigt Marmelflecke usw., ohne daß ein genügender Grund als etwa Verdauungsbeschwerden, […] unbehagliche Stimmung überhaupt, wahrgenommen werden konnte.

Mit Ausnahme des höheren Nordens und, nach der Behauptung Dumerils, auch Großbritanniens, kommt der Laubfrosch in ganz Europa vor, verbreitet sich aber auch über den asiatischen Theil des nördlich altweltlichen Gebietes, wurde von Cantor sogar noch südlich desselben, auf der chinesischen Insel Chusan, beobachtet und findet sich ebenso längs der ganzen Südküste des Mittelmeeres. Sein Wohngebiet ist die Tiefebene; gleichwohl steigt er im Gebirge ziemlich weit empor, in Tirol z.B., laut Gredler, bis zu funfzehnhundert Meter unbedingter Höhe. Wenig wärmebedürftig, wie er zu sein scheint, läßt er sich bereits anfangs April, in guten Frühjahren auch wohl schon Ende März vernehmen und hält bis zum späten Herbste im Freien aus. Doch nimmt man in der Regel wenig von ihm wahr: denn nur während der Paarungszeit gesellt er sich im Wasser zu ansehnlichen Scharen; bald nach ihr besteigt er das Gelaube von Gebüschen, Sträuchern und

Bäumen und treibt hier, meist ungesehen, sein Wesen. Er ist einer der niedlichsten Lurche, welche wir kennen, gewandter als alle übrigen, welche bei uns vorkommen, gleich befähigt, im Wasser oder auf ebenem Boden wie im Blattgelaube der Bäume sich zu bewegen. Im Schwimmen gibt er dem Wasserfrosche wenig nach, im Springen übertrifft er ihn bei weitem, im Klettern ist er Meister. Jedermann weiß, wie die letztere Bewegung geschieht, keineswegs schreitend nämlich, sondern ebenfalls springend. Wer jemals einen Laubfrosch in dem bekannten, weitmündigen Glase gehalten hat, wird bemerkt haben, daß derselbe jede Ortsveränderung außerhalb des Wassers springend bewerkstelligt, und daß er, wenn er gegen senkrechte Flächen springt, an ihnen, und wären es die glättesten, augenblicklich festklebt. Bei dem in einem Glase gehaltenen Laubfrosche kann man auch deutlich wahrnehmen, in welcher Weise dies ausgeführt wird. Von einem zähen Schleime, welcher anleimt, bemerkt man nichts, vielmehr nur auf der unteren Seite des Polsters eine hellgefärbte Fläche, wie eine Blase, über welcher der obere, scharfe Rand der Fußkolben hervortritt. Drückt er nun den Ballen an, so legt sich die blasige Fläche dicht an den Gegenstand, an welchem sie haften soll; die äußere Luft preßt den Rand auf und hält, da alle Zehenkolben gleichzeitig wirken, ihn fest. Nöthigenfalls gebraucht er noch die Kehlhaut zur Unterstützung, indem er auch diese gegen die betreffende Fläche drückt, und so wird es ihm nie schwer, in seiner Lage sich zu erhalten. Ein deutlicher Beweis, daß nur der Luftdruck wirkt, eine klebrige Feuchtigkeit aber nicht ins Spiel kommt, gibt die Luftpumpe. Bringt man nämlich einen Laubfrosch unter die Glocke und verdünnt die in ihr enthaltene Luft, so wird es ihm unmöglich, sich festzuhalten; der Luftdruck ist dann im Verhältnisse zu seiner Schwere zu gering und gewährt ihm nicht mehr die nöthige Unterstützung. Ein aus dem Wasser anspringender Laubfrosch glitscht anfänglich allerdings auch von einer glatten Fläche ab, sicherlich aber nur, weil das an den Zehenballen haftende Wasser ihm verwehrt, zwischen diesen und der Anhaftungsfläche einen luftleeren Raum herzustellen. In dieser Weise also besteigt unser Frosch die Bäume, von Blatt zu Blatt emporspringend, auf niederem Gebüsche beginnend, von diesem aus zu höheren Sträuchern aufklimmend und endlich bis zur Krone sich erhebend.

128

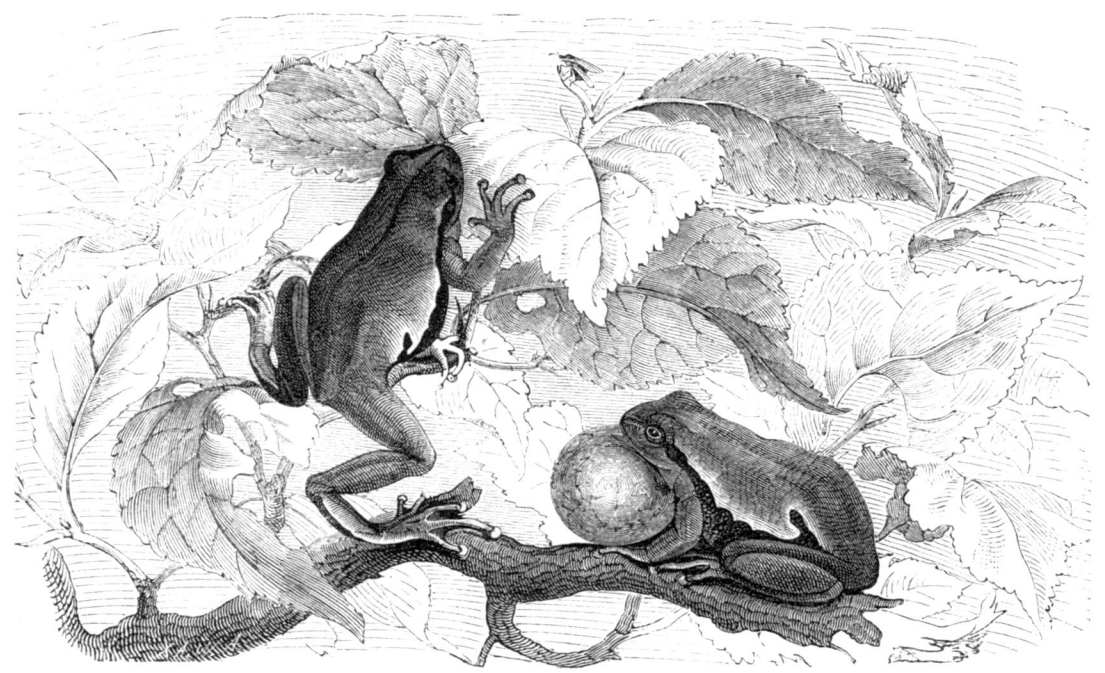

Hier in der luftigen Höhe verlebt er behaglich den Sommer, bei schönem
Wetter auf der Oberseite, bei Regen auf der Unterseite des Blattes sitzend,
falls solche Witterung nicht allzu lange anhält und ihm so unangenehm wird,
daß er sich vor dem Regen ins Wasser flüchtet. Wie trefflich seine Färbung
mit dem Blattgrün im Einklange steht, erfährt derjenige, welcher ihn auf
einem niederen Busche schreien hört und sich längere Zeit vergeblich bemüht, ihn wahrzunehmen. Jener Gleichfarbigkeit ist er sich wohl bewußt
und sucht sie bestmöglichst auszubeuten. Er weiß, daß Springen ihn verräth:
deshalb zieht er vor, bei Ankunft eines Feindes oder größeren, ihm gefährlich dünkenden Wesens überhaupt sich fest auf das Blatt zu drücken und, die
leuchtenden Aeuglein auf den Gegner gerichtet, bewegungslos zu verharren,
bis die Gefahr vorüber. Erst im äußersten Nothfalle entschließt er sich zu
einem Sprunge; derselbe geschieht dann aber so plötzlich und wird mit so
viel Geschick ausgeführt, daß er ihn meistens rettet.

Die Nahrung des Laubfrosches besteht in mancherlei Kerbthieren, namentlich Fliegen, Käfern, Schmetterlingen und glatten Raupen. Alle Beute, welche er verzehrt, muß lebendig sein und sich regen; todte oder auch nur regungslose Thiere rührt er nicht an. Sein scharfes Gesicht und, wie es scheint, ebenfalls recht wohl entwickeltes Gehör geben ihm Kunde von der heransummenden Mücke oder Fliege; er beobachtet sie scharf und springt nun plötzlich mit gewaltigem Satze nach ihr, weitaus in den meisten Fällen mit Erfolg und immer so, daß er ein anderes Blatt beim Niederspringen erreicht. Zur Unterstützung der herausschnellenden und fangenden Zunge benutzt er auch wohl die Zehen eines seiner Vorderfüße und führt mit ihnen, wie mit einer Hand, die dargebotene Speise zum Munde: so beobachtete Gredler wenigstens an Gefangenen, wenn ihnen größere Fliegen dargeboten wurden, dasselbe Günther auch an australischen Verwandten unserer einheimischen Art. Während des Sommers beansprucht der Laubfrosch ziemlich viel Nahrung, liegt deshalb auch während des ganzen Tages auf der Lauer, obgleich auch seine Zeit erst nach Sonnenuntergang beginnt.

Man hält den Laubfrosch allgemein für einen guten Wetterprofeten und glaubt, daß er Veränderung der Witterung durch Schreien anzeige. Diese Ansicht ist wenigstens nicht unbedingt richtig. Besonders eifrig läßt der Laubfrosch seine laute Stimme während der Paarungszeit ertönen, schweigt aber auch während des Sommers nicht und ruft mit aufgeblasener Kehle sein fast wie Schellengeläute klingendes, an den sogenannten Gesang der Cikaden erinnerndes »Kräh, kräh, kräh« die halbe Nacht hindurch fast ohne Unterbrechung in die Welt, aber bei trockener und beständiger Witterung ebensowohl als kurz vor dem Regen. Nur vor kommendem Gewitter schreit er mehr als sonst, während des Regens selbst oder bei nassem Wetter verstummt er gänzlich.

Gegen den Spätherbst hin verläßt er die Baumkronen, kommt auf den Boden herab, hüpft dem nächsten Wasser zu und verkriecht sich wie seine Ordnungsverwandten im Schlamme. In ihm verbringt er in todähnlichem Schlafe den Winter, in der Regel wohl, ohne vom Froste erreicht zu werden. Doch wenn auch das Gegentheil stattfinden sollte, dürfte er noch keineswegs in allen Fällen unbedingt verloren sein. Seine Lebenszähigkeit ist eine ganz außerordentliche und läßt ihn Gefahren überstehen, welche anderen, höher entwickelten Thieren unbedingt das Leben kosten müßten. Ein Beobachter, welcher seinen Namen nur angedeutet hat, vergaß, wie er erzählt, seinen als Wetterprofeten dienenden Gefangenen bei Eintritt strenger Kälte in einen warmen Raum zu bringen und bemerkte endlich, daß der beklagenswerthe Geselle, welcher sein Behältnis nicht hatte verlassen können, mit ausgestreckten Beinen mitten in dem Eise, welches sich im Glase gebildet hatte, eingefroren war. Das Gefäß wurde jedoch in ein lauwarmes Zimmer gebracht, und in ihm schmolz langsam das Eis, der größte Theil desselben erst über Nacht. Als man am folgenden Morgen nachsah, saß der vollkommen wieder belebte Laubfrosch hoch oben am Glase, als ob nichts geschehen sei. Aehnlich dürfte es ihm auch im Freien ergehen, und eine gleiche Widerstandsfähigkeit wird dann ihn retten. Daß er nicht empfindlich gegen die Kälte ist, beweist er durch sein frühes Erscheinen. Eher als andere Froschlurche ist er im Frühlinge wieder da und denkt nun zunächst an die Fortpflanzung. Hierzu wählt er womöglich solche Teiche, deren Ufer von Gebüschen und Bäumen umsäumt werden, wahrscheinlich deshalb, weil es ihm schwer wird vom Wasser aus seiner Liebesbegeisterung schreiend Ausdruck zu geben. Gewöhnlich verlassen die Männchen Ende April ihre Winterherberge, in guten Jahren früher, in kalten etwas später, immer aber eher als die Weibchen, welche sich erst sechs oder acht Tage nach ihnen zeigen. Unmittelbar nach ihrem Erscheinen geht die Paarung vor sich. Das Männchen umfaßt das Weibchen unter den Achseln und schwimmt nun mit ihm zwei bis drei Tage im Wasser umher, bis die Eier abgehen und von ihm befruchtet werden können. Das Eierlegen selbst währt gewöhnlich kurze Zeit, zwei Stunden etwa, zuweilen auch viel länger, sogar bis achtundvierzig Stunden; dann aber bekommt es das Männchen satt, verläßt das Weibchen, und die nunmehr gelegten Eier bleiben unbefruchtet. Etwa zwölf Stunden nachdem letztere den Leib der Mutter verlassen haben, ist der sie umhüllende Schleim so voll Wasser gesogen und aufgebläht, daß er sichtbar wird. Man bemerkt dann in ihm das eigentliche Ei, welches etwa die Größe eines Senfkornes hat, und um dasselbe die Hülle, welche in der Größe mit einer Wicke ungefähr gleichkommt. Der Laich bildet umförmliche Klumpen und bleibt auf dem Boden

131

des Wassers liegen, bis die jungen Larven ausgeschlüpft sind. Wie bei den übrigen Lurchen beansprucht die Zeitigung der Eier und die Entwickelung der Jungen geringe Zeit. In Eiern, welche am siebenundzwanzigsten April gelegt wurden, bemerkte man schon am ersten Mai den Keim mit Kopf und Schwanz, welche aus dem Dotter hervorwachsen; am vierten Mai bewegte er sich in dem schleimigen Eiweiße; am achten kroch er aus, schwamm umher und fraß gelegentlich vom zurückgelassenen Schleime; am zehnten zeigten sich die Augen und hinter dem Munde zwei Wärzchen, welche dem werdenden Thierchen gestatten, sich an Gras und dergleichen anzuhängen, sowie die Schwanzflosse, am zwölften die Kiemenfaden, hinter jeder Kopfseite einer, welche sich bald wieder verlieren, und Flecke, welche ihn gescheckt erscheinen lassen; am funfzehnten waren Mund und Nase entwickelt, und die Kaulquappe fraß schon tüchtig; am achtzehnten bekamen ihre schwarzen Augen eine hochgelbe Einfassung; am zwanzigsten war der After entwickelt und der Leib mit einer zarten, mit Wasser angefüllten Haut umgeben, welche sich am neunundzwanzigsten verlor. Die Thierchen waren nun anderthalb Centimeter lang und benagten Wasserlinsen. Am neunundzwanzigsten Juni sproßten die Hinterfüße hervor; am sechzehnten Juli waren die Kaulquappen fast ausgewachsen und etwa zwei Centimeter lang, die fünf Zehen gespalten, am fünfundzwanzigsten auch die Ballen entwickelt und die Spuren der Vorderfüße, welche am dreißigsten hervorbrachen, bereits sichtbar. Ihr Rücken war grünlich, der Bauch gelblich. Sie kamen schon häufig an die Oberfläche, um Luft zu schöpfen. Am ersten August war der Schwanz um die Hälfte kleiner, wenige Tage darauf vollends eingeschrumpft, das Fröschchen nunmehr fertig und zu seinem Landleben befähigt. Dennoch erreicht es erst mit dem vierten Jahre seine Mannbarkeit; früher quakt es nicht und begattet sich auch nicht. Nach Fischers Erfahrungen ist er in der Gegend von Petersburg, wo er nicht ursprünglich lebt, im Freien fortpflanzungsfähig, und die von ihm dort gezeugten Jungen gewöhnen sich so vortrefflich ein, daß es leicht sein dürfte, ihn im Norden Rußlands einzubürgern.

Der Laubfrosch ist so anspruchslos, daß man ihn jahrelang in dem erbärmlichsten Käfige, einem einfachen Glase, am Leben erhalten kann, falls man ihm das nöthigste Futter reicht. Im übrigen braucht man sich wenig um ihn zu sorgen; denn er übersteht nicht bloß, wie wir eben gesehen haben, Kälte und Frost, sondern auch Wärme und Trockenheit in geradezu bewunderungswürdiger Weise. Ein Laubfrosch, welchen Gredler pflegte, war eines Tages aus seinem Wasserbecken verschwunden und fand sich erst nach mehreren Tagen, in eine Spalte gezwängt, völlig vertrocknet und scheinbar todt vor. Ins Becken zurückgeworfen, um später mit dessen Wasser ausgeschüttet zu werden, schwamm er nach etlichen Stunden wiederum so behäbig umher, als er je gewesen. Auch an die Nahrung stellt er wenig Ansprüche. Zu seinem Futter wählt man Fliegen und Mehlwürmer, weil man diese am leichtesten erlangen kann, darf aber auch andere Kerfe, selbst solche bis zu bedeutender Größe, reichen, da sie alle verzehrt werden. Während des Sommers muß man kräftig füttern, damit der Gefangene leichter den Winter übersteht; aber auch während dieser Zeit mag man nicht verabsäumen, ihn mit einem Mehlwurm, einer Spinne, einer Fliege zu atzen. Bei längerer Gefangenschaft lernt er nicht bloß seinen Pfleger, sondern auch den Mehlwurmtopf kennen, oder es verstehen, wenn man ihm zu Gefallen eine Fliege fängt. Ein Freund meines Vaters bemerkte, daß sein gefangener Laubfrosch sich jedesmal heftig bewegte, wenn er seine Stubenvögel fütterte und sich nach der betreffenden Seite kehrte, reichte dem verlangenden Thiere einen Mehlwurm und gewöhnte es binnen kurzer Zeit so an sich, daß der Frosch nicht bloß ihm, sondern jedermann die ihm vorgehaltene Speise aus den Fingern nahm und zuletzt sogar die Zeit der Fütterung kennen lernte. Um ihm das Herauskommen aus seinem Glase zu erleichtern, wurde ein kleines Bretchen an vier Faden aufgehangen; an diesem kletterte der Laubfrosch in die Höhe und hielt sich hängend so lange fest, bis er seinen Mehlwurm erhalten hatte. Griff man oben mit dem Finger durch das Loch, um ihn zu necken, so biß er in den Finger. Wenn sein Glas geöffnet wurde, verließ er es, stieg an den Wänden der Stube auf und ab, hüpfte von einem Stuhle auf den anderen oder seinem Freunde auf die Hand und wartete ruhig, bis er etwas bekam; dann erst zog er sich in sein Glas zurück, bewies also deutlich, daß er Unterscheidung und Gedächtnis besaß. Auch Glaser, ein fleißiger und verständnisvoller Beobachter, spricht dem Laubfrosche verhältnismäßig bedeutenden Verstand zu. Ein Gefangener, welcher drei Jahre lang in üblicher

133

Weise gehalten wurde, hatte sich zuletzt an den Pfleger vollständig gewöhnt, erkannte dessen Absicht, wenn er sich näherte, und nahm dann schon im voraus die nöthige Stellung ein, um das ihm angebotene Kerbthier sofort zu verschlingen, hob bei gutem Wetter die Papierdecke ab oder zwängte sich durch das Futterloch, um ins Freie zu gelangen, saß dann den Tag über stundenlang am Rande des Glases, neugierig die Umgebung betrachtend und mit funkelnden Augen jeder Bewegung folgend, auch wohl nach einer in der Nähe sich niederlassenden Fliege haschend, oder trat bei Nacht förmliche Wanderungen an. Während er sich im gewohnten Gefäße ohne Scheu in die Hand nehmen ließ, pflegte er, sobald er seinen Weg ins Freie angetreten hatte, sich der nach ihm greifenden Hand zu entziehen, als wisse er, daß er auf verbotenen Wegen wandle, von denen er sich aber nicht zurückweisen lassen möchte. Eines Morgens wurde bemerkt, daß der Laubfrosch wieder aus dem Glase entwichen war. Nirgends in der Stube konnte man ihn auffinden, mußte daher annehmen, er habe sich während der Nacht unter der etwas abstehenden Stubenthüre hinaus ins Freie geschoben und sei entkommen. Nichtsdestoweniger blieb das Glas auf seinem Platze, dem kalten Ofen, stehen. Da bemerkte an dem darauf folgenden Morgen eines der Kinder, daß der Frosch das Glas wieder aufgesucht hatte. Bei näherer Betrachtung erschien der Flüchtling hier und da geschwärzt und auch etwas geritzt, so daß man sehr bald ergründen konnte, wo er den Tag und die Nacht über zugebracht haben mußte. Er hatte sich nämlich auf das hohe, oben geknickte Ofenrohr begeben und sich hier während des Suchens den Blicken entzogen, später jedoch nach Wasser gesehnt, den Rückweg angetreten und sich durch das Papierloch in das ihm wohlthuende Element zurückgezogen. Seitdem sah man das Thier öfter durch das Papierloch sowohl aus dem Glase heraus als wieder freiwillig zurück hineinsteigen, und die Kinder hegten keine Besorgnis mehr, daß er entweichen werde. Einzelne Gefangene hat man acht bis zehn Jahre am Leben erhalten.

KREUZOTTER

Als Urbild der Otternsippe und der gesammten Familie [der Vipern] überhaupt betrachten wir die Kreuzotter oder Otter und Adder schlechthin, die Feuer-, Kupfer-, Höllennatter, Feuer-, Kupfer-, Höllenschlange, und wie sie sonst noch heißt (VIPERA BERUS, COLUBER BERUS, PRESTER, CHERSEA, VIPERA, MELANIS, SCYTHA, THURINGICUS und COERULEUS, VIPERA CEILONICA, SQUAMOSA, ORIENTALIS, PRESTER, MELANIS, SCYTHA, TRIGONOCEPHALA, CHERSEA, COMMUNIS, LIMNAEA, TORVA und PELIAS, ECHIS AMERICANUS, PELIAS BERUS, PRESTER, CHERSEA, DORSALIS und RENARDI, ECHIDNOIDES TRILAMINA). Sie vertritt die Untersippe der Spießottern (PELIAS), so genannt nach dem Spieße des Achilles, dessen Schaft vom Gebirge Pelion stammte, und kennzeichnet sich durch die am Vorderkopfe zu Schildern umgewandelten Schuppen und eine einzige Schuppenreihe zwischen dem Auge und den unter ihm gelegenen Oberlippenschildern. Ihre Färbung ist überaus verschieden, ein dunkler, längs des ganzen Rückens verlaufender Zickzackstreifen aber stets vorhanden und deshalb als Merkmal beachtenswerth.

Als echte Viper unterscheidet sich die Kreuzotter schon durch ihre Gestalt von den übrigen Schlangen Deutschlands und den meisten Europas, ihre nächsten Verwandten, die Viper und Sandotter, selbstverständlich ausgenommen. Der Kopf ist hinten merklich breiter als der Hals, ziemlich flach, vorn sanft zugerundet, der Hals deutlich abgesetzt, seitlich ein wenig zusammengedrückt, sein Querschnitt also längsrund, der Leib gegen den Hals bedeutend verdickt, auf dem Rücken abgeflacht, breiter als hoch, auf dem Bauche platt, der Schwanz verhältnismäßig kurz, im letzten Drittheile seiner Länge auffallend verdünnt und in eine kurze, harte Spitze endigend. Vom Halse an verdickt sich der Leib allmählich bis zur Körpermitte und verschmächtigt sich von hier an wiederum bis zum Schwanze, in welchen er ohne merklichen Absatz übergeht. Männchen und Weibchen unterscheiden sich in der Gestalt dadurch, daß bei ersterem der Leib kürzer und schmächtiger, der Schwanz hingegen verhältnismäßig länger und dicker ist als bei letzterem. Die Länge des erwachsenen Männchens beträgt etwa dreiundsechzig

Centimeter, selten zwei bis drei Centimeter mehr, meist um mindestens ebensoviel weniger; die Länge des Weibchens kann bis auf fünfundsiebzig Centimeter ansteigen. Als Regel läßt sich aufstellen, daß der Kopf der Kreuzotter etwa den zwanzigsten Theil, der Schwanz des Männchens den sechsten, der des Weibchens den achten Theil der Leibeslänge beträgt: ein Verhältnis, welches bei keiner deutschen Schlange weiter gefunden wird. [...]

Wenige Schlangen dürfte es geben, welche in ihrer Färbung so abweichen wie die Kreuzotter; jedoch läßt sich immerhin als Regel aufstellen, daß die Grundfärbung des Männchens in lichten, die des Weibchens in dunklen Farbentönen schattirt, bei ersterem also weiße, silbergraue, lichtaschgraue, meergrüne, lichtgelbe, lichtbraune, bei letzterem braungraue, rothbraune oder ölgrüne, schwarzbraune und ähnliche Farben vorherrschen. So verschieden aber auch die Grundfärbung sein mag: das dunkle Längszackenband hebt sich merklich ab und wird nur bei sehr tief gefärbten Weibchen wenig oder nicht bemerkt. Dieses Band, das »Kainszeichen« unserer europäischen Giftschlangen, wie Linck es genannt hat, verläuft im Zickzack vom Nacken an bis zur Schwanzspitze über den ganzen Rücken und wird jederseits von einer Längsreihe dunklerer Flecke bekleidet. Aber nicht allein seine Breite, sondern auch die Gestalt der einzelnen Flecke, welche es zusammensetzen, ist sehr verschieden. In der Regel reihen sich schief gestellte, verschoben viereckige oder winkelrechte, querliegende Rauten aneinander, oder aber das Band löst sich in einzelne, in die Quere gezogene, auch wohl rundliche Flecke auf, und ebenso können die seitlichen Flecke, welche gewöhnlich mit den größeren abwechseln, in kleinere Tüpfel zerfallen. [...] Neben diesem Zickzackbande hat man noch die Kopfzeichnung, welcher die Kreuzotter den Namen dankt, zu beachten. Zwei Längsstreifen, von regellosen Flecken und Strichen umgeben, zieren die Mitte des Scheitels und nähern sich hier zuweilen bis zur Berührung, beginnen auf dem Augenschilde, laufen von hier aus auf die Mitte des Scheitels zu, werden manchmal durch einen gleichfarbigen Fleck verbunden und entfernen sich wieder von einander, nach hinten hin ein deutliches Dreieck bildend, dessen Winkel nach vorn sich richtet, und gleichsam zwischen sich das erstere verschobene Viereck der Rückenzeichnung aufnehmend. [...]

136

Das große, runde, feurige Auge erhält durch den vorspringenden Brauenschild, unter welchem es liegt, etwas tückisches oder trotziges, und trägt wirklich dazu bei, die Kreuzotter zu kennzeichnen, zumal, wenn man nicht vergißt, daß bei keiner mitteldeutschen Schlange weiter der Stern eine schiefe, von vorn und oben nach unten und hinten gerichtete Längsspalte ist. Bei hellem Sonnenlichte zieht sich diese Spalte zu einem kaum merklichen Ritz zusammen, während sie sich im Dunkel außerordentlich erweitert. Die Färbung der Regenbogenhaut ist gewöhnlich ein lebhaftes Feuerroth, bei dunklen Weibchen ein lichtes Röthlichbraun. [...]

Das Verbreitungsgebiet der Kreuzotter ist nicht nur größer als das jeder anderen in Europa vorkommenden Ordnungsverwandten, sondern ausgedehnter als das jeder anderen Landschlange überhaupt; denn es erstreckt sich, laut Strauch, von Portugal nach Osten hin bis zur Insel Sachalin, überschreitet in Skandinavien den Polarkreis und reicht nach Süden hin einerseits bis ins südliche Spanien, andererseits bis zur Nordgrenze von Persien. In Deutschland dürfte sie in keinem Lande fehlen. [...]

Im übrigen bewohnt sie jede Oertlichkeit, möge sie so verschieden sein als sie wolle: Wald und Heide ebenso gut wie Weinberge, Wiesen, Felder, Moore und selbst Steppen. In den Alpen steigt sie, nach den Angaben von Schinz und Tschudi, bis zu einen zweitausend Meter über dem Meere gelegenen Gürtel empor, tritt also noch sehr oft oberhalb der Laubholzgrenze auf und gefällt sich demnach in einem Gelände, in welchem sie höchstens drei Monate im Jahre ihrer Freiheit sich erfreuen kann, drei Viertheile ihres Lebens aber winterschlafend verträumen muß. Unter ähnlichen Umständen verbringt sie auch im Norden Europas, unter nicht viel besseren in den Steppen Mittelsibiriens ihr Dasein. Bedingung zu ihrem Wohlbefinden ist, daß sie gute Schlupfwinkel, genügende Nahrung und Sonnenschein hat; im übrigen scheint sie besondere Ansprüche an die Oertlichkeit, welche ihr Wohnung gewähren soll, nicht zu erheben. Steinige, mit Gebüsch überwucherte Halden, bebuschte Felswände, Heide, Laub- und Nadelholzdickichte, in denen jedoch der Sonne zugängliche, freie Plätze nicht fehlen dürfen, insbesondere aber Moorgegenden oder Steppen, bieten ihr alles, was sie zum Leben bedarf. [...]

Die eigentliche Wohnung unserer Schlange ist eine vorgefundene Höhlung im Boden unter dem Gewurzel der Bäume oder im Gestein, ein Maus- oder Maulwurfsloch, ein verlassener Fuchs- oder Kaninchenbau, eine Kluft und ein ähnlicher Schlupfwinkel, in dessen Nähe womöglich ein kleines, freies Plätzchen sich findet, auf welchem sie ihren wärmebedürftigen Leib den Strahlen der Sonne aussetzen kann. Wenn sie nicht die Paarungslust erregt und außer ihrer Zeit zum Umherwandern treibt, findet man sie übertages stets in der Nähe des gedachten Schlupfwinkels, nach welchem sie bei Gefahr zurückkehrt, so eilig Schlaftrunkenheit und Trägheit ihr dies gestatten. Bei herannahendem Gewitter soll sie, nach den Beobachtungen unseres Lenz, ebenfalls zuweilen kleine Streifzüge antreten; die Regel aber ist, daß sie sich bei Tage niemals weit von der Höhle entfernt. [...]

Das Wesen der Kreuzotter, so weit wir es kennen, ist nichts weniger als ansprechend, die blinde, grenzenlose Wuth, welche sie, gereizt, bekundet, geradezu abstoßend. [...]

Die Nahrung der Kreuzotter besteht vorzugsweise, jedoch nicht ausschließlich, in warmblütigen Thieren, insbesondere in Mäusen, welche sie jedem anderen Fraße vorzieht, Spitzmäusen und jungen Maulwürfen. [...] Junge Vögel, zumal die der Erdbrüter, mögen ihr oft zum Opfer fallen, und es ist keineswegs unwahrscheinlich, daß sie viele Nester ausraubt. Darauf hin deutet auch das Betragen der alten Vögel, welche, wenn sie eine Otter erblicken, großen Lärm erheben, überhaupt lebhafte Unruhe an den Tag legen. Frösche verzehrt sie wohl bloß im Nothfalle, Eidechsen nur, so lange sie selbst noch jung ist. [...]

Es bringt der Kreuzotter wie anderen Schlangen keinen Schaden, wenn sie längere Zeit hungern muß; dafür nimmt sie aber auch, wenn ihr das Jagdglück hold ist, eine reichliche Mahlzeit zu sich. [...]

Die Paarung beginnt erst, wenn das Frühlingswetter beständig geworden ist, gewöhnlich anfangs April und von dieser Zeit an bis zu Ende des Monats und selbst bis zu Anfang des Mai. [...] In der Regel hecken die Ottern erst im August und September. Höchst wahrscheinlich vereinigen sich die Thiere des Nachts, bleiben aber mehrere Stunden in innigster Umschlingung, so daß man sie noch am folgenden Tage auf der Stelle, welche sie

139

zum Brautbett erwählten, liegen sehen kann. Wie schon bemerkt, geschieht es, daß sich mehrere Kreuzotterpärchen während der Begattung verknäueln und dann einen Haufen bilden, welcher möglicherweise zu der alten Sage vom Haupte der Gorgonen Veranlassung gegeben hat. […]

Nach den Untersuchungen von Lenz paaren sich die Kreuzottern erst, wenn sie beinahe das volle Maß ihrer Größe erreicht haben; gedachter Forscher fand keine unter funfzig Centimeter Länge, welche zur vollkommenen Ausbildung geeignete Eier im Leibe gehabt hätte. Die Anzahl der Jungen, welche ein Weibchen zur Welt bringt, richtet sich nach Alter und Größe der Mutter: jüngere werfen deren fünf bis sechs, ältere zwölf bis vierzehn Stück. […]

Unter allen deutschen Schlangen bringt die Kreuzotter, was Vertilgung schädlicher Thiere anlangt, den größten Nutzen: und dennoch dankt ihr niemand die Verdienste, welche sie sich erwirbt, sucht jedermann sie zu vernichten, wo und wie er es vermag! Und in der That, bei keinem deutschen Thiere weiter ist die rücksichtsloseste, unnachsichtlichste Verfolgung in demselben Grade gerechtfertigt wie bei ihr. In unserem Vaterlande kommt es gegenwärtig schwerlich noch vor, daß ein Mensch durch ein Raubthier sein Leben verliert: funfzig Fälle aber sind in den letzten Jahren verzeichnet worden, daß Menschen an den Folgen des Bisses einer Kreuzotter starben, und ebenso viele mögen durch Schlangen ihren Tod gefunden haben, ohne daß es zur allgemeinen Kunde gelangte. […]

Gewiß, wer aus übertriebener Thierfreundlichkeit den Schlangen das Wort redet, frevelt an den Menschen. Besser ist es, ich wiederhole es, daß sie alle, die schuldigen wie die unschuldigen, vernichtet werden, als daß ein einziger Mensch sein Leben durch eine giftige unter ihnen verliere, oder daß das Leben eines einzigen Menschen durch das höllische Gift in eine ununterbrochene Qual verkehrt werde. Daher Schutz den natürlichen Feinden der Ottern, vor allen dem Iltis, dem Igel und dem Schlangenbussard, […] und unnachsichtliche Verfolgung ihrer selbst und ihres ganzen Gezüchtes! […]

BACHFORELLE

Unter allen deutschen Lachsfischen besitzt die Bachforelle, Wald-, Teich-, Stein-, Alp-, Gold-, Weiß- und Schwarzforelle (SALMO FARIO, ALPINUS, SAXATILIS, CORNUBIENSIS, GAIMARDI und AUSONII, TRUTTA FARIO und FLUVIATILIS, SALAR AUSONII), die gedrungenste Gestalt. Ihr Leib ist mehr oder weniger seitlich zusammengedrückt, die Schnauze kurz und sehr abgestumpft, die vordere, kurze Platte des Pflugscharbeines dreieckig, am queren Hinterrande mit drei oder vier Zähnen besetzt, der lange Stiel auf der seicht ausgehöhlten Gaumenfläche mit doppelreihigen, sehr starken Zähnen bewehrt. Ueber die Färbung etwas allgemeingültiges zu sagen, ist vollkommen unmöglich. Tschudi nennt die Bachforelle das »Chamäleon unter Fischen«, hätte aber hinzufügen können, daß sie noch weit mehr abändert als dieses wegen seines Farbenwechsels bekannte Kriechthier.

Wahrscheinlich kommt man der Wahrheit nahe, wenn man annimmt, daß die so verschiedene Färbung nur ein Widerspiel ist von den herrschenden Farben der Umgebung des Wohngewässers, daß die Forelle uns genau dasselbe erkennen läßt wie die meerbewohnende Scholle, welche ihr Kleid dem des Bodens anpaßt. […]

Die Bauch- und Brustflossen der Forelle, welche in zwei ständigen Nebenarten (SALMO FARIO GAIMARDI und SALMO FARIO AUSONII) auftritt und in jeder dieser Abarten in beschriebener Weise abändert, sind in die Breite gestreckt und abgerundet; die Schwanzflosse ändert ihre Gestalt mit dem Alter: bei jungen Forellen ist sie tief ausgeschnitten, bei älteren senkrecht abgestutzt, bei alten sogar etwas nach außen abgerundet. Die Männchen unterscheiden sich von den Weibchen meist durch größeren Kopf und wirre, zahlreiche, aber starke Zähne; auch erhöht und schrägt sich im Alter bei ihnen namentlich die Spitze des Unterkiefers nach aufwärts. Die Rückenflosse enthält, nach Siebold, drei bis vier und neun bis sechzehn, die Brustflosse einen und zwölf, die Bauchflosse einen und acht, die Afterflosse drei und sieben bis acht, die Schwanzflosse neunzehn Strahlen. Die Größe richtet sich, wie die Färbung, nach dem Aufenthalte. In kleinen, schnell fließenden

Bächen, wo sich die Forelle mit wenig Wasser begnügen muß, erreicht sie kaum eine Länge von vierzig Centimeter und ein Gewicht von höchstens einem Kilogramm, wogegen sie in tieferen Gewässern, in Seen und Teichen, bei reichlichem Futter zu einer Länge von neunzig Centimeter und darüber und einem Gewichte von fünf bis sechs Kilogramm anwachsen kann. [...]

Unsere bisher gesammelten Forschungen reichen noch nicht aus, den Verbreitungskreis der Forelle zu begrenzen; doch wissen wir, daß sie an entsprechenden Orten in ganz Europa vom Nordkap an bis zum Vorgebirge Tarifa, ebenso in Kleinasien und wahrscheinlich noch in anderen Ländern dieses Erdtheiles gefunden wird. Bedingung für ihr Vorkommen und Leben ist klares, fließendes, an Sauerstoff reiches Wasser. Sie findet sich daher in allen Gebirgswässern, zumeist in Flüssen und Bächen, sodann aber auch in Seen, welche von durchströmendem Wasser oder von in ihnen entspringenden reichhaltigen Quellen gespeist werden, aus dem einfachen Grunde, weil hier wie da durch lebhafte Bewegung des Wassers ein sehr großer Theil desselben ununterbrochen mit der äußeren Luft in Verbindung gebracht und befähigt wird, fortwährend so viel Luft, bezüglich also auch Sauerstoff, aufzunehmen, wie das Wasser überhaupt aufnehmen kann. Die neuerdings so vielfach angestellten Züchtungsversuche haben zur Genüge ergeben, daß geklärtes Wasser, welches regelmäßig in Bewegung gesetzt wird, der Bachforelle genügt, gleichviel ob es frischen Quellen oder Bächen und selbst Teichen entnommen wurde. [...]

In den Bächen und Flüßchen unserer Mittelgebirge bemerkt man keinen auffallenden Wechsel des Aufenthaltes. Unweit meines Geburtsortes entspringen in einem zwischen mittelhohen Bergen gelegenen Thale reichhaltige Quellen, welche sich zu einem Bache vereinigen, kräftig genug, ein Mühlrad zu treiben. Dieser Quellbach fällt in die Roda und klärt deren zuweilen sehr unreines Wasser. Hier leben seit Menschengedenken Forellen, aber nur auf einer Strecke von höchstens acht Kilometer Länge; denn oberhalb und unterhalb derselben kommen sie regelmäßig nicht mehr vor, und bloß während der Laichzeit geschieht es, daß sie ihren eigentlichen Standort verlassen und in der Roda zu Berge wandern, um Laichplätze zu suchen, obgleich sie solche ebenso gut auch innerhalb ihres eigentlichen Standgewässers

143

vorfinden. In reinem Bergwasser ist der Aufenthaltsort selbstverständlich weiter ausgedehnt; zu einem eigentlichen Wanderfische aber wird die Bachforelle in Mitteldeutschland nicht. [...]

An Gewandtheit und Schnelligkeit der Bewegung wird die Bachforelle höchstens von einzelnen ihrer Verwandten, schwerlich aber von anderen Flußfischen übertroffen. Wahrscheinlich muß man sie zu den nächtlich lebenden Fischen zählen; alle Beobachtungen sprechen wenigstens dafür, daß sie erst gegen Abend ihre volle Munterkeit entfaltet und vorzugsweise während der Nacht ihrem Hauptgeschäfte, der Ernährung, obliegt. Uebertages versteckt sie sich gern unter überhängenden Ufersteinen oder überhaupt in Höhlungen und Schlupfwinkeln, wie sie das in ihrem Wohngewässer sich findende Gestein bildet; wenn aber ringsum alles ganz ruhig ist, treibt sie sich auch um diese Zeit im freien Wasser umher, unter allen Umständen mit dem Kopfe gegen die Strömung gerichtet und hier entweder viertelstundenlang und länger scheinbar auf einer und derselben Stelle verweilend, in Wirklichkeit aber mittels der Flossen so viel sich bewegend, wie zur Erhaltung ihrer Stellung erforderlich, oder aber sie schießt plötzlich wie ein Pfeil durch das Wasser, mit wunderbarer Geschicklichkeit der Hauptströmung desselben folgend und so in seichten Bächen noch da ihren Weg findend, wo man ein Weiterkommen für unmöglich halten möchte. Einmal aufgestört, pflegt sie, falls es ihr nur irgend möglich, sich wieder einem Schlupfwinkel zuzuwenden und in ihm zu verbergen; denn sie gehört zu den scheuesten und vorsichtigsten aller Fische. Flußabwärts gelangt sie auf zwei verschiedenen Wegen, indem sie entweder, den Kopf gegen die Strömung gerichtet, langsam sich treiben läßt, oder indem sie unter Aufbietung ihrer vollen Kraft so schnell durch das Wasser schießt, daß die Raschheit ihrer Bewegung die des letzteren bei weitem übertrifft. So lange sie still steht, liegt sie auch auf der Lauer und überblickt sorgfältig ihr Jagdgebiet, das Wasser neben und vor ihr und die Wasserfläche oder Luft über ihr. Naht ein Kerbthier, gleichviel ob es groß oder klein, dem Orte, wo sie steht, so verharrt sie noch immer regungslos, bis es in Sprungweite gekommen, schlägt dann urplötzlich mit einem oder mehreren kräftigen Schlägen der Schwanzflosse das Wasser und springt, in letzterem fortschießend oder über dessen Spiegel sich

144

emporschnellend, auf das ins Auge gefaßte Opfer los. So lange sie jung ist, jagt sie vorzugsweise auf Kerbthiere, Würmer, Egel, Schnecken, Fischbrut, kleine Fische und Frösche; hat sie aber einmal ein Gewicht von einem bis anderthalb Kilogramm erreicht, so wetteifert sie an Gefräßigkeit mit jedem Raubfische ihrer Größe, steht mindestens dem Hechte kaum nach und wagt sich an alles lebende, welches sie bewältigen zu können glaubt, ihre eigene Nachkommenschaft nicht ausgeschlossen. Gleichwohl bilden auch jetzt noch alle als Larven oder Fliegen im Wasser lebenden Kerbthiere und kleine Kruster den Haupttheil ihrer Mahlzeiten. Für erstere bethätigt sie eine so ausgesprochene Vorliebe, daß sie Mangel leiden kann, wenn in einem von ihr bewohnten Gewässer andere kerbthierfressende Fische, auch solche, welche sie recht gern frißt, übermäßig sich vermehren.

Die Fortpflanzungsthätigkeit der Forelle beginnt um die Mitte des Oktober und währt unter Umständen bis in den December fort. Schon Fische von zwanzig Centimeter Länge und einhundertundfunfzig Gramm Gewicht sind fortpflanzungsfähig; sehr viele von ihnen aber bleiben unfruchtbar und laichen nicht. Ihre Geschlechtswerkzeuge sind zwar, laut Siebold, deutlich als Hoden und Eierstöcke vorhanden, verharren aber im Zustande der Unreife. Niemals zeigen sich die Eier solcher Forellen größer als Hirsekörner; auch sieht man es den Eierstöcken an, daß sie nie reife Eier von sich gegeben haben. Es lassen sich die unfruchtbaren von den fruchtbaren Forellen auch außer der Laichzeit durch folgende Merkmale unterscheiden: der Körper ist kurz, der Rücken an den Seiten herab gewölbt; die Flossen sind weniger breit und werden von schwächlicheren Strahlen gestützt; das minder weite Maul ist nur bis unter das Auge und nie bis über die Augen hinaus gespalten; der Kopf ist klein und steht mit dem gedrungenen Körper in keinem rechten Verhältnisse, indem die Knochen des Kiefers, des Kiemendeckels sowie die Augen im Wachsthume zurückgeblieben zu sein scheinen. An dem Milchner wächst der Kinnwinkel niemals stärker aus und gibt daher keinen Geschlechtsunterschied ab wie bei den fruchtbaren. Die Hautbedeckung und Beschuppung zeigt sich jahraus, jahrein unverändert, und die Geschlechtswarze hinter dem After bleibt in der hier gelegenen Grube verborgen. In Färbung und Zeichnung stimmen diese gelten Forellen mit den fruchtbaren überein, werden mit der Zeit wahrscheinlich auch wieder fruchtbar. Bei letzteren hingegen machen sich, außer der starken Anschwellung der Geschlechtswarze, eigenthümliche Hautveränderungen bemerkbar: die Schuppen des Milchners, zumal die des Rückens und Bauches, werden von einer schwarzen Hautwucherung gänzlich überwachsen; eine ähnliche Schwarte überzieht die Wurzel und den Vorderrand der Afterflosse sowie den Ober- und Unterrand der Schwanzflosse. Eine solche Verdickung der letztgenannten Flossen läßt sich auch an den laichenden Roggenern wahrnehmen, während deren Schuppen nur zum Theile mit einer schwächeren Hautwucherung überwachsen sind. Das Laichen selbst geschieht in seichtem Wasser auf Kiesgrunde oder hinter größeren Steinen, da, wo eine rasche Strömung sich bemerklich macht. Den suchenden Weibchen folgen gewöhnlich mehrere Männchen, in der Regel kleinere, und keineswegs allein in der Absicht, sich zu begatten, bezüglich die Eier zu besamen, sondern auch, um die vom Weibchen eben gelegten Eier theilweise aufzufressen. Nach Versicherung der Fischer soll der Roggener einen der Milchner mehr begünstigen als die anderen und diese zurückjagen, vielleicht gerade, weil er weiß, daß mehrere männliche Begleiter den Roggen gefährden. Vor dem Legen höhlt er durch lebhafte Bewegungen mit dem Schwanze eine mehr oder minder große, seichte Vertiefung aus, läßt in sie die Eier fallen und macht sodann dem Männchen Platz, welches gleichzeitig oder unmittelbar darauf einigen Samen darüber spritzt. Durch weitere Bewegungen mit dem Schwanze werden die Eier leicht überdeckt und nunmehr ihrem Schicksale überlassen. Niemals entledigt sich ein Weibchen aller Eier mit einem Male; das Laichen geschieht vielmehr in Absätzen innerhalb acht Tagen, und zwar, wie aus dem vorhergegangenen erklärlich, regelmäßig bei Nacht und am liebsten bei Mondscheine.

Nach ungefähr sechs Wochen, der herrschenden Witterung entsprechend früher oder später, entschlüpfen die Jungen und verweilen nun zunächst mehr oder minder regungslos, d.h. höchstens mit den stummelhaften Brustflossen spielend, auf der Brutstätte, bis sie ihren anhängenden Dottersack aufgezehrt haben und nunmehr das Bedürfnis nach anderer Nahrung empfinden. Zuerst genügen ihnen die allerkleinsten Wasserthierchen, später wagen sie sich an Würmchen, hierauf an Kerbthiere und junge Fischbrut, und mit der Größe wächst ihre Raublust. Drei Monate nach dem Ausschlüpfen sind aus den beim Verlassen des Eies unförmlichen Geschöpfen wohlgestaltete, zierliche Fischchen geworden, welche, wie die meisten übrigen Lachse, ein Jugendkleid tragen, auf dem dunkelbraune Querbinden hervorstechen. Um diese Zeit beginnt die Geschwisterschaft sich zu vereinzeln, Versteckplätze aufzusuchen und es mehr oder weniger ähnlich zu treiben wie die Eltern.

Viele Feinde bedrohen und gefährden die junge Brut. Noch ehe die befruchteten Eier ausgeschlüpft sind, richten die Grundfische, vor allen die Quappen, arge Verwüstungen unter ihnen an; der Wasserschwätzer liest wohl eines oder das andere mit auf; selbst die harmlose Bachstelze mag einzelne verzehren. Später, nach dem Ausschlüpfen, nehmen außer den Quappen auch die übrigen Raubfische, insbesondere die älteren Forellen, manches Junge weg, und wenn dieses wirklich so weit gekommen, daß es selbst zum Räuber geworden, hat es in der Wasserspitzmaus, Wasserratte und im Fischotter noch Feinde, denen es nicht gewachsen ist. [...]

Die berechtigte Klage über Abnahme unserer Süßwasserfische gilt leider auch für die Forelle; doch hat man es bei ihr noch am ersten in der Hand, geeignete Gewässer wiederum zu besetzen, sie überhaupt sachgemäß zu schonen und zu züchten. Keine andere Lachsart eignet sich in demselben Grade zum Zuchtfische wie sie; denn sie gedeiht in quellenreichen Teichen ebenso gut wie in Bächen, wächst schnell und liefert ein so köstliches Fleisch, daß der Preis von durchschnittlich drei, hier und da nur zwei, höchstens fünf Mark für das Kilogramm als ein entsprechender bezeichnet werden darf.

FISCHREIHER

Der Leib der Reiher (ARDEIDAE), welche die reichhaltigste, gegen siebzig Arten umfassende Familie der Unterordnung [der Stelzvögel] bilden, ist auffallend schwach, seitlich ungemein zusammengedrückt, der Hals sehr lang und dünn, der Kopf klein, schmal und flach, der Schnabel in der Regel länger als der Kopf, mindestens ebenso lang, ziemlich stark, gerade, seitlich sehr zusammengedrückt, auf Firste und Kiel schmal, an den etwas eingezogenen Mundkanten schneidend scharf, nächst der Spitze gezähnelt, […] das Bein mittelhoch, der Fuß langzehig, […] der Flügel lang und breit, vorn aber stumpf, weil die zweite, dritte und vierte Schwinge fast gleiche Länge haben, der aus zehn bis zwölf Federn gebildete Schwanz kurz und abgerundet, das Kleingefieder sehr reich, weich und locker, am Scheitel, auf dem Rücken und an der Oberbrust oft verlängert, theilweise auch zerschlissen, seine Färbung eine sehr verschiedenartige und nicht selten ansprechende, obgleich eigentliche Prachtfarben nicht vorkommen. Ganz eigenthümlich sind zwei kissenartige, mit hellgelbem oder gelblichweißem, seidigem, flockigem oder zottigem Flaum bekleidete Stellen auf jeder Seite des Leibes, von denen eine unter dem Flügelbuge über der Brusthöhle, die andere neben dem Kreuzbeine an der Bauchseite liegt. Die Geschlechter unterscheiden sich äußerlich höchstens durch die etwas verschiedene Größe; die Jungen tragen ein von dem der Alten abweichendes, minder schönes Gefieder. […]

Die Reiher bewohnen alle Erdtheile, alle Gürtel der Höhe und mit Ausnahme der hochnordischen alle Länder. Schon innerhalb des gemäßigten Gürtels treten sie zahlreich auf, in den Wendekreisländern bilden sie den Hauptbestandtheil der Bevölkerung der Sümpfe und Gewässer. Einige Arten scheinen das Meer zu bevorzugen, andere halten sich an Flüssen, wieder andere in Sümpfen auf; einige lieben freiere Gegenden, andere Walddickichte oder Wälder überhaupt.

Das Wesen der Reiher ist nicht bestechend. Sie verstehen es, die wunderbarsten Stellungen anzunehmen: keine einzige von diesen aber kann anmuthig genannt werden; sie sind ziemlich bewegungsfähig: jede ihrer

Bewegungen aber hat, mit der anderer Reihervögel verglichen, etwas schwerfälliges oder mindestens unzierliches. Ihr Gang ist gemächlich, langsam und bedächtig, ihr Flug keineswegs ungeschickt, aber einförmig und schlaff. Sie sind im Stande, im Röhrichte oder im Gezweige behend umherzuklettern, stellen sich dabei aber so an, daß dies ungeschickt aussieht; sie sind fähig zum Schwimmen, thun dies jedoch in einer Weise, daß sie unwillkürlich zum Lachen reizen. Ihre Stimme ist ein unangenehmes Gekreisch oder ein lautes, weithin schallendes Gebrüll, welches manchem Menschen unheimlich dünkt, die Stimme der Jungen ein widerwärtiges Gebelfer. Unter den Sinnen steht unzweifelhaft das Gesicht obenan; der Blick des schönen, meist hell gefärbten Auges hat aber etwas tückisches, wie das einer Schlange, und das Wesen der Reiher straft diesen Blick nicht Lügen. Unter allen Sumpfvögeln sind sie die hämischsten und boshaftesten. Sie leben oft in größeren Gesellschaften, dürfen jedoch schwerlich gesellige Vögel genannt werden; denn jeder ist neidisch auf des anderen Glück und läßt keine Gelegenheit vorübergehen, sein Uebelwollen zu bethätigen. Größeren Thieren weichen sie ängstlich aus, indem sie sich entweder entfernen oder durch sonderbare Stellungen unkenntlich zu machen suchen; kleineren gegenüber zeigen sie sich mordsüchtig und blutgierig, mindestens unfriedlich und zanklustig. Ihre Beute besteht vorzugsweise in Fischen; die kleineren Arten sind der Hauptsache nach Kerbthierfresser: aber weder diese noch die größten verschmähen irgend ein anderes Thier, welches sie erreichen können. Sie verzehren kleine Säugethiere, junge und unbehülfliche Vögel, Lurche verschiedener Art, vielleicht mit Ausnahme der Kröten, und ebenso Weichthiere und Würmer, vielleicht auch Krebse. Lautlos und höchst bedächtig, beutegierig das Wasser durchspähend, schleichen sie, den langen Hals so tief eingezogen, daß der Kopf auf den Schultern, die untere Schnabellade auf dem vorgebogenen Halse ruht, wadend dahin; blitzschnell streckt sich der Hals plötzlich zu seiner ganzen Länge aus, und wie eine geschleuderte Lanze fährt der Schnabel auf die meist unrettbar verlorene Beute. In ähnlicher Weise vertheidigen sie sich Angreifern gegenüber. So lange wie möglich fliehen sie vor jedem stärkeren Feinde; gedrängt aber greifen sie wüthend an, zielen jederzeit nach dem Auge ihrer Gegner und können daher höchst gefährlich verwunden.

149

Alle Reiher nisten gern in Gesellschaft von ihresgleichen, verwandter und nicht verwandter Vogelarten. Ihre Nester, große, roh zusammengefügte Bauten, stehen entweder auf oder im Röhrichte auf zusammengeknickten Stengeln. Das Gelege enthält drei bis sechs ungefleckte, weißgrünliche oder blaugrünliche Eier. Nur das Weibchen brütet, wird aber inzwischen vom Männchen mit Nahrung versorgt. Die Jungen verweilen bis zum Flüggewerden oder doch fast bis zu dieser Zeit im Neste, werden nach dem Ausflattern noch eine Zeitlang geatzt, hierauf aber ihrem Schicksale überlassen. […]

In Deutschland verfolgt man die Reiher an allen Orten eifrig, da sie in unseren Gewässern mehr schaden als jeder andere thierische Fischjäger. Da, wo sich ein Reiherstand befindet, ist es üblich, alljährlich ein sogenanntes Reiherschießen anzustellen, bei welchem soviele Reiher getödtet werden, als man tödten kann. Die Jagd ist übrigens auch nur in der Nähe dieser Reiherstände ergiebig, da die Scheu und Vorsicht der alten Reiher Nachstellungen gewöhnlich zu vereiteln weiß.

Hier und da fällt es einem eifrigen Liebhaber auch wohl ein, junge Reiher aufzuziehen und zu zähmen. Er hat dann Gelegenheit, die sonderbaren Stellungen des Vogels zu beobachten, kann ihn auch zum Aus- und Einfliegen gewöhnen und dahin bringen, daß er sich den größten Theil seines Futters selbst sucht, wird aber schwerlich besondere Freude an ihm haben; denn diese gewähren nur die kleinen und schön gefärbten Arten der Familie, nicht aber die bei uns vorkommenden Fisch- und Purpurreiher. In Thiergärten sieht man namentlich die südländischen Arten, welche durch ihr Gefieder allerdings zu fesseln wissen. Viele Arten schreiten im Käfige zur Fortpflanzung.

Der Fischreiher oder Reigel (ARDEA CINEREA, CINERACEA, VULGARIS, CRISTATA, RHENANA und LEUCOPHAEA) gilt gegenwärtig als Vertreter einer besonderen Untersippe (ARDEA). Das Gefieder auf Stirn und Oberkopf ist weiß, auf dem Halse grauweiß, auf dem Rücken aschgrau, durch die verlängerten Federn bandartig weiß gezeichnet, auf den Seiten des Unterkörpers schwarz; ein Streifen, welcher vom Auge beginnt und nach dem Hinterhalse läuft, drei lange Schopffedern, eine dreifache Fleckenreihe am Vorderhalse und die großen Schwingen sind schwarz, die Oberarmschwingen

und Steuerfedern grau. Das Auge ist goldgelb, die nackte Stelle im Gesichte grüngelb, der Schnabel strohgelb, der Fuß bräunlichschwarz. Die Länge beträgt einhundert bis einhundertundsechs, die Breite einhundertundsiebzig bis einhundertundachtzig, die Fittiglänge durchschnittlich siebenundvierzig, die Schwanzlänge neunzehn Centimeter. Der junge Vogel sieht grauer aus als der alte und trägt auch keinen Federbusch.

Nach Norden hin reicht der Verbreitungskreis des Fischreihers bis zum vierundsechzigsten Grade; nach Süden hin kommt er fast in allen Ländern der Alten Welt vor, und zwar nicht bloß als Zug-, sondern auch als Brutvogel. Ich habe ihn noch tief im Inneren Afrikas angetroffen; andere Forscher fanden ihn im Westen und Süden Afrikas. In Indien ist er gemein, und von hier aus streift er gewiß bis auf eine oder die andere Insel von Oceanien hinüber. Im Norden ist er Zug-, im Süden wenigstens Strichvogel. Von Deutschland aus wandert er im September und Oktober weg und bezüglich durch, reist gemächlich den großen Strömen entlang, erscheint im Oktober überall in Südeuropa und fliegt endlich nach Afrika hinüber. Im März und April kehrt er zurück. Auf der Wanderschaft schließt sich einer dem anderen an, und so bilden sich zuweilen Gesellschaften, welche bis funfzig Stück zählen. Sie reisen stets bei Tage, aber in hoher Luft langsam dahinfliegend und in der Regel eine schräge Linie bildend. Heftiger Wind macht ihre Wanderung unmöglich; Mondschein bewegt sie zuweilen, des Nachts zu reisen. [...]

Gewässer aller Art, vom Meere an bis zum Gebirgsbache, bilden dessen Aufenthaltsort, bezüglich dessen Jagdgebiet; denn die einzige Bedingung, welche er an das Gewässer zu stellen hat, ist Seichtigkeit. Er besucht die kleinsten Feldteiche, Wassergräben und Lachen, ebenso, wenigstens in der Winterherberge, seichte Meerbusen und Küstengewässer, bevorzugt jedoch Gewässer, in deren Nähe es Waldungen oder wenigstens hohe Bäume gibt; auf letzteren pflegt er der Ruhe. An Scheu und Furchtsamkeit übertrifft er alle anderen Arten, und zwar aus dem einfachen Grunde, weil ihm am eifrigsten nachgestellt wird. Jeder Donnerschlag entsetzt ihn, jeder Mensch, den er von ferne sieht, flößt ihm Bedenken ein.

Ein alter Reiher läßt sich sehr schwer überlisten, weil er jede Gefahr würdigt und bei der Flucht berechnend zu Werke geht. Die Stimme ist ein kreischendes »Kräik«, der Warnungslaut ein kurzes, »Ka«; andere Laute scheint er nicht auszustoßen.

Die Nahrung besteht aus Fischen bis zu zwanzig Centimeter Länge, Fröschen, Schlangen, insbesondere Nattern, jungen Sumpf- und Wasservögeln, Mäusen, Kerbthieren, welche im Wasser leben, Muscheln und Regenwürmern. »Angelangt am Teiche«, schildert Naumann, »die Nähe des Lauschers nicht ahnend, gehen die Reiher gewöhnlich sogleich ins seichte Wasser und beginnen ihre Fischerei. Den Hals niedergebogen, den Schnabel gesenkt, den spähenden Blick auf das Wasser geheftet, schleichen sie in abgemessenen, sehr langsamen Schritten und so behutsam und leisen Trittes, daß man nicht das geringste Plumpen oder Plätschern hört, im Wasser und in einer solchen Entfernung vom Uferrande entlang, daß ihnen das Wasser kaum bis an die Fersen reicht. So umkreisen sie, schleichend und suchend, nach und nach den ganzen Teich, werfen alle Augenblicke den zusammengelegten Hals wie eine Schnellfeder vor, so daß bald nur der Schnabel allein, bald auch noch der ganze Kopf dazu unter die Wasserfläche und wieder zurückfährt, fangen fast immer einen Fisch, verschlucken ihn sogleich oder bringen ihn zuvor im Schnabel in eine verschluckbare Lage, den Kopf nach vorn, und verschlingen ihn dann. Wenn der erzielte Fisch zu tief im Wasser gestanden hat, fährt der Reiher mit dem ganzen Halse hinunter, wobei er, um das Gleichgewicht zu behalten, jedesmal die Flügel etwas öffnet und mit deren Vordertheilen das Wasser so stark berührt, daß es plumpt. Es ist mir auch vorgekommen, daß ein solcher Schleicher plötzlich Halt machte, einige Augenblicke still stand und sogleich einen Fisch erwischte, wahrscheinlich weil er zwischen mehrere dieser flinken Wasserbewohner trat, welche nicht gleich wußten, wohin sie fliehen sollten und ihn in augenblickliche Verlegenheit brachten; denn er ist gewöhnt, sicher zu zielen und stößt selten fehl, wird auch nie einen zweiten Stoß auf den verfehlten Fisch anbringen können. Frösche, Froschlarven und Wasserkerfe sucht er ebenfalls schleichend auf. Die ersteren verursachen ihm, wenn sie etwas groß sind, viele Mühe; er sticht sie mit dem Schnabel, wirft sie weg, fängt sie wieder auf, gibt ihnen Kniffe usw., bis sie halb todt mit dem Kopfe vorn hinabgeschlungen werden.«

Der Fischreiher brütet auch in Deutschland gern in Gesellschaft und bildet hier und da Ansiedelungen oder Reiherstände, welche funfzehn bis hundert und mehr Nester zählen und ungeachtet aller Verfolgungen jährlich wieder bezogen werden, selbst wenn die Brutvögel vom nächsten Wasser aus zehn Kilometer und weiter fliegen müssen, um sie zu erreichen. In der Nähe der Seeküsten gesellt sich die Scharbe regelmäßig zu den Reihern, wahrscheinlich weil es ihr bequem ist, deren Horst zu benutzen. Bäume und Boden werden vom Kothe der Vögel weiß übertüncht, alles Laub verdorben; faulende Fische verpesten die Luft; kurz, es gibt hier, wie Naumann sagt, »der Unfläterei und des Gestankes viel«. Im April erscheinen die alten Reiher an den Nestern, bessern sie, soweit wie nöthig, aus und beginnen hierauf zu legen. Der Horst ist etwa einen Meter breit, flach und kunstlos aus dürren Stöcken, Reisern, Rohrstengeln, Schilfblättern, Stroh zusammengebaut, die seichte Mulde mit Borsten, Haaren, Wolle, Federn nachlässig ausgelegt. Die drei bis vier, durchschnittlich sechzig Millimeter langen, dreiundvierzig Millimeter dicken stark- und glattschaligen Eier sehen grün aus. Nach dreiwöchentlicher Bebrütung entschlüpfen die Jungen, unbehülfliche und häßliche Geschöpfe, welche von einem beständigen Heißhunger geplagt zu sein scheinen, unglaublich viel fressen, einen großen Theil ihrer Nahrung vor lauter Gier über den Rand des Nestes herabwerfen, länger als vier Wochen im Horste verweilen, auf das warnende »Ka« ihrer Eltern sich drücken, sonst oft aufrecht stehen und endlich, nachdem sie völlig flügge geworden sind, sich entfernen. Die Eltern unterrichten sie noch einige Tage und überlassen sie dann ihrem Schicksale; alt und jung zerstreut sich, und der Reiherstand verödet.

Edelfalken und große Eulen, auch wohl einzelne Adler, greifen die Alten an, schwächere Falken, Raben und Krähen plündern die Nester. »Auffallend«, sagt Baldamus, »ist die wirklich lächerliche Furcht dieser mit so gefährlicher Waffe ausgerüsteten Reiher vor allen Raubvögeln, und selbst vor Krähen und Elstern. Die Räuber scheinen das auch zu wissen; denn sie plündern jene Ansiedelungen mit einer großartigen Unverschämtheit, holen die Eier und Jungen mitten aus dem dichtesten Schwarme heraus, ohne daß sie mehr als gräßliches Schreien, furchtsames Zurückweichen, einen weit aufgesperrten Rachen und höchstens einen matten Flügelschlag zu erwarten haben. Wohl aber habe ich gesehen, daß ein ziemlich erwachsener junger Reiher mit gesträubtem Gefieder und aufgeblasener Kehle nach einer Elster stieß, welche ein auf den Rand seines Nestes gestütztes Nachtreihernest plünderte. Auch gegen den Menschen setzen sich solche junge Reiher faucheud und stechend zur Wehre, aber nur dann, wenn sie, auf den äußersten Rand ihres Nestes gedrängt, zur Verzweiflung getrieben sind.«

Die Reiherbaize, welche früher in ganz Europa üblich war, ist gegenwärtig nur noch bei den Asiaten, beispielsweise in Indien, und ebenso bei einigen Stämmen der Araber in Nordafrika im Schwange. Sowie der Reiher den Falken auf sich zukommen sah, spie er zunächst die eben gefangene Nahrung aus, um sich zu erleichtern, und stieg nun so eilig wie möglich hoch zum Himmel empor, wurde aber freilich vom Falken sehr bald überholt und nunmehr von oben angegriffen. Dabei hatte sich dieser sehr in Acht zu nehmen, weil der Reiher stets den spitzigen Schnabel zur Abwehr bereit hielt. Konnte der Falke sein Opfer packen, so stürzten beide wirbelnd zum Boden herab. Hatte er es mit einem erfahrenen Reiher zu thun, so währte die Jagd länger; schließlich aber kam der Reiher doch auch hernieder, weil er vor Ermüdung nicht länger fliegen konnte. Die wunderbaren Schwenkungen, das Steigen und Herabstürzen, die Angriffe und die Abwehr beider Vögel gewährte ein prachtvolles Schauspiel. Hielt der Jäger den Reiher in der Hand, so begnügte er sich in der Regel, ihm die Schmuckfedern auszuziehen, oder nahm ihn mit nach Hause, um junge Falken an ihm zu üben. Nicht selten legte man dem Reiher einen Metallring mit Namen des Fängers und der Tagesangabe des Fanges um die Ständer und ließ ihn hierauf wieder fliegen. So soll derselbe Reiher wiederholt gebaizt worden sein, und man erfahren haben, daß der Vogel ein Alter von funfzig und mehr Jahren erreicht.

Gefangene lassen sich mit Fischen, Fröschen und Mäusen leicht aufziehen, dürfen aber nicht mit anderem Hausgeflügel zusammengehalten werden, da sie Küchlein und junge Enten ohne weiteres wegnehmen und verzehren. Die schon von Naumann angeführte Beobachtung, daß der Fischreiher die Sperlinge fängt, kann ich infolge eigener Erfahrung durchaus bestätigen.

155

KUCKUCK

Unser Kukuk oder Gauch (CUCULUS CANORUS, CINEREUS, VULGARIS, HEPATICUS, LEPTODETUS, RUFUS, BOREALIS, INDICUS, TELEPHONUS, GULARIS, LINEATUS) vertritt die Sippe der Kukuke im engsten Sinne (CUCULUS) und kennzeichnet sich durch schlanken Leib, kleinen, schwachen, sanft gebogenen Schnabel, lange spitzige Flügel, sehr langen, gerundeten Schwanz, kurze, theilweise befiederte Füße und ziemlich weiches, düsterfarbiges Gefieder. Das Männchen ist auf der Oberseite aschgraublau oder dunkelaschgrau, auf der Unterseite grauweiß, schwärzlich in die Quere gewellt; Kehle, Wangen, Gurgel und Halsseiten bis zur Brust herab sind rein aschgrau, die Schwingen bleischwarz, die Steuerfedern schwarz, weiß gefleckt. Das Auge ist hochgelb, der Schnabel schwarz, gilblich an der Wurzel, der Fuß gelb. Das alte Weibchen ähnelt dem Männchen, hat aber am Hinterhalse und an den Seiten des Unterhalses wenig bemerkbare röthliche Binden.

Die jungen Vögel sind oben und unten quer gewellt, junge Weibchen auf der Oberseite zuweilen, in südlicheren Gegenden oft, auf rostbraunem Grunde mit stark hervortretenden Querbinden gezeichnet. Die Länge beträgt siebenunddreißig, die Breite vierundsechzig, die Fittiglänge neunzehn, die Schwanzlänge siebzehn Centimeter. Das Weibchen ist um zwei bis drei Centimeter kürzer und schmäler. […]

In Deutschland ist der Kukuk allgemein verbreitet, in Südeuropa weit seltener als bei uns, aber doch noch Brutvogel. […] Nach Norden hin wird er häufiger: in Skandinavien gehört er zu den gemeinsten Vögeln des Landes; wenigstens erinnere ich mich nicht, irgendwo so viele Kukuke gesehen zu haben als in Norwegen und in Lappland. […] Obwohl Baumvogel, ist er doch nicht an den Wald gebunden, ebenso wenig als sein Aufenthalt nach der Art des Baumbestandes sich richtet. […] Nach meinen in drei Erdtheilen und mit besonderer Vorliebe für den Gauch gesammelten Beobachtungen stellt er als erste Bedingung an seinen Aufenthaltsort, daß derselbe reich an kleinen Vögeln, den Zieheltern seiner Jungen, sei. Sieht er diese Bedingung erfüllt, so begnügt er sich mit äußerst wenigen Bäumen, mit niedrigen Sträuchern,

Gestrüpp und Röhricht, und wenn selbst das letztere fehlt, fußt er auf einem Erdklumpen und erhebt von hier aus seine Stimme. […] Wer den Kukuk kennt, wird nicht behaupten, daß er ein Charaktervogel des Erlenwaldes sei oder überhaupt zur Erle eine besondere Vorliebe zeige: wer aber den Spree-wald besucht, in welchem die Erle fast ausschließlich den Bestand bildet, wird anfänglich erstaunt sein über die außerordentlich bedeutende Anzahl von Kukuken und erst dann die Erklärung für das massenhafte Vorkommen derselben finden, wenn er erfahren hat, daß hier Grasmücken, Pieper, Schaf- und Bachstelzen ohne Zahl ihm die größte Leichtigkeit gewähren, seine Eier unterzubringen. […]

Unter den mir bekannten Verwandten ist der Kukuk der flüchtigste, un-ruhigste und lebhafteste. Er ist in Bewegung vom Morgen bis zum Abend, in Skandinavien sogar während des größten Theiles der Nacht. […] Wäh-rend seiner Streifereien frißt er beständig; denn er ist ebenso gefräßig als bewegungs- und schreilustig. Mit leichtem und zierlichem Fluge, welcher dem eines Falken ähnelt, ihn an Schnelligkeit jedoch nicht erreicht, nicht einmal mit dem einer Turteltaube zu wetteifern vermag, kommt er angeflo-gen, läßt sich auf einem Aste nieder und sieht sich nach Nahrung um. Hat er eine Beute erspäht, so eilt er mit ein paar geschickten Schwenkungen zu ihr hin, nimmt sie auf und kehrt auf denselben Ast zurück oder fliegt auf einen anderen Baum und wiederholt hier dasselbe. […] Uebrigens ist der Kukuk nur im Fliegen geschickt, in allem übrigen täppisch. Obwohl dem Namen nach ein Klettervogel, vermag er in dieser Beziehung durchaus nichts zu leisten, ist aber auch im Gehen ein Stümper ohne gleichen, überhaupt nur hüpfend im Stande, auf flachem Boden sich zu bewegen. Gewandter zeigt er sich im Gezweige, obschon er auch hier einen einmal gewählten Sitz nur ungern und dann meist fliegend verläßt. Im Frühlinge versäumt er nie, nach dem Aufbäumen viele Male nacheinander seinen lauten Ruf erschallen zu lassen, und wenn die Liebe in ihm sich regt, treibt er so argen Mißbrauch mit seiner Stimme, daß er zuletzt buchstäblich heiser wird. Fast in allen Sprachen ist sein Name ein Klangbild dieses Rufes, so wenig richtig letzterer in der Regel auch wiedergegeben wird. Wie vielen anderen Vogelstimmen fehlen dem Kukuksrufe Mitlauter gänzlich, und wenn wir solche zu hören vermeinen,

157

fügen wir sie den Selbstlautern zu. Der Ruf lautet nicht »Kukuk«, sondern in Wirklichkeit »u-uh«. Da nun aber das erste »U« schärfer ausgestoßen wird als das zweite, glauben wir »gu« zu vernehmen, ebenso wie wir das zweite gedehntere »U« zu Anfang und zu Ende durch einen G- oder K-Laut vervollständigen, obgleich derselbe nicht vorhanden ist. Wer wie ich jeden schreienden Kukuk durch Nachahmung seiner Stimme herbeiruft, weiß sehr genau, daß auf den Ruf »Kukuk« kein einziger kommt. Naumann sagt, daß man den Kukuksruf auf der Flöte durch die Töne Fis und D der mittleren Oktave täuschend nachahmen kann: ich habe die beiden Töne mir vorspielen lassen und muß zugestehen, daß sie dem Rufe ähneln, finde jedoch, daß die Klangfarbe der Flöte eine ganz andere ist als die des Kukuksrufes und bezweifle sehr, daß ein Kukuk durch letztere herbeigelockt werden würde oder könnte. Mit Bestimmtheit darf ich behaupten, daß der Ruf auf dem Klaviere sich nicht wiedergeben läßt und ebensowenig durch unsere Kukuksuhren richtig ausgedrückt wird, so zweckentsprechend auch erscheint, zwei verschiedene Pfeifen zu verwenden. […]

Man hat den Kukuk als einen höchst unfriedfertigen Vogel verschrieen: ich kann dieser Ansicht jedoch nicht beistimmen. In Kampf und Streit liegt er nur mit anderen seiner Art: die ganze übrige Vogelwelt läßt ihn gleichgültig, insofern es sich nicht darum handelt, ihrer Angriffe sich zu erwehren oder einem Ziehvogel sein Ei aufzubürden. Gefangene, welche man unter Kleingeflügel hält, vertragen sich mit allen Genossen vortrefflich und denken nicht daran, mit ihnen zu streiten oder zu hadern. Aber freilich ein männlicher Kukuk ist dem anderen ein Dorn im Auge. So brutfaul der Vogel, so verliebt ist er. Obgleich er Entgegenkommen findet, scheint ihn die Liebe doch geradezu von Sinnen zu bringen. Er ist buchstäblich toll, so lange die Paarungszeit währt, schreit unablässig so, daß die Stimme überschnappt, durchjagt unaufhörlich sein Gebiet und sieht in jedem anderen einen Nebenbuhler, den hassenswerthesten aller Gegner. […]

Der Ruf des Kukuks hat, wie meine Beobachtungen bestimmt mich annehmen lassen, zunächst den Zweck, das Weibchen anzulocken. Daß dieses sich herbeiziehen läßt, glaube ich unzählige Male ermittelt zu haben. Fliegt es in dringenden Geschäften durch das Gebiet eines Männchens, so

achtet es scheinbar nicht im geringsten auf dessen Liebesseufzer, sondern schleicht sich durch das Gezweige, von einem Baume, einem Busche zum anderen sich wendend; hat es dagegen sein Ei glücklich untergebracht, und zieht es auf Liebesabenteuer aus, so antwortet es, in unmittelbare Nähe des rufenden Männchens gelangt, indem es seinen eigenthümlichen, volltönenden, kichernden oder lachenden Lockruf zu hören gibt. Dieser besteht aus den äußerst rasch auf einander folgenden Lauten »Jikikickick«, welche auch wohl wie »Quickwickwick« in unser Ohr klingen, einem harten Triller ähneln und durch ein nur in der Nähe hörbares, sehr leises Knarren eingeleitet

159

werden. Der Ruf ist verlockend, verheißend, im voraus gewährend, seine Wirkung auf das Männchen eine geradezu zauberische. […]

Die Begattung wird in der Regel auf einem dürren Baumwipfel oder einem sonstigen geeigneten freien und erhabenen Platze, in den Steppen Turkestans selbst auf ebenem Boden vollzogen, niemals ohne viel Lärmen, verdoppeltes Rufen und Kichern. […]

Schon den Alten war bekannt, daß der Kukuk seine Eier in fremde Nester legt. »Das Bebrüten des Kukukseies und das Aufziehen des aus ihm hervorkommenden Jungen«, sagt Aristoteles, »wird von demjenigen Vogel besorgt, in dessen Nest das Ei gelegt wurde. Der Pflegevater wirft sogar, wie man sagt, seine eigenen Jungen aus dem Neste und läßt sie verhungern, während der junge Kukuk heranwächst. Andere erzählen, daß er seine Jungen tödte, um den Kukuk damit zu füttern; denn dieser sei in der Jugend so schön, daß seine Stiefmutter ihre eigenen Jungen deshalb verachte. Das meiste von dem hier erwähnten wollen Augenzeugen gesehen haben; nur in der Angabe, wie die Jungen des brütenden Vogels umkommen, stimmen nicht alle überein: denn die einen sagen, der alte Kukuk kehre zurück und fresse die Jungen des gastfreundlichen Vogels, die anderen behaupten, weil der junge Kukuk seine Stiefgeschwister an Größe übertreffe, so schnappe er ihnen alles weg, und sie müßten deshalb Hungers sterben; andere wieder meinen, er, als der stärkere, fresse sie auf. Der Kukuk thut gewiß gut daran, daß er seine Kinder so unterbringt; denn er ist sich bewußt, wie feige er ist, und daß er sie doch nicht vertheidigen kann. So feig ist er, daß alle kleinen Vögel sich ein Vergnügen daraus machen, ihn zu zwicken und zu jagen«. Wir werden sehen, daß an dieser Schilderung sehr viel wahres ist; ich will aber auch sogleich eingestehen, daß wir noch heutigen Tages keineswegs vollkommen unterrichtet sind. Daß ich auf Annahmen, Muthmaßungen, Folgerungen, Zweckmäßigkeitslehren und dergleichen, mit denen jede Naturgeschichte des Kukuks oder jede vogelkundige Zeitschrift überhaupt überfüllt ist, nicht eingehe, werden meine Leser begreiflich finden. […]

Das thatsächliche, d.h. durch Beobachtung festgestellte hinsichtlich des Fortpflanzungsgeschäftes unseres Vogels ist folgendes: Der Kukuk übergibt seine Eier einer großen Anzahl verschiedenartiger Singvögel zum

Ausbrüten. Schon gegenwärtig kennen wir ungefähr siebzig verschiedene Pflegeeltern; es unterliegt aber keinem Zweifel, daß sich diese Kunde bei genauerer Durchforschung des gesammten Verbreitungsgebietes dieses merkwürdigen Vogels noch wesentlich erweitern wird. […]

Die Eier des Kukuks sind im Verhältnisse zur Größe des Vogels außerordentlich klein, kaum größer als die des Haussperlings, in der Form wenig verschieden, ungleichhälftig, so daß ihr größerer Querdurchmesser näher dem sanft zugerundeten dicken Ende liegt, wogegen die hohe Hälfte schnell abfällt, haben eine zarte und zerbrechliche, glänzende Schale, deren Poren von einem unbewaffneten Auge nicht wahrgenommen werden können, in frischem Zustande meist eine mehr oder weniger lebhafte gelbgrüne Grundfärbung, violettgraue oder mattgrünliche Unterflecke und braune, scharf begrenzte Pünktchen, sind aber bald größer, bald kleiner, überhaupt veränderlich gestaltet und so verschiedenartig gefärbt und gezeichnet wie bei keinem anderen Vogel, dessen Brutgeschäft man kennt. Jede, selbst die auffallendste Färbung der Eier ähnelt aber mehr oder weniger der Eifärbung derjenigen Vögel, in deren Nester jene gelegt werden, und deshalb ist je nach den verschiedenen Oertlichkeiten bald diese, bald jene Färbung vorherrschend. Jedes Weibchen legt nur ein Ei in dasselbe Nest und zwar in der Regel bloß dann, wenn sich bereits Eier des Pflegers in ihm befinden. […]

Noch bevor das Ei legereif geworden ist, fliegt das Weibchen aus, um Nester zu suchen. Hierbei wird es vom Männchen nicht begleitet; denn letzteres scheint sich überhaupt um seine Nachkommenschaft nicht zu bekümmern. Das Nestersuchen geschieht auf sehr verschiedene Weise, entweder während das Weibchen fliegt oder indem es in den Büschen umherklettert oder endlich indem es den Vogel, welchem es die Ehre der Pflegeelternschaft zugedacht hat, beim Nestbaue beobachtet. […] Im Gegensatze zu seiner sonstigen Scheu kommt dieser bei dieser Gelegenheit sehr oft in unmittelbare Nähe der Wohnungen, ja selbst in das Innere der Gebäude, z.B. in Schuppen und Scheuern. […] Erlaubt es der Standort oder die Bauart des Nestes, so setzt sich das legende Weibchen auf das Nest, ist dies nicht der Fall, so legt es sein Ei auf die Erde, nimmt es in den Schnabel und trägt es in diesem zu Neste. […]

Der junge Kukuk entschlüpft dem Eie in einem äußerst hülflosen Zustande, »macht sich aber«, wie Naumann sagt, »an dem unförmlich dicken Kopfe mit den großen Augäpfeln sehr kenntlich. Er wächst anfangs schnell, und wenn erst Stoppeln aus der schwärzlichen Haut hervorkeimen, sieht er in der That häßlich aus.« [...] So unbehülflich der eben ausgekrochene Vogel auch ist, so freßlustig zeigt er sich. Er beansprucht mehr Nahrung als die Pflegeeltern beschaffen können, und er schnappt dieselbe, wenn wirklich noch Stiefgeschwister im Neste sind, diesen vor dem Schnabel weg, wirft sie auch, wenn sie nicht verhungern oder nicht durch seine Mutter entfernt oder umgebracht werden, schließlich aus dem Neste heraus. Hieraus erklärt sich, daß man immer nur einen einzigen bereits einigermaßen erwachsenen Kukuk im Neste findet. [...]

Die Barmherzigkeit der kleinen Vögel, welche sich auch bei dieser Gelegenheit äußert, zeigt sich bei Auffütterung des Kukuks im hellsten Lichte. Mit rührendem Eifer tragen sie dem gefräßigen Unholde, welcher an Stelle der vernichteten eigenen Brut verblieb, Nahrung in Hülle und Fülle zu, bringen ihm Käferchen, Fliegen, Schnecken, Räupchen, Würmer und plagen sich vom Morgen bis zum Abend, ohne ihm den Mund zu stopfen und sein ewiges heiseres »Zis zisis« verstummen zu machen. Auch nach dem Ausfliegen folgen sie ihm noch tagelang; denn er achtet ihrer Führung nicht, sondern fliegt nach seinem Belieben umher, und die treuen Pfleger gehen ihm nach. Zuweilen kommt es vor, daß er nicht im Stande ist, sich durch die enge Oeffnung einer Baumhöhlung zu drängen; dann verweilen seine Pflegeeltern ihm zu Gefallen selbst bis in den Spätherbst und füttern ihn ununterbrochen. Man hat Bachstelzenweibchen beobachtet, welche noch ihre Pfleglinge fütterten, als schon alle Artgenossen die Wanderung nach dem Süden angetreten hatten. [...]

Der erwachsene Kukuk hat wenig Feinde. Seine Fluggewandtheit sichert ihn vor der Nachstellung der meisten Falken, und den kletternden Raubthieren entgeht er wahrscheinlich immer. Zu leiden hat er von den Neckereien des Kleingeflügels, und nicht allein von jenen Arten, denen er regelmäßig seine Brut anvertraut, sondern auch von anderen. [...]

Ich thue recht, wenn ich den Kukuk der allgemeinsten Schonung emp-
fehle. Er darf dem Walde nicht fehlen, denn er trägt nicht bloß zu dessen Be-
lebung, sondern auch zu dessen Erhaltung bei. Das Gefühl will uns glauben
machen, daß der Frühling erst mit dem Kukuksrufe im Walde einzieht; der
Verstand sagt uns, daß dieser klangvolle Ruf noch eine ganz andere, wich-
tigere Bedeutung hat. »Welches Menschenherz, wenn es nicht in schmäh-
lichster Selbstsucht verschrumpft ist«, sagt Eugen von Homeyer, »fühlt sich
nicht gehoben, wenn der erste Ruf des Kukuks im Frühlinge ertönt? Jung
und alt, arm und reich lauschen mit gleichem Wohlbehagen seiner klangvol-
len Stimme. Könnte man dem Kukuk auch nur nachsagen, der rechte Ver-
kündiger des Frühlings zu sein, so wäre er dadurch allein des menschlichen
Schutzes würdig. Er ist aber noch der wesentlichste Vertilger vieler schädlichen Kerbthiere, welche außer ihm keine oder wenige Feinde haben.« Der
Kukuksruf bezeichnet den Einzug eines der treusten unserer Waldhüter.
Kerbthiere aller Art und nur ausnahmsweise Beeren bilden die Nahrung des
Vogels; er vertilgt auch solche, welche gegen andere Feinde gewappnet sind:
haarige Raupen. Glatte und mittelgroße Raupen zieht er, nach Liebe's Beobachtungen, den behaarten und großen allerdings vor; bei seiner unersättlichen Freßlust kommt er eben selten dazu, sehr wählerisch zu sein. […] Daß
es gerade unter den behaarten Raupen abscheuliche Waldverderber gibt, ist
bekannt genug, daß sie sich oft in entsetzlicher Weise vermehren, ebenfalls.
Ihnen gegenüber leistet der verschrieene Gauch großes, unerreichbares.
Sein unersättlicher Magen gereicht dem Walde zur Wohlthat, seine Gefräßigkeit ihm selbst zur größten Zierde, mindestens in den Augen des ver-
ständigen Forstmannes. Der Kukuk leistet in der Vertilgung des schädlichen
Gewürmes mehr, als der Mensch vermag. […] Und darum ist es die Pflicht
jedes vernünftigen Menschen, dem Walde seinen Hüter, uns den Herold des
Frühlings zu lassen, ihn zu schützen und zu pflegen, so viel wir dies im Stande sind, und blindem Wahne, daß dieser Vogel uns jemals Schaden bringen
könnte, entgegenzutreten, wo, wann und gegen wen immer es sei.

163

KOLKRABE

Als die den Paradiesvögeln am nächsten stehenden Sperlingsvögel erweisen sich die Raben (CORVIDAE), gedrungen gebaute, kräftige Vögel, mit verhältnismäßig großem, starkem, auf der Firste des Oberschnabels oder überhaupt seicht gekrümmtem Schnabel, dessen Schneide vor der meist überragenden Spitze zuweilen einen schwachen Ausschnitt zeigt, und dessen Wurzel regelmäßig mit langen, die Nasenlöcher deckenden Borsten bekleidet ist, großen und starken Füßen, mäßig langen, in der Regel zugerundeten Flügeln, verschieden langem, gerade abgeschnittenem oder gesteigertem Schwanze und dichtem, einfarbigem oder buntem Gefieder.

Die Raben, von denen man gegen zweihundert Arten kennt, bewohnen alle Theile und alle Breiten- oder Höhengürtel der Erde. Nach dem Gleicher hin nimmt ihre Artenzahl bedeutend zu; sie sind aber auch in den gemäßigten Ländern noch zahlreich vertreten und erst im kalten Gürtel einigermaßen beschränkt. Weitaus die meisten verweilen als Standvögel jahraus, jahrein an einer und derselben Stelle oder wenigstens in einem gewissen Gebiete, streichen in ihm aber gern hin und her. Einzelne Arten wandern, andere ziehen sich während des Winters von bedeutenden Höhen mehr in tiefere Gegenden zurück.

Mit Ausnahme eines wohllautenden Gesanges, welcher den Raben fehlt, vereinigen sie sozusagen alle Begabungen in sich, welche den Gliedern der Ordnung eigen sind. Sie gehen gut, fliegen leicht und anhaltend, auch ziemlich rasch, besitzen sehr gleichmäßig entwickelte Sinne, namentlich einen ausgezeichneten Geruch, und stehen hinsichtlich ihres Verstandes hinter keinem ihrer Ordnungsverwandten, vielleicht nicht einmal hinter irgend einem Vogel zurück. Dank ihren vortrefflichen Geistesgaben führen sie ein sehr bequemes Leben, wissen sich alles nutzbar zu machen, was ihr Wirkungskreis ihnen bietet, und spielen daher überall eine bedeutsame Rolle. Sie sind Allesfresser im eigentlichen Sinne des Wortes, daher unter Umständen ebenso schädlich als im allgemeinen nützlich. Ihr großes, zuweilen überdecktes Nest steht frei auf Bäumen und Felsen oder in Spalten und

Höhlungen der letzteren; das zahlreiche Gelege besteht aus bunten Eiern, welche mit warmer Hingebung bebrütet werden, ebenso wie alle Raben, dem verleumderischen Sprichworte zum Trotze, als die treuesten Eltern bezeichnet werden dürfen.

Unter den deutschen Raben gebührt unserem Kolk- oder Edelraben, welcher auch Aas-, Stein-, Kiel-, Volk- und Goldrabe, Raab, Rab, Rapp, Rave, Raue, Golker, Galgenvogel usw. heißt (CORVUS CORAX, MAJOR, MAXIMUS, CLERICUS, CARNIVORUS, LEUCOPHAEUS, LEUCOMELAS, SYLVESTRIS, LITTORALIS, PEREGRINUS, MONTANUS, VOCIFERUS, LUGUBRIS, TIBETANUS und FERROENSIS, […]), die erste Stelle. Er ist der Rabe im eigentlichen Sinne des Wortes; die vielen Benennungen, welche er außerdem noch führt, sind nichts anderes als unbedeutsame Beinamen. Der Kolkrabe vertritt mit mehreren Verwandten, welche ihm sämmtlich höchst ähnlich sind, eine besondere Untersippe (CORVUS), deren Kennzeichen im folgenden liegen: Der Leib ist gestreckt, der Flügel groß, lang und spitzig, weil die dritte Schwinge alle übrigen an Länge überragt, der Schwanz mittellang, seitlich abgestuft, das Gefieder knapp und glänzend. Die Färbung des Kolkraben ist gleichmäßig schwarz. Nur das Auge ist braun oder bei den jüngeren Vögeln blauschwarz und bei den Nestjungen hellgrau. Die Länge beträgt vierundsechzig bis sechsundsechzig, die Breite etwa einhundertfünfundzwanzig, die Fittiglänge vierundvierzig, die Schwanzlänge sechsundzwanzig Centimeter.

Unter allen Raben scheint der Kolkrabe, welcher überhaupt in jeder Hinsicht als das Ur- und Vorbild der ganzen Familie zu betrachten ist, am weitesten verbreitet zu sein. Er bewohnt ganz Europa vom Nordkap bis zum Kap Tarifa und vom Vorgebirge Finisterre bis zum Ural, findet sich aber auch im größten Theile Asiens vom Eismeere bis zum Punjab und vom Ural bis nach Japan und ebenso in ganz Nordamerika, nach Süden hin bis Mejiko. Bei uns zu Lande ist der stattliche, stolze Vogel nur in gewissen Gegenden häufig, in anderen bereits ausgerottet und meidet da, wo dies noch nicht der Fall, den Menschen und sein Treiben so viel als möglich. Aus diesem Grunde haust er ausschließlich in Gebirgen oder in zusammenhängenden, hochständigen Waldungen, an felsigen Meeresküsten und ähnlichen Zufluchtsorten, wo er möglichst ungestört sein kann. [...]

165

»Der Kolkrabe«, sagt mein Vater, welcher ihn vor nunmehr fast sechzig Jahren in noch unübertroffener Weise beschrieben hat, »lebt gewöhnlich, also auch im Winter, paarweise. Die in Nähe meines Wohnortes horstenden Paare fliegen im Winter oft täglich über unsere Thäler weg und lassen sich auf den höchsten Bäumen nieder. Hört man den einen des Paares, so braucht man sich nur umzusehen: der andere ist nicht weit davon. Trifft ein Paar bei seinem Fluge auf ein anderes, dann vereinigen sich die beiden und schweben einige Zeit mit einander umher. Die einzelnen sind ungepaarte Junge, welche umherstreichen; denn der Kolkrabe gehört zu den Vögeln, die, einmal gepaart, zeitlebens treu zusammenhalten. Sein Flug ist wunderschön, geht fast geradeaus und wird, wenn er schnell ist, durch starkes Flügelschwingen beschleunigt; oft aber schwebt der Rabe lange Zeit und führt dabei die schönsten kreisförmigen Bewegungen aus, wobei Flügel und Schwanz stark ausgebreitet werden. Man sieht deutlich, daß ihm das Fliegen keine Anstrengung kostet, und daß er oft bloß zum Vergnügen weite Reisen unternimmt. Gelegentlich derselben nähert er sich auf den Bergen oft dem Boden; über die Thäler aber streift er gewöhnlich in bedeutender Höhe hinweg. Bei seinen Spazierflügen stürzt er oft einige Meter tief herab, besonders wenn nach ihm geschossen worden ist, so daß der mit dieser Spielerei unbekannte Schütze glauben muß, er habe ihn angeschossen und werde ihn bald herabstürzen sehen. […] Der Flug ähnelt dem der Raubvögel mehr als dem anderer Krähen und ist so bezeichnend für ihn, daß ihn der Kundige in jeder Entfernung von den verwandten Krähenarten zu unterscheiden im Stande ist. Auf der Erde schreitet der Rabe mit einer scheinbar angenommenen lächerlichen Würde einher, trägt dabei den Leib vorn etwas höher als hinten, nickt mit dem Kopfe und bewegt bei jedem Tritte den Leib hin und her. Beim Sitzen auf Aesten hält er den Leib bald wagerecht, bald sehr aufgerichtet. Die Federn liegen fast immer so glatt an, daß er wie gegossen aussieht, werden auch nur bei Gemüthsbewegungen auf dem Kopfe und dem ganzen Halse gesträubt. Die Flügel hält er gewöhnlich etwas vom Leibe ab. Wie er hierin nichts mit seinen Verwandten gemein hat, so ist es auch hinsichtlich einer gewissen Liebe, welche die anderen Krähenarten zu einander hegen. Die Rabenkrähen leben in größter Freundschaft mit den Nebelkrähen und

Elstern, die Dohlen mischen sich unter die Saatkrähen, und keine Art thut der anderen etwas zu Leide: die Kolkraben aber werden von den Verwandten gehaßt und angefeindet. Ich habe die Rabenkrähe sehr heftig auf den Kolkraben stoßen sehen, und wenn sich dieser unter einen Schwarm Rabenkrähen mischen will, entsteht ein Lärm, als wenn ein Habicht oder Bussard unter ihnen erscheine. Ein allgemeiner Angriff nöthigt den unwillkommenen Gefährten, sich zu entfernen. Auch dadurch zeichnet sich der Kolkrabe vor den anderen Arten aus, daß er an Scheu alle übertrifft. Es ist unglaublich, wie vorsichtig dieser Vogel ist. Er läßt sich nur dann erst nieder, wenn er die Gegend gehörig umkreist und weder durch das Gesicht, noch durch den Geruch etwas für sich gefährliches bemerkt hat. Er verläßt, wenn sich ein Mensch dem Neste mit Eiern nähert, seine Brut sofort und kehrt dann zu den Jungen, so innig seine Liebe zu ihnen ist, nur mit der äußersten Vorsicht zurück.

167

Sein Haß gegen den Uhu ist außerordentlich groß, seine Vorsicht aber noch weit größer; deshalb ist dieser scheue Vogel selbst von der Krähenhütte aus nur sehr schwer zu erlegen. Die gewöhnlichen Töne, welche die beiden Gatten eines Paares von sich geben, klingen wie ›Kork kork, Kolk kolk‹ oder wie ›Rabb rabb rabb‹, daher sein Name. Diese Laute werden verschieden betont und so mit anderen vermischt, daß eine gewisse Mannigfaltigkeit entsteht. Bei genauer Beobachtung begreift man wohl, wie die Wahrsager der Alten eine so große Menge von Tönen, welche der Kolkrabe hervorbringen soll, annehmen konnten. Besonders auffallend ist eine Art von Geschwätz, welches das Männchen bei der Paarung im Sitzen hören läßt. Es übertrifft an Vielseitigkeit das Plaudern der Elstern bei weitem.«

Es gibt vielleicht keinen Vogel weiter, welcher im gleichen Umfange wie der Rabe Allesfresser genannt werden kann. Man darf behaupten, daß er buchstäblich nichts genießbares verschmäht und für seine Größe und Kraft unglaubliches leistet. Ihm munden Früchte, Körner und andere genießbare Pflanzenstoffe aller Art; aber er ist auch ein Raubvogel ersten Ranges. Nicht Kerbthiere, Schnecken, Würmer und kleine Wirbelthiere allein sind es, denen er den Krieg erklärt; er greift dreist Säugethiere und Vögel an, welche ihn an Größe übertreffen, und raubt in der unverschämtesten Weise die Nester aus, nicht allein die wehrloser Vögel, sondern auch die der kräftigen Möven, welche sich und ihre Brut wohl zu vertheidigen wissen. Vom Hasen an bis zur Maus und vom Auerhuhne an bis zum kleinsten Vogel ist kein Thier vor ihm sicher. Frechheit und List, Kraft und Gewandtheit vereinigen sich in ihm, um ihn zu einem wahrhaft fruchtbaren Räuber zu stempeln. In Spanien bedroht er die Haushühner, in Norwegen die jungen Gänse, Enten und das gesammte übrige Hausgeflügel; auf Island und Grönland jagt er Schneehühner, bei uns zu Lande Hasen, Fasanen und Rebhühner; am Meeresstrande sucht er zusammen, was die Flut ihm zuwarf; in den nordischen Ländern macht er den Hunden allerlei Abfälle vor den Wohnungen streitig […]. Er greift große Thiere mit einer List und Verschlagenheit sondergleichen, aber auch mit großem Muthe erfolgreich an, Hasen z.B. ohne alle Umstände, nicht bloß kranke oder angeschossene, wie mein Vater annahm. Graf Wodzicki hat hierüber Erfahrungen gesammelt, welche jeden etwa noch herrschenden Zweifel beseitigen. »Die Rolle, welche der Fuchs unter den Säugethieren spielt«, sagt der genannte treffliche Forscher, »ist unter den Vögeln dem Raben zuertheilt. Er bekundet einen hohen Grad von List, Ausdauer und Vorsicht. Je nachdem er es braucht, jagt er allein oder nimmt sich Gehilfen, kennt aber auch jeden Raubvogel und begleitet diejenigen, welche ihm möglicher Weise Nahrung verschaffen können. Oft vergräbt er, wie der Fuchs, die Ueberbleibsel, um im Falle der Noth doch nicht zu hungern. Hat er sich satt gefressen, so ruft er seine Kameraden zu dem Reste der Mahlzeit herbei […].« Als Nesträuber benimmt er sich nicht minder kühn; Wodzicki sah, daß einer sogar das Ei eines Schreiadlerpaares davon trug. […]

Auf dem Aase jeder Art ist der Rabe eine regelmäßige Erscheinung, und die vielen biblischen Stellen, welche sich auf ihn beziehen, werden wohl ihre Richtigkeit haben. »Man behauptet«, fährt mein Vater fort, »er wittere das Aas meilenweit. So wenig ich seinen scharfen Geruch in Zweifel ziehen will, so unwahrscheinlich ist mir dennoch diese starke Behauptung, welche schon durch das Betragen widerlegt wird. Bei genauerer Beobachtung merkt man leicht, daß der Kolkrabe bei seinen Streifereien etwas unstetes hat. Er durchfliegt fast täglich einen großen Raum, und zwar in verschiedenen Richtungen, um durch das Gesicht etwas ausfindig zu machen. Man sieht daraus deutlich, daß er einem Aase nahe sei oder sich wenigstens in dem Luftstriche, welcher von dem Aase herzieht, befinden muß, um es zu finden. Wäre er im Stande, Aas meilenweit zu riechen, so würde er auch meilenweit in gerader Richtung darauf zufliegen. Auch der Umstand, daß er einen Ort, auf dem er sich niederlassen will, allemal erst umkreist, beweist, daß er einen Gegenstand nur in gewisser Richtung und schwerlich meilenweit wittern kann.« […]

Es unterliegt leider keinem Zweifel, daß der Kolkrabe durch seine Raubsucht sehr schädlich wird und nicht geduldet werden darf. Auch er bringt Nutzen wie die übrigen Krähen; der Schaden aber, welchen er anrichtet, überwiegt alle Wohlthaten, welche er dem Felde und Garten zufügt. Deshalb ist es auffallend genug, daß dieser Vogel von einzelnen Völkerschaften geliebt und verehrt wird. Namentlich die Araber achten ihn hoch und verehren ihn fast wie eine Gottheit, weil sie ihn für unsterblich halten. […]

169

Unter allen deutschen Vögeln, die Kreuzschnäbel etwa ausgenommen, schreitet der Kolkrabe am frühesten zur Fortpflanzung, paart sich meist schon im Anfange des Januar, baut im Februar seinen Horst und legt in den ersten Tagen des März. Der große, mindestens vierzig, meist sechzig Centimeter im Durchmesser haltende, halb so hohe Horst steht auf Felsen oder bei uns auf dem Wipfel eines hohen, schwer oder nicht ersteigbaren Baumes. Der Unterbau wird aus starken Reisern zusammengeschichtet, der Mittelbau aus feineren errichtet, die Nestmulde mit Baststreifen, Baumflechten, Grasstück-chen, Schafwolle und dergleichen warm ausgefüttert. Ein alter Horst wird gern wieder benutzt und dann nur ein wenig aufgebessert. Auch bei dem Nestbaue zeigt der Kolkrabe seine Klugheit und sein scheues Wesen. Er nä-hert sich mit den Baustoffen sehr vorsichtig und verläßt den Horst, wenn er oft Menschen in dessen Nähe bemerkt oder vor dem Eierlegen von dem-selben verscheucht wird, während er sonst jahrelang so regelmäßig zu ihm zurückkehrt, daß ein hannöverscher Forstbeamter nach einander vierund-vierzig Junge einem und demselben Horste entnehmen konnte. Das Gelege besteht aus fünf bis sechs ziemlich großen, etwa vierundfunfzig Millime-ter langen, vierunddreißig Millimeter dicken Eiern, welche auf grünlichem Grunde braun und grau gefleckt sind. Nach meines Vaters Beobachtungen brütet das Weibchen allein, nach Naumanns Angaben mit dem Männchen wechselweise. Die Jungen werden von beiden Eltern mit Regenwürmern und Kerbthieren, Mäusen, Vögeln, jungen Eiern und Aas genügend ver-sorgt; ihr Hunger aber scheint auch bei der reichlichsten Fütterung nicht ge-stillt zu werden, da sie fortwährend Nahrung heischen. Beide Eltern lieben die Brut außerordentlich und verlassen die einmal ausgekrochenen Jungen nie. Sie können allerdings verscheucht werden, bleiben aber auch dann im-mer in der Nähe des Horstes und beweisen durch allerlei klagende Laute und ängstliches Hin- und Herfliegen ihre Sorge um die geliebten Kinder. Wiederholt ist beobachtet worden, daß die alten Raben bei fortdauernder Nachstellung ihre Jungen dadurch mit Nahrung versorgt haben, daß sie die Atzung von oben auf das Nest herabwarfen. Werden einem Rabenpaare die Eier genommen, so schreitet es zur zweiten Brut, werden ihm aber die Jun-gen geraubt, so brütet es nicht zum zweiten Male in demselben Jahre. Unter günstigen Umständen verlassen die jungen Raben zu Ende des Mai oder im Anfange des Juni den Horst, nicht aber die Gegend, in welcher er stand, kehren vielmehr noch längere Zeit allabendlich zu demselben zurück und halten sich noch wochenlang in der Nähe auf. Dann werden sie von den Eltern auf Anger, Wiesen und Aecker geführt, hier noch gefüttert, gleichzeitig aber in allen Künsten und Vortheilen des Gewerbes unterrichtet. Erst gegen den Herbst hin macht sich das junge Volk selbständig.

Jung dem Neste entnommene Raben werden nach kurzer Pflege außerordentlich zahm; selbst alt eingefangene fügen sich in die veränderten Verhältnisse. Der Verstand des Raben schärft sich im Umgange mit dem Menschen in bewunderungswürdiger Weise. Er läßt sich abrichten wie ein Hund, sogar auf Thiere und Menschen hetzen, führt die drolligsten und lustigsten Streiche aus, ersinnt sich fortwährend neues und nimmt zu so wie an Alter, so auch an Weisheit, dagegen nicht immer auch an Gnade vor den Augen des Menschen. Aus- und Einfliegen kann man den Raben leicht lehren; er zeigt sich jedoch größerer Freiheit regelmäßig bald unwürdig, stiehlt und versteckt das gestohlene, tödtet junge Hausthiere, Hühner und Gänse, beißt Leute, welche barfuß gehen, in die Füße und wird unter Umständen selbst gefährlich, weil er seinen Muthwillen auch an Kindern ausübt. Mit Hunden geht er oft innige Freundschaft ein, sucht ihnen die Flöhe ab und macht sich ihnen sonst nützlich; auch an Pferde und Rinder gewöhnt er sich und gewinnt sich deren Zuneigung. Er lernt trefflich sprechen, ahmt die Worte in richtiger Betonung nach und wendet sie mit Verstand an, bellt wie ein Hund, lacht wie ein Mensch, knurrt wie die Haustaube usw. Es würde viel zu weit führen, wollte ich alle Geschichten, welche mir über gezähmte Raben bekannt sind, hier wieder erzählen, und deshalb muß es genügen, wenn ich sage, daß der Vogel »wahren Menschenverstand« beweist und seinen Gebieter ebenso zu erfreuen als andere Menschen zu ärgern weiß. Wer Thieren den Verstand abschwatzen will, braucht nur längere Zeit einen Raben zu beobachten: derselbe wird ihm beweisen, daß die abgeschmackten Redensarten von Instinkt, unbewußten Trieben und dergleichen nicht einmal für die Klasse der Vögel Gültigkeit haben können.

WALDKAUZ

Nachtkäuze (SYRNIINAE) nennt man alle Eulen mit großem runden Kopfe ohne Federohren, aber einer außergewöhnlich großen Ohröffnung und ihr entsprechenden deutlichen Schleier. Der Schnabel ist verhältnismäßig lang, der Fuß hoch oder niedrig, dicht oder schwach befiedert, der Flügel gewöhnlich abgerundet, der Schwanz kurz oder lang, gerade abgeschnitten oder gerundet.

Die in Deutschland geeigneten Ortes überall vorkommende Art der Sippe ist der Wald- oder Baumkauz, Fuchs-, Nacht- und Brandkauz, Busch-, Stock-, Baum-, Weiden-, Maus-, Huhn-, Pausch-, Grab-, Geier-, Zisch-, Knarr-, Knapp-, Kirr-, Heul- und Fuchseule, Waldäufl, Kieder, Nachtrapp usw. (SYRNIUM ALUCO, STRIDULUM, AEDIUM und ULULANS, STRIX ALUCO, STRIDULA, SYLVATICA, ALBA und RUFA, ULULA ALUCO). Der Kopf ist außergewöhnlich groß, die Ohröffnung aber minder ausgedehnt als bei anderen Arten der Familie, der Hals dick, der Leib gedrungen, der große, zahnlose Schnabel stark und sehr gekrümmt, der kräftige, dicht befiederte, kurzzehige Fuß mittellang, im Flügel die vierte Schwinge über die übrigen verlängert, der Schwanz kurz. Die Grundfärbung des Gefieders ist entweder ein tiefes Grau oder ein lichtes Rostbraun, der Rücken, wie gewöhnlich, dunkler gefärbt als die Unterseite, der Flügel durch regelmäßig gestellte lichte Flecken gezeichnet. Bei der roströthlichen Abart ist jede Feder an der Wurzel aschgraugilblich, gegen die Spitze hin sehr licht rostbraun, dunkel gespitzt und der Länge nach dunkelbraun gestreift, der Flügel dunkelbraun und röthlich gebändert und gewässert, der Schwanz, mit Ausnahme der mittelsten Federn, braun gebändert; Nacken, Ohrgegend und Gesicht sind aschgrau. Der Schnabel ist bleigrau, das Auge tief dunkelbraun, der Lidrand fleischroth. Die Länge beträgt vierzig bis achtundvierzig, die Breite etwa hundert, die Fittiglänge neunundzwanzig, die Schwanzlänge achtzehn Centimeter.

Das Verbreitungsgebiet des Waldkauzes erstreckt sich vom siebenundsechzigsten Grade nördlicher Breite bis Palästina. Am häufigsten tritt er in der Mitte, seltener im Osten, Süden und Westen Europas auf. In Italien, zumal im Westen und in der Mitte des Landes, ist er noch häufig, in Griechenland wie in Spanien eine höchst vereinzelte Erscheinung; in Sibirien fehlt er, soweit bis jetzt bekannt, gänzlich; in Palästina, beispielsweise auf den Cedern des Libanon, begegnete ihm Tristram regelmäßig. In Deutschland bewohnt er vorzugsweise Waldungen, aber auch Gebäude. Während des Sommers sitzt er, dicht an den Stamm gedrückt, in laubigen Baumwipfeln; im Winter verbirgt er sich lieber in Baumhöhlungen, meidet daher Waldungen mit jungen und höhlenlosen Bäumen. An einem hohen Baume, welcher sich für ihn passend erweist, hält er mit solcher Zähigkeit fest, daß man ihn, laut Altum, bei jedem Spaziergange durch Anklopfen hervorscheuchen kann; ja einzelne derartige Bäume werden so sehr von ihm bevorzugt, daß, wenn der Inwohner geschossen wird, nach einiger Zeit jedesmal wieder ein anderer Waldkauz dasselbe Versteck als Wohnung sich aussieht. Solche Eulenbäume stehen sowohl im Walde selbst als am Rande desselben, auch auf Oertlichkeiten an viel befahrenen Landwegen. Bestimmend für seinen Aufenthalt ist außerdem größerer oder geringerer Reichthum an entsprechender Beute. Wo es Mäuse gibt, siedelt sich der Waldkauz sicherlich an, falls die Umstände einigermaßen solches gestatten; wo Mäuse spärlich auftreten, wohnt er entweder gar nicht, oder wandert er aus.

Vor dem Menschen scheut er sich nicht, nimmt daher selbst in bewohnten Gebäuden Herberge, und wenn ein Paar einmal solchen Wohnsitz erkoren, findet das Beispiel sicherlich Nachahmung. Dann sieht man ihn des Nachts auf Dachfirsten, Schornsteinen, Gartenmauern und anderen Warten sitzen und von ihnen aus sein Jagdgebiet überschauen.

Der Waldkauz, dem Anscheine nach einer der lichtscheuesten Vögel, welche wir kennen, weiß sich jedoch auch am hellen Mittage so vortrefflich zu benehmen, daß man die vorgefaßte Meinung ändert, sobald man ihn genauer kennen gelernt hat. »Ich habe ihn«, sagt mein Vater, »mehrmals bei Tage in den Dickichten gesehen; er flog aber allemal so bald auf und so geschickt durch die Bäume, daß ich ihn nie habe erlegen können.« Die Possenhaftigkeit der kleinen Eulen und Tagkäuze fehlt ihm gänzlich; jede seiner Bewegungen ist plump und langsam; der Flug, welcher unter starker Bewegung der Schwingen geschieht, zwar leicht, aber schwankend und

keineswegs schnell; die Stimme, ein starkes, weit im Walde widerhallendes »Huhuhu«, welches zuweilen so oft wiederholt wird, daß es einem heulenden Gelächter ähnelt, außerdem ein kreischendes »Rai« oder wohltönendes »Kuwitt«. Daß er seinen Antheil an der »wilden Jagd« hat, unterliegt wohl keinem Zweifel, und derjenige, welchem es ergeht, wie einstmals Schacht, wird schwören können, daß ihn der wilde Jäger selbst angegriffen habe. »Einst«, so erzählt der eben genannte, »jagte mir ein Waldkauz durch sein Erscheinen nicht geringen Schrecken ein. Es war im Januar abends, als ich mich, ruhig mit der Flinte im Schnee auf dem Anstande stehend, urplötzlich von den weichen Flügelschlägen wie von Geistererscheinungen umfächelt fühlte. In demselben Augenblicke geschah es aber auch, daß ein großer Vogel auf meinen etwas tief über das Gesicht gezogenen Hut flog und daselbst Platz nahm. Es war der große Waldkauz, welcher sich das Haupt eines Menschenkindes zur Sitzstelle gewählt, um sich von hier aus einmal nach Beute umschauen zu können. Ich stand wie eine Bildsäule und fühlte es deutlich, wie der nächtliche Unhold mehrere Male seine Stellung veränderte und erst abzog, als ich versuchte, ihn für diese absonderliche Zuneigung an den Fängen zu ergreifen.«

Der Waldkauz frißt fast ausschließlich Mäuse. Naumann beobachtete allerdings, daß einer dieser Vögel nachts einen Bussard angriff, so daß dieser sein Heil in der Flucht suchen mußte, erfuhr ferner, daß ein anderer Waldkauz vor den Augen seines Vaters einen Seidenschwanz aus der Schlinge holte, und wir wissen endlich, daß die jungen Tauben in Schlägen, welche er dann und wann besucht, ebensowenig als die auf der Erde schlafenden oder brütenden Vögel verschont werden: Mäuse aber, und zwar hauptsächlich Feld-, Wald- und Spitzmäuse, bleiben doch die Hauptnahrung. Martin fand in dem Magen eines von ihm untersuchten Waldkauzes fünfundsiebzig große Raupen des Kieferschwärmers. »Eines Abends«, erzählt Altum, »befand ich mich an der Wienburg, eine kleine halbe Stunde von Münster. Das einstöckige Haus ist theilweise umgeben von Gärten, freien Plätzen und Nebengebäuden. Auf dem Hausboden befand sich das Nest des Waldkauzes mit Jungen. Der westliche Himmel war noch hell erleuchtet von den Strahlen der untergegangenen Sonne, als sich ein alter Kauz auf der Firste des Daches zeigte. Unmittelbar darauf nimmt der zweite auf dem Schornsteine Platz. Sie sitzen unbeweglich; doch der Kopf wendet sich ruckweise bald hierhin, bald dorthin. Plötzlich streicht der eine ab, überfliegt den breiten Hausboden und läßt sich jenseits am Rande des Gehölzes fast senkrecht

175

zu Boden fallen, um sofort mit seiner Beute, einer langschwänzigen Maus, also wohl Waldmaus, zurückzufliegen. Kaum ist er mit derselben unter dem Dache verschwunden, so streicht auch der zweite ab und kommt mit Beute beladen sofort zurück. Von da ab aber waren sie derart mit ihrer Jagd beschäftigt, daß im Durchschnitte kaum zwei Minuten zwischen dem Herbeitragen zweier kleiner Säugethiere verstrichen. Häufig hatten sie kaum ihre Warte eingenommen, so machten sie auch schon wieder einen erneuerten Jagdflug, und ich habe auch nie gesehen, daß sie auch nur ein einziges Mal vergeblich gejagt hätten. Endlich setzte die zunehmende Dunkelheit der Beobachtung ein Ziel.« Eigenthümlich für den Waldkauz ist, wie Liebe hervorhebt, und auch ich beobachtet habe, daß er immer eine bestimmte Stelle, beziehentlich einen bestimmten Baum aufsucht, um Gewölle auszuspeien. Am häufigsten liegen diese in der Nähe von weit in den Wald reichenden und in das freie Feld mündenden Wiesengründen, welche der Vogel des Nachts vorzugsweise aufsucht; man findet sie aber auch mitten in jungem Stangenholze, weit ab von jeder freien Stelle, und ebenso, wie ich hinzufügen will, unter einzelnen, weit vom Walde entfernten Waldbäumen. Wahrscheinlich wirft der Waldkauz das Gewölle besonders des Nachts aus, wenn er von der Jagd auf kurze Zeit an einem ihm besonders zusagenden, ungestörten Plätzchen ausruht.

Um die Zeit, wenn im Frühjahre die Waldschnepfen streichen, um die Mitte des März also, hört man, wie Naumann sagt, im Walde »das heulende Hohngelächter« unseres Waldkauzes erschallen. Der Wald wird um diese Zeit laut und lebendig, da der Kauz selbst am Tage seine Erregung bekundet. Je nach dem Stande der Witterung und der Nahrung beginnt das Paar mit seinem Brutgeschäfte früher oder später, in den Rheinlanden zuweilen schon im Februar, in Mitteldeutschland meist im März, bei einigermaßen ungünstiger Witterung hier und selbst in Ungarn aber auch erst im April und sogar im Anfang des Mai. Eine Baumhöhle, welche dem brütenden Vogel leichten Zugang gewährt und ihn vor Regen schützt, wird zur Ablegung der Eier bevorzugt, eine passende Stelle im Gemäuer oder unter Dächern bewohnter Gebäude oder ein Raubvogelhorst, Krähen- oder Elsternest jedoch ebensowenig verschmäht. Im Neste selbst findet man zuweilen etwas Genist,

Haare, Wolle und dergleichen, jedoch nur die Unterlage, welche auch der Vogel vorfand. Die zwei bis drei Eier sind rundlich, länglich oder eiförmig, rauhschalig und von Farbe weiß. Das Weibchen scheint allein zu brüten, und zwar, wie Päßler meint, sofort, nachdem es das erste Ei gelegt hat. Das Männchen hilft bei Auffütterung der Jungen, gegen welche beide Alten die größte Liebe an den Tag legen. Sobald die Jungen ihre volle Selbständigkeit erlangt haben, beginnen sie in der Gegend umherzustreichen, und wenn diese gerade arm an Mäusen ist, ziehen alle fort, wie man, laut Liebe, am sichersten an den Gewöllplätzen beobachten kann, indem man nach dem Wegzuge der Jungen auf allen alten Plätzen dieser Art frisches Gewölle, auf den neu angelegten hingegen keine mehr sieht.

Keine andere Eule hat von dem Kleingeflügel mehr zu leiden als der Waldkauz. Was Flügel hat, umflattert den aufgefundenen Unhold, was singen oder schreien kann, läßt seine Stimme vernehmen. Singdrossel und Amsel, Grasmücke, Laubvögel, Finke, Braunnelle, Goldhähnchen und wer sonst noch im Walde lebt und fliegt, umschwirrt den Lichtfeind, bald jammernd klagend, bald höhnend singend, bis dieser endlich sich aufmacht und weiter fliegt.

Gefangene können sehr zahm werden. Nach Liebe's Erfahrung eignet sich der Waldkauz unter allen Eulenarten am besten für die Aufzucht. Er scheut das Licht so wenig, daß er sich um Mittag ein warmes, sonnenbeschienenes Plätzchen auswählt und hier unter allerhand erheiternden Geberden die Sonne durch die gesträubten Federn hindurch auf die Haut scheinen läßt. Die Gesellschaft des Menschen erhält ihn den ganzen Tag über munter, zumal wenn man sich Mühe gibt, mit ihm zu spielen, wofür er wenigstens in seinen ersten Lebensjahren ersichtlich dankbar ist. Hat man ihn jung aus dem Neste gehoben und ihn beim Aufziehen alltäglich zweimal auf der Faust gekröpft, so daß er das Futter mit dem Schnabel aus der Hand nehmen muß, so gewöhnt er sich bald derartig an den Gebieter, daß er ihm alle Liebkosungen erweist, welche er sonst unter Blinzeln, Gesichterschneiden und leisem Piepen nur seinesgleichen zu theil werden läßt. Liebe hat Käuze soweit gezähmt, daß sie auf seinen Ruf herbei flogen, sich auf die Faust setzten und mit dem krummen Schnabel seinen Kopf krauten. »Vermöge der kleinen Muskeln, welche an den Federwurzeln angebracht sind«, schreibt mir der eben genannte, treffliche Beobachter, »haben die meisten Vögel ein Mienenspiel, welches sich am stärksten in der aufregenden Zeit der Paarung zeigt. Einige bringen es zu einer Fertigkeit, welche man geradezu Gesichterschneiden nennen muß. In hohem Grade ist auch der Gesichtsausdruck der Eule je nach den verschiedenen Gemüthsstimmungen veränderlich, und der Waldkauz kann das Gesicht in so außergewöhnliche Falten legen, daß man es kaum wieder erkennt. Bei schlechter Laune macht er dadurch, daß er die oberen Gesichtsfedern nach oben, die unteren nach unten streift und die Federn über den Augen zurückzieht, ein wirklich verdrießliches Gesicht, dessen Bedeutung auch dem Nichtkenner keinen Augenblick verborgen bleibt. Ist er zärtlich gestimmt, so gibt er durch Richtung der mittleren und seitlichen Gesichtsfedern nach vorn seinem Antlitze einen Ausdruck, welcher nach seiner Meinung zärtlich sein soll, durch das zugleich eintretende Blinzeln mit Augenlid oder Nickhaut jedoch etwas überaus komisches erhält. Mit seinesgleichen verträgt sich auch der gefangene Waldkauz vortrefflich, und zumal Geschwister, welche man gleichzeitig aufgezogen hat, gerathen auch dann nicht in Streit mit einander, wenn zwei gleichzeitig eine Maus ergriffen haben. Zwar zerren sie dann unter eigenthümlich zirpendem Geschrei die streitige Beute hin und her, bis sie endlich dem einen zufällt, mißhandeln sich dabei aber nicht mit Bissen oder Fanghieben. Ihre Verträglichkeit gipfelt in den Liebkosungen, welche sie sich gegenseitig gewähren, indem sie mit dem Schnabel sanft im Nacken oder hinter den Ohren des anderen krauen.« Ganz ähnliche Beobachtungen habe ich an meinen Pfleglingen gewonnen. Einmal hielt ich ihrer sieben in einem und demselben Käfige. Hier lebten sie zwei Jahre im tiefsten Frieden, und auch unter ihnen machte sich, obgleich ich mir keinerlei Mühe mit ihrer Versittlichung gegeben hatte, Futterneid nicht bemerklich. Wenn der eine fraß, schauten die anderen zwar aufmerksam, aber sehr ruhig zu und eigentliche Kämpfe um die Nahrung kamen niemals vor. Anders benahmen sie sich einem Todten oder Kranken ihrer Art gegenüber. Ersterer wurde ohne Bedenken aufgefressen, letzterer grausam erwürgt. Ein Paar meiner Pfleglinge legte vier Eier und bebrütete sie lange Zeit unter Mithülfe von zwei seiner Käfiggenossen.

SEEADLER

Eine weit verbreitete, in sich scharf abgeschlossene Gruppe der Unter-familie [der Falken] umfaßt die Seeadler (HALIAËTUS.) Die hierher zu zählenden Adler sind große, meist sogar sehr große Raubvögel mit sehr starkem und langem, auf und vor der Wachshaut wenig aufgeschwungenem, vor ihr nach der scharf gekrümmten Spitze abwärts gebogenem Schnabel und kräftigen, nur zur Hälfte befiederten Fußwurzeln, gewaltigen Fängen, getrennten Zehen, langen, spitzigen und sehr gekrümmten Nägeln, großen Schwebeflügeln, in denen die dritte Schwungfeder die anderen überragt, und welche, zusammengelegt, beinahe das Ende des gewöhnlich mittellangen, breiten, mehr oder weniger abgerundeten Schwanzes erreichen sowie endlich ziemlich reichem Gefieder. Die Federn des Kopfes und Nackens sind nicht sehr verlängert, aber scharf zugespitzt. Ein mehr oder minder dunkles, leb-haftes oder düsteres Grau bildet die Grundfärbung; der Schwanz ist gewöhn-lich, der Kopf oft weiß.

An allen Seeküsten Europas lebt häufig der See- oder Meeradler, Hafen- und Gänseadler, Fisch- und Steingeier, Bein- und Steinbrecher, »Oere« der Dänen, »Assa« der Isländer, »Hafsöre« der Schweden, »Orel« der Russen, »Merikotka« der Finnen, »Schometa« der Araber (HALIAËTUS ALBICILLA, NISUS, ORIENTALIS, BOREALIS, ISLANDICUS, GROENLANDICUS, CINEREUS, FUNEREUS und BROOKI, VULTUR und AQUILA ALBICILLA, FALCO ALBICILLA, ALBICAUDUS, OSSIFRAGUS, PYGARGUS und HINNULARIUS), ein gewaltiger, je nach der Gegend in der Größe, weniger in der Färbung erheblich abändern-der Adler von fünfundachtzig bis fünfundneunzig Centimeter Länge, fast zwei und einem halben Meter Breite, fünfundsechzig bis siebzig Centime-ter Fittig- und dreißig bis zweiunddreißig Centimeter Schwanzlänge. Der ausgefärbte Vogel ist auf Kopf, Nacken, Kehle und Oberhals licht fahlgrau-gelb, durch die düster braune Färbung der Federwurzeln und die dunklen Schaftstriche undeutlich in die Länge gezeichnet; Oberrücken und Mantel sind düster erdbraun, alle Federn licht fahlgelblichgrau umrandet und durch dunkelbraune Schaftstriche geziert, Unterrücken und Unterseite einfarbig düster erdbraun, nach dem Schwanze zu etwas dunkler, die Schwingen schwarzbraun, die Schäfte der Federn weißlich, die Armschwingen lichter braun als die Handschwingen, die Federn des etwas zugerundeten Schwanzes endlich rein weiß. Vor der Mauser pflegt das Gefieder bis zu Gelblichfahlgrau verschossen zu sein. Augenring, Schnabel, Wachshaut und Füße sind erbsengelb. Junge Vögel unterscheiden sich von den alten durch dunklen Kopf und Schwanz, sowie das vorherrschend licht graubraune, infolge der dunkelbraunen Federenden überall streifig gefleckte Kleingefieder. Ihr Augenstern ist braungelb, der Schnabel hornbläulich, der Fuß grünlichgelb.

Das Verbreitungsgebiet des Seeadlers fällt mit dem des Steinadlers fast zusammen. Der mächtige Vogel bewohnt ganz Europa, als Brutvogel erwiesenermaßen Deutschland, insbesondere Ost- und Westpreußen, Pommern, vielleicht auch einzelne Theile der Mark sowie Mecklenburg, außerdem Schottland, Skandinavien, Nord- und Südrußland, Ungarn, Siebenbürgen, die Donautiefländer, die Türkei und Griechenland, Italien, Kleinasien, Palästina und Egypten, nach Osten hin endlich ganz Nord- und Mittelsibirien. […]

Hinsichtlich ihrer Lebensweise und ihres Betragens ähneln sich alle mir bekannten großen Seeadler. Sie sind träge, aber kräftige, ausdauernde und beharrliche Raubvögel, dabei Räuber der gefährlichsten Art. […]

Alle Seeadler verdienen ihren Namen. Sie sind vorzugsweise Küstenvögel, verlassen wenigstens bloß ausnahmsweise die Nähe des Wassers. Im Inneren des Landes kommen alte Seeadler fast nur an großen Strömen oder großen Seen vor; die jüngeren hingegen werden oft fern vom Meere gesehen: sie wandern in der Zeit, welche zwischen ihrem Ausfliegen und der Paarung liegt, das heißt mehrere Jahre, ziel- und regellos durch die weite Welt, und gelegentlich solcher Reisen erscheinen sie auch tief im Binnenlande, großen Strömen oder wenigstens Flüssen folgend. Solche Reisen geschehen größtentheils unbeachtet, weil die wandernden Seeadler gewöhnlich in sehr hoher Luft dahinziehen und sich nur da, wo Waldungen ihre Heerstraßen begrenzen, in die Tiefe hinabsenken mögen. Namentlich im Spätherbste und Frühjahre müssen viele durch Deutschland wandern, weil sich sonst ihr massenhaftes Auftreten an Beute versprechenden Plätzen nicht erklären ließe. [...] Alte Seeadler entschließen sich ungleich seltener als junge zum Wandern, einmal, weil sie ihren Stand ungern verlassen, und ebenso, weil sie sich in ihrem Räubergewerbe besser ausgebildet haben als jene. Sie wandern selbst nicht immer in Rußland oder anderen nordischen Binnenländern aus, sondern nähern sich im Winter einfach den Ortschaften, lungern und hungern in deren Nähe, bis ihnen Beute wird, sei es das Aas eines Hausthieres oder ein Hund oder eine Katze, ein Ferkel, Böcklein oder Zicklein, Huhn oder Truthuhn, eine Gans oder Ente. Bei uns zu Lande verweilen sie, wenn sie die Küstenwälder wirklich verlassen, an großen Landseen und beschäftigen sich fleißig mit Fisch- und Wassergeflügeljagd, bis die Seen zufrieren, kehren hierauf vielleicht nochmals an die See zurück und treten erst dann eine weitere Reise an, wenn keines ihrer gewohnten Jagdgebiete mehr Beute gewähren will. Wie übrigens ein Seeadler auch wandern möge: eine Wasserstraße verläßt er wohl nur im ärgsten Nothfalle. So viel mir bekannt, wird der alte wie der junge Vogel bloß ausnahmsweise einmal auch in wasserärmeren Gegenden, namentlich in Gebirgen, erlegt, obgleich es keinem Zweifel unterliegen kann, daß er solche überfliegt. Noch viel seltener dürfte es vorkommen, daß im Binnenlande, fern von Gewässern, ein Seeadlerpaar wohnen bleibt, das heißt seinen Horst auf einem der höchsten Bäume des Waldes gründet. Er meidet die Steppe nicht, entschließt sich im südlichen Rußland sogar, in ihr zu horsten, siedelt sich aber nur in der Nähe eines Stromes an.

Außer der Brutzeit lebt der Seeadler ziemlich gesellig, mehr nach Geier- als nach Adlerart. Ein günstig gelegener Wald oder Felsen wird zum Vereinigungs- oder Schlafplatze. Im Hochsommer übernachtet er gern auf kleinen Inseln, namentlich auf den Scheren, im Küsten- oder Binnenwalde auch auf hohen Bäumen und dann regelmäßig auf den unteren Wipfelästen, so daß er in dichteren Baumkronen fast verdeckt sitzt. Fesselt ihn reichliche Beute in der Nähe, so hält er an solchen Schlafplätzen beinahe mit derselben Zähigkeit fest wie am Horste, findet sich allabendlich ein und läßt sich auch durch wiederholte Störungen nicht vertreiben. Er geht sehr spät zur Ruhe und fliegt früh am Morgen, meist schon vor Aufgang der Sonne, davon, um sein Jagdgebiet zu durchstreifen. Findet er bald Beute, so kröpft er in den

Vormittagsstunden und ruht, nachdem er den Schnabel geputzt und getrunken, über Mittag einige Stunden aus, nestelt im Gefieder, schläft auch wohl ein wenig und tritt des Nachmittags einen zweiten Jagdzug an, bis die Zeit zum Schlafen herangekommen ist.

Wie der Steinadler jagt auch der Seeadler auf alles Wild, welches er überwältigen kann, und macht außerdem von seinen unbefiederten, das Fischen erleichternden Fängen umfassenden Gebrauch. Den Igel schützt sein Stachelkleid ebensowenig wie den Fuchs sein Gebiß, der Wildgans ihre Vorsicht nicht mehr als dem Tauchvogel seine Fertigkeit, unter den Wellen zu verschwinden. An der Seeküste stellt er verschiedenen Meeresvögeln, namentlich Enten und Alken sowie Fischen oder Meersäugethieren, nach. Die Taucher sind, nach Wallengrens Bericht, mehr gefährdet als die nicht tauchenden Vögel. Diese erheben sich beim Anblicke des allgefürchteten Räubers so schnell sie können und entweichen, jene vertrauen oft zu viel auf die Wassertiefe, warten den Adler ruhig ab, tauchen und glauben sich gesichert, während der böse Feind doch nur darauf lauert, daß sie wieder zum Vorscheine kommen müssen. Sie entrinnen vielleicht zwei-, dreimal der verderbenden Klaue – beim vierten Auftauchen, wenn sie dem Ersticken nahe einen Augenblick länger verweilen als sonst, sind sie gefaßt und wenige Sekunden später erwürgt. Am Mensalehsee in Egypten, in Ungarn und in Norwegen habe ich den Seeadler oft beobachtet und immer gesehen, daß groß und klein, selbst andere Raubvögel, seine Nähe fürchtete; ich zweifle auch nicht daran, daß er den Fluß- oder Fischadler, seinen nächsten Verwandten, welchem er oft seine Beute abjagt, ebenso ruhig verzehren würde wie jedes andere Wild. Mit der Kühnheit und dem Bewußtsein der Kraft dieses Vogels vereinigt sich die größte Hartnäckigkeit. Alexander von Homeyer beobachtete, daß ein Seeadler sich wiederholt auf Meister Reineke stürzte, welcher, wie bekannt, seiner Haut sich wohl zu wehren weiß, und derselbe Forscher erfuhr von glaubwürdigen Augenzeugen, daß ein Adler bei einer derartigen Jagd den von ihm erspähten Fuchs beinahe umbrachte, indem er fortwährend auf ihn stieß, den Bissen des Vierfüßlers geschickt auszuweichen und alle Versuche des letztern, den nahen, deckenden Wald zu erreichen, zu vereiteln wußte. Daß die kleineren Herdenthiere aufs höchste durch diesen Adler

gefährdet sind, ist eine bekannte Thatsache, daß er Kinder angreift, keinem Zweifel unterworfen: erzählt doch Nordmann, daß einer in Lappland sogar auf einen kahlköpfigen Fischer herabstieß und ihm den Skalp vom Schädel nahm, ebenso wie ein anderer aus einem Fischerboote einen eben gefangenen Hecht erhob, während der daneben sitzende Fischer beschäftigt war, das Netz in Ordnung zu bringen. An den Vogelbergen des Nordens findet auch er regelmäßig sich ein und zieht sich mit aller Gelassenheit die Bergvögel aus ihren Nestern hervor. Die Eidergänse fängt er wie oben beschrieben, die jungen Seehunde nimmt er dicht neben ihren Müttern weg, die Fische verfolgt er bis in die Tiefe des Wassers. […] Ungeachtet aller Uebergriffe und Verirrungen, welche der stattliche Raubvogel sich zu Schulden kommen läßt, sind und bleiben Fische seine Hauptnahrung; sie bilden daher das Wild, welchem er in erster Reihe nachstellt. An der Seeküste sowohl wie an Süßgewässern verweilt und horstet er nur der Fische halber. Niemals verfehlt er in der Nähe von Fischereistellen, welche liederlich bewirtschaftet werden, sich einzufinden, wird hier auch, wenn er keine Nachstellung erfährt, zuletzt so dreist, daß er wenige Schritte von den Fischerhütten entfernt aufbäumt und lungernd späht, ob etwas für ihn abfalle.

In ihren Begabungen stehen alle Seeadler hinter den Edeladlern zurück. Sie bewegen sich auf dem Boden vielleicht geschickter als diese und beherrschen, wie bemerkt, in gewissem Grade das Wasser; ihr Flug aber ermangelt der Gewandtheit und Zierlichkeit, welche den aller Edeladler in so hohem Grade auszeichnet. Ihr Flugbild ist ein von dem letztgenannter Adler verschiedenes: der kurze Hals und der kurze, stark zugerundete Schwanz im Verhältnisse zu den sehr langen aber wenig und fast gleichmäßig breiten Schwingen sind so bezeichnend, daß man sie kaum mit ihren edleren Verwandten verwechseln kann. Auch fliegen sie mit viel schwerfälligeren Schwingenschlägen und weit langsamer als diese, obwohl noch immer sehr rasch, auch wenn sie ohne Flügelschlag gleitend oder kreisend dahinschweben. Dagegen übertreffen sie die Edeladler in einer Fertigkeit, welche nur wenigen Raubvögeln eigen ist, in der Gewandtheit nämlich, mit welcher sie das Wasser beherrschen. Auch der Seeadler ist ein Stoßtaucher wie der Fischadler und der Fischgeier und wetteifert in dieser Beziehung

184

mit jeder Möve oder Seeschwalbe. Nach einer dem schwedischen Naturforscher Nilsson gewordenen Mittheilung eines trefflichen Beobachters legt er sich zuweilen, um auszuruhen, geradezu auf die Meeresfläche, als ob er ein Schwimmvogel wäre, bleibt, so lange es ihm gefällt, auf den Wellen liegen, richtet, wenn er auffliegen will, die Schwingen fast senkrecht empor und erhebt sich mit einem einzigen Flügelschlage vom Wasser. Die Sinne stehen mit denen der Edeladler ungefähr auf gleicher Höhe. In geistiger Hinsicht unterscheiden sie sich zu ihrem Nachtheile. Das adlige Wesen, welches wir dem Steinadler zusprechen, fehlt ihnen: sie sind nicht blos muthig, sondern auch grausam. Ich habe gesehen, daß zwei Bussarde, welche ich zu dem Steinadler in den Käfig brachte, auf diesem sich niederließen und von ihm geduldet wurden, sowie der Löwe ein Hündchen duldet: dieselben Bussarde waren, als ich sie in den Käfig der Seeadler brachte, nach wenigen Minuten bereits erdrosselt. […]

Im März schreitet der Seeadler zur Fortpflanzung. Es ist wahrscheinlich, daß auch er mit seinem Weibchen in treuer Ehe auf Lebenszeit lebt, demungeachtet hat er mit jedem vorüberziehenden Männchen schwere Kämpfe zu bestehen, und ein ungünstiger Ausgang desselben kann ihm möglicherweise die Gattin kosten. […]

Der Stand des Horstes richtet sich nach den Umständen. Ueberall da, wo steile Klippen unmittelbar an das Meer herantreten, sucht sich der Seeadler hier eine geeignete Niststelle; da, wo Waldungen die Küste oder die Ufer breiter Flüsse besäumen, wählt er hierzu in ihnen einen hohen Baum; da, wo an einem fischreichen Gewässer höhere Bäume fehlen, begnügt er sich oft mit erbärmlichen Büschen, welche den schweren Bau kaum zu tragen vermögen, oder sogar mit Röhricht, indem er in den hohen, dichtesten und undurchdringlichsten Beständen auf einer weiten Fläche die Rohrstengel zusammenknickt, bis sie eine genügend feste Unterlage für den kaum meterhoch über der Wasserfläche stehenden Horst bilden; in der Steppe endlich hilft er sich, so gut als er kann, an den Steppenseen wahrscheinlich ebenfalls mit Röhricht, und im Nothfalle kommt es ihm auch nicht darauf an, sein Genist auf dem Boden zu ordnen. Längs der ganzen Küste der Ostsee, wo er noch regelmäßig horstet, wählt er, laut Holtz, stets hohe Bäume, welche ihm freie Aussicht auf die angrenzenden Waldstrecken, Wiesen und Gewässer gestatten, insbesondere Kiefern, außerdem Buchen und Eichen. Der Horst selbst ist unter allen Umständen ein gewaltiger Bau von anderthalb bis zwei Meter Durchmesser und dreißig Centimeter bis ein Meter Höhe und darüber; denn auch er wird von einem Paare wiederholt benutzt und durch jährliche Aufbesserung im Verlaufe der Zeit bedeutend erhöht. Armsdicke Knüppel bilden den Unter-, dünnere Aeste den Oberbau; die sehr flache Nestmulde ist mit zarten Zweigen bedeckt und mit trockenen Gräsern, Flechten, Moosen und dergleichen ausgekleidet. [...]

Gegen Ende des März, selten früher, meist noch etwas später, findet man das vollständige Gelege, welches aus zwei, höchstens drei, verhältnismäßig kleinen, nur siebenundsechzig bis dreiundsiebzig Millimeter langen, dreiundfunfzig bis siebenundfunfzig Millimeter dicken, vielfach abändernden Eiern besteht. Die Schale ist dick, rauh und großkörnig, die Färbung verschieden; es gibt kalkweiße Eier ohne alle Flecke und solche, welche auf ähnlichem Grunde mehr oder weniger mit röthlichen, braunen und dunkelbraunen Flecken bedeckt sind. Wie lange die Brutzeit währt, ist zur Zeit noch nicht mit Sicherheit bestimmt; wohl aber weiß ich, daß der männliche Adler dem Weibchen beim Brüten hilft, zur Ruhe stets in einer gewissen Entfernung vom Horste auf einem bestimmten, weite Umschau gestattenden Felsen oder dürren Zacken bäumt, und bei dem geringsten Anscheine von Gefahr sofort herbeieilt, um die Gattin zu unterstützen. [...] Das brütende Weibchen sitzt nicht besonders fest auf den Eiern, verläßt diese meist nach dem ersten Anklopfen, kehrt nicht immer bald zurück und kreist gewöhnlich erst lange über dem Nistbaume, bevor es wieder zu Horste geht. Für die ausgeschlüpften Jungen schleppen beide Eltern, nach anderer Adler Art, Nahrung in Hülle und Fülle herbei, zeigen sich um so dreister, je mehr die Sprößlinge heranwachsen und wandeln den Horst nach und nach zu einer wahren Schlachtbank um, auf welcher man die Reste der allerverschiedensten Thiere, namentlich aber von Fischen und Wassergeflügel, findet. Sobald sie Beute erhoben haben, eilen sie schnurstracks dem Horste zu und durchfliegen dabei, wie vom Grafen Bombelles, einem Mitgliede unserer Jagdgesellschaft in Ungarn, festgestellt wurde, Strecken von vier bis

186

fünf Kilometer so rasch, daß sie mit noch zappelnden Fischen bei ihren hungernden Kindern anlangen. Wenn sie mit Beute beladen sind, vergessen sie auch alle sonst üblichen Vorsichtsmaßregeln, kreisen nicht über dem Horste, sondern stürzen sich wie ein fallender Stein so schnell in schiefer Richtung in denselben, daß selbst ein fertiger Jäger nicht zu Schusse gelangt. Fällt, was nicht allzuselten geschieht, ein Junges aus dem Horste, ohne dem Sturze zu erliegen, so atzen sie es unten weiter, als ob es noch im Horste säße. Wird das Weibchen getödtet, so füttert das Männchen allein die Jungen auf. Unter günstigen Umständen brauchen letztere zehn bis vierzehn Wochen, bevor sie den Horst verlassen, kehren aber nach dem Ausfliegen noch oft zu ihm zurück. Erst gegen den Herbst hin trennen sie sich von ihren Eltern. […]

Der Seeadler erweist sich nur aus dem Grunde minder schädlich als der Steinadler, als er einen großen Theil seiner Nahrung aus der See erhebt. In Ungarn wissen die Jäger von seiner Schädlichkeit nicht viel zu berichten. Man gönnt ihm die Fische, welche er aus der reichen Donau und ihren Altwässern erhebt, und rechnet ihm Uebergriffe nicht eben hoch an. […] Ueberall aber, wo er in der Nähe der Ortschaften horstet und die Felder ringsum, zuweilen sogar die Gehöfte selbst, auf seinen Raubzügen heimsucht, steht er dem Steinadler nicht nur nicht nach, sondern übertrifft ihn womöglich noch hinsichtlich seiner Eingriffe in menschliches Besitzthum. Von unserem Hausgeflügel ist höchstens die fluggewandte Taube vor ihm gesichert; unter kleineren oder jungen Haussäugethieren erwählt er sich gar nicht selten ein Opfer; in der Wildbahn endlich richtet er erheblichen Schaden an. Kein Wunder daher, daß jedermanns Hand über ihm ist. Doch weiß er die meisten Nachstellungen geschickt zu vereiteln. Er ist immer scheu, läßt sich weder unterlaufen, noch leicht beschleichen, erhebt sich, gleichviel ob er gebäumt hat oder auf dem Boden sitzt, schon in mehr als Büchsenschußweite, und wird, wenn er mehrfach Nachstellungen erfahren hat, so vorsichtig, daß ihm in der That kaum beizukommen ist. […]

EINTAGSFLIEGE

Die Eintagsfliegen, Hafte (EPHEMERIDAE), gehören einem zweiten Formenkreise an, welcher bei aller Verwandtschaft mit den vorigen [Afterfrühlingsfliegen] zahlreiche Merkmale als Eigenthümlichkeiten für sich beansprucht. Den schlanken, fast walzigen Körper dieser Fliegen bedeckt eine ungemein zarte Haut, und drei, mitunter auch nur zwei gegliederte Schwanzborsten verlängern ihn nicht selten um das Doppelte. Die kurzen Borsten vorn, welche die Stelle der Fühler vertreten, würden leicht ganz übersehen werden, wenn sie nicht auf ein paar kräftigen Grundgliedern ständen. Nebenaugen kommen groß, oft aber nur zu zweien vor. Das mittlere Bruststück erreicht fast die Länge des vordersten. Dem zarten Baue entsprechen auch zarte Beine, welche in vier oder fünf Fußglieder auslaufen. Auf ihrer Bildung beruht der eine Unterschied zwischen den beiden Geschlechtern, indem sich an den vordersten der Männchen Schienen und Füße in einer Weise verlängern, daß man dieselben, wenn sie in der Ruhelage neben einander geradeaus weit vorstehen, bei einem flüchtigen Blicke für die Fühler halten möchte. Die vorgequollenen, beinahe den ganzen Kopf einnehmenden Augen geben für das männliche Geschlecht ein zweites Erkennungszeichen ab. Da die Eintagsfliegen den Namen in der That verdienen und mitunter kaum vierundzwanzig Stunden leben, so bedürfen sie der Nahrung nicht und widmen ihre kurze Lebensdauer nur der Fortpflanzung; daher bleiben die nach dem Plane der beißenden angelegten Mundtheile unentwickelt, und ihre Stummel verstecken sich hinter ein großes zweilappiges Kopfschild. Die zierlichen Netzflügel endlich werden in der Ruhe senkrecht nach oben getragen, in inniger Berührung ihrer Oberflächen, und unterscheiden sich bedeutend in den Größenverhältnissen, denn ein vorderer übertrifft den Hinterflügel durchschnittlich um das Vierfache oder verdrängt denselben in einigen Fällen gänzlich. Das Interessanteste an den Ephemeren bleibt ein Zug aus ihrer Entwickelungsgeschichte, der sonst nirgends weiter vorkommt. Sobald die Fliege nämlich dem Wasserleben entsagt hat, nach den sonstigen Begriffen vollkommen ist, streift sie noch einmal ihre Haut ab und sogar auch von den Flügeln. Nachdem das sogenannte

»Subimago« kurze Zeit mit stark wagerecht gelagerten Flügeln ruhig gesessen, fängt es an, diese in andauernd zitternde Bewegung zu versetzen. Gleichzeitig löst sich unter fortwährenden seitlichen Bewegungen des Hinterleibes zuerst das letzte Schwanzende und schiebt sich in der Haut langsam nach vorn, wobei die Seitendörnchen an den Hinterenden der Leibesringe einen wesentlichen Vorschub leisten, denn sie verhindern das Zurückgleiten der vordringenden Theile. Durch dies gewaltsame Drängen des ganzen Thieres gegen Kopf und Brust wird die feine Haut auf dem Rücken des Mittelleibes in der Mittellinie zunächst stark angespannt und endlich gesprengt. Sie zieht sich immer mehr gegen die Flügel zurück, und der Mittelleibsrücken des vollkommen entwickelten Haftes erscheint blank und glänzend in ihrer Mitte, bis unter fortgesetztem Drängen der Kopf heraustritt. Die Flügel senken sich dann dachförmig an den Leib herunter, und es werden aus ihnen die Flügel des Imago und die Vorderfüße fast gleichzeitig hervorgeschoben. Letztere, dicht unter dem Leibe zusammengeschlagen, strecken sich fast im gleichen Augenblicke, in welchem die entwickelten Flügel sich steif in die Höhe richten, und klammern sich fest an den Gegenstand, auf welchem das Subimago sitzt. Nun ruht das Thier einige Sekunden und befreit schließlich den Hinterleib sammt den Borsten sowie die Hinterbeine, als die allein noch umschlossenen Theile, putzt den Kopf und die Fühler mit den Vorderbeinen und entflieht rasch dem Auge des Beobachters. Die Haut allein bleibt sitzen mit zusammengeschrumpften Hinterrändern der Flügelscheiden. Dieser Umstand dürfte den Namen »Haft« veranlaßt haben, und nicht, wie Rösel meint, das Klebenbleiben an frisch getheerten Schiffen. Mir ist aus meiner Jugendzeit, wo ich dergleichen Dinge mit anderen Augen ansah als heutigen Tages, noch in der Erinnerung, eine solche Häutung in der Luft während des Fluges wahrgenommen zu haben. War es Täuschung, war es Wahrheit? Nach dem eben geschilderten Hergange scheint mir die Möglichkeit eines solchen Vorganges nicht ausgeschlossen. Die Verschiedenheiten zwischen Subimago und Imago aufzufinden, setzt einige Uebung voraus. Jenes erscheint wegen der schlotternden Haut plumper, seine Glieder sind dicker und kürzer, besonders die männlichen Vorderbeine, die Färbung ist unbestimmter und schmutziger; bei diesem treten alle Umrisse und Formen schärfer, die Farben reiner hervor. Alles ist glänzender und

frischer, das »Bild« jetzt erst klar und wahr. Uebrigens geben die Flügel un-
trügliche Merkmale ab, wie Pictet ausführlicher auseinander gesetzt hat.

Die Eintagsfliegen waren den Alten nicht unbekannt. Aristoteles erzählt, daß der Fluß Hypanis, welcher sich in den cimmerischen Bosporus
ergießt, zur Zeit der Sommertag- und Nachtgleiche Dinge wie Säckchen
von der Größe der Weinkerne mit sich führe, aus welchen ein geflügeltes
vierfüßiges Thierchen krieche, welches bis zum Abende herumfliege, dann
ermatte und mit der sinkenden Sonne sterbe; es heiße daher Eintagsfliege.
Aelian läßt sie aus dem Weine geboren werden. Wird das Gefäß geöffnet,
so fliegen die Eintagsfliegen heraus, erblicken das Licht der Welt, und sterben. Die Natur beschenkt sie mit dem Leben, entreißt sie demselben aber
so schnell wieder, daß sie weder eigenes Unglück fühlen, noch fremdes zu
sehen bekommen können.

An einem stillen Mai- oder Juni-Abende gewährt es einen Zauber eigenthümlicher Art, diese Sylphiden im hochzeitlichen Florkleide, bestrahlt
vom Golde der sinkenden Sonne, sich in der würzigen Luft wiegen zu sehen.
Wie verklärte Geister steigen sie auf und nieder ohne sichtliche Bewegung
ihrer glitzerndern Flügel und trinken Lust und Wonne in den wenigen Stunden, welche zwischen ihrem Erscheinen und Verschwinden, ihrem Leben
und Sterben liegen; denn sie führen den Hochzeitsreigen auf, wiewohl merk-
würdigerweise unter tausenden von Männchen nur wenige Weibchen vorkommen. Man kann diese Tänze bei uns zu Lande am besten beobachten an
der gemeinen Eintagsfliege (EPHEMERA VULGATA), weil sie die größte ist, am
häufigsten in Deutschland und zwar schon im Mai vorkommt und sich infolge
ihrer dunkeln Färbung am schärfsten gegen den Abendhimmel abgrenzt. Sie
mißt reichlich 17 bis 19 Millimeter ohne die Schwanzborsten, welche beim
Weibchen eine gleiche, beim Männchen fast die doppelte Länge haben, und
ist dunkelbraun; einige gereihete, bisweilen zusammenstoßende Flecke von
pomeranzengelber Farbe auf dem Hinterleibe, abwechselnd lichte und dunkle Ringel der drei unter sich gleichen Schwanzfäden verleihen dem düste-
ren Gewande einigen Schmuck, sowie eine braune, gekürzte Mittelbinde
auf den dreieckigen Vorderflügeln den dicht netzförmig und dunkel geader-
ten, in den Zwischenräumen durchsichtigen Flügeln etwas Abwechselung.

An jedem Beine zählt man fünf Fußglieder, deren zweites das erste beinahe um das Achtfache an Länge übertrifft. Die gesperrt gedruckten Merkmale kommen allen Arten der Gattung Ephemera zu, die neuerdings in mehrere zerlegt worden ist. Fragen wir nun, wo kommen sie her, jene ephemeren Erscheinungen? Sie entsteigen, gleich den vorigen, dem fließenden Wasser, wo die Larven ihre Lebenszeit mit Raub verbrachten, nachdem die Weibchen die Eier in dasselbe ausgestreut hatten.

Die gestreckte Larve unserer Art hat auf jeder Seite des Hinterleibes sechs Kiemenbüschel oder Quasten, keine Kiemenblättchen. Der Kopf läuft vorn in zwei Spitzen aus, trägt fein behaarte Fühler und lange, sichelförmig nach oben gekrümmte Kinnbacken und Kiefertaster, welche dreimal länger als die Lippentaster sind. Die einklauigen Beine sind glatt und bewimpert, Schenkel und Schienen der vordersten stärker und zum Graben eingerichtet; denn sie arbeiten mit ihnen in die sandigen Ufer, der Bäche lieber als der Flüsse, wagerechte, bis zweiundfunfzig Millimeter tiefe Röhren, meist zwei dicht neben einander. Die schmale Scheidewand ist im Hintergrunde durchbrochen, so daß die vorkriechende Larve sich nicht umzuwenden braucht, wird auch durch das Wasser häufiger oder infolge des Vorbeikriechens oft genug zerstört.

Die Larven der Gattung PALINGENIA graben auch, unterscheiden sich aber äußerlich von der vorigen durch zwei gewimperte Kiemenblättchen an den Seiten der meisten Hinterleibsringe; andere theils von mehr platter, theils von mehr runder Körperform leben frei im Wasser, jedoch sind die meisten von ihnen noch lange Zeit hindurch sorgfältig zu beobachten, ehe die vielen Lücken in unseren Kenntnissen über die einzelnen Eintagsfliegen ausgefüllt werden können.

HONIGBIENE

Die gemeine Honigbiene, Hausbiene (APIS MELLIFICA), zeichnet sich durch den Mangel jedes Dornes an den breiten Hinterschienen vor allen europäischen Bienen aus. […] Der Körper ist schwarz, seidenglänzend, sofern nicht die fuchsrothe, in grau spielende Behaarung, die sich bis auf die Augen ausdehnt, aber mit der Zeit abreibt, den Grund deckt und röthlich färbt. Die Hinterränder der Leibesglieder und die Beine haben eine braune, bis in gelbroth übergehende Färbung, mindestens beim Weibchen, dessen edle Natur nach dem Goldglanze der Beine bemessen wird. […]

Die Formenunterschiede zwischen Männchen oder Drohnen, Weibchen und Arbeitern lehrt der Anblick der Abbildungen. Dem Weibchen fehlen die Sammelhaare, der Drohne das Zähnchen am Grunde der Ferse. Die Arbeiterin, schlechtweg Biene genannt, jenes weibliche Wesen, welches wegen Verkümmerung der Geschlechtswerkzeuge die Art nicht fortpflanzen kann, dafür aber alle und jede Vorsorge zu treffen hat im Vereine einer größeren Anzahl von seinesgleichen, damit aus den vom Weibchen gelegten Eiern ein kräftiges Geschlecht erwachse, hat in der längeren Zunge, den längeren Kinnbacken, in dem Körbchen der Hinterbeine die Geräthschaften, welche ihre mühevollen Arbeiten ausführen, wie im Innern ihres Leibes ein kleines chemisches Laboratorium, wo Honig, Wachs und der Speisebrei für die Brut je nach Bedürfnis hergerichtet werden.

Die Bienen leben in einem wohlgeordneten Staate, in welchem die Arbeiter das Volk, ein von diesem erwähltes, fruchtbares Weibchen die allgemein geliebte und gehätschelte Königin (auch Weisel genannt) und die Männchen die wohlhäbigen, vornehmen Faullenzer darstellen, die unumgänglich nöthig sind, aber nur so lange geduldet werden, als man sie braucht. Diese Einrichtung ist darum so musterhaft, weil jeder Theil an seinem Platze seine Schuldigkeit im vollsten Maße thut, weil keiner mehr oder weniger sein will als das, wozu ihn seine Leistungsfähigkeit bestimmt.

Der Mensch hat von jeher den Fleiß der Biene anerkannt und sie gewürdigt, ein Sinnbild zu sein für diese hohe Tugend, er hat aber auch die

Ergebnisse ihres Fleißes zu würdigen gewußt, und daher ist es gekommen, daß wir jene Bienenstaaten nicht mehr frei in der Natur antreffen (ausnahmsweise verwildert), auch nicht angeben können, wann und wo sie sich zuerst daselbst gefunden haben. Der stolze »Herr der Schöpfung« weist dem Thierchen in dem Bienenkorbe, Bienenstocke, zu verschiedenen Zeiten verschieden eingerichtet, den Platz an, wo es seine Staaten gründet, wird ihm wohl auch in mancher Hinsicht dabei förderlich, war aber nicht im Stande, sein ihm angeborenes Wesen in den tausenden von Jahren, während welcher es ihm treu gefolgt ist, auch nur im geringsten zu verändern. Die oft sich widersprechenden Ansichten, die wir in der überaus umfangreichen Bienenliteratur aufgezeichnet finden, haben mithin nicht ihren Grund in den veränderten Sitten der Imme, sondern in dem Grade der Erkenntnis dieser. Bis auf den heutigen Tag sind wir noch nicht dahin gelangt, sagen zu können, es sei alles aufgeklärt in diesem wunderbaren Organismus, es gebe nichts mehr, was nicht volle Anerkennung finde bei den wahren »Bienenvätern«, d.h. bei denen, die Bienen erziehen, nicht bloß um Wachs und Honig zu ernten, sondern um auch im allgemeinen Interesse für das Walten in der Natur die so überaus anziehende Lebensweise der freundlichen Spender zu studieren. Wir wollen jetzt versuchen, nicht für den Bienenzüchter (Zeidler, Imker), sondern für den wißbegierigen Naturfreund ein möglichst getreues Bild jenes wohlgeordneten und doch viel bewegten Lebens zu entwerfen.

Angenommen, es sei Johannistag und ein Nachschwarm – was damit gesagt sein soll, wird die Folge lehren – soeben vollständig eingefangen in einen leeren Kasten mit dem bekannten, kleinen Flugloche unten am Grunde einer seiner Giebelwände und mit dem Bretchen vor diesem an einem bestimmten Platze im Bienenhause aufgestellt. Noch steht er kaum fest, da erscheint eine oder die andere Biene auf dem Flugbretchen und »präsentirt«, d.h. sie erhebt sich auf ihren Beinen so hoch, wie es nur gehen will, spreizt die vordersten, hält den Hinterleib hoch und schwirrt in eigenthümlich zitternder Weise mit den Flügeln. Dies sonderbare Gebahren ist der Ausdruck ihrer Freude, ihres Wohlbehagens, und der Bienenvater weiß sicher, daß er beim Einschlagen des Schwarmes die jugendliche Königin mit erfaßt hat, daß sie nicht draußen blieb, was bei ungeschickter Handhabung oder ungünstigem Sammelplatze des Schwarmes wohl geschehen kann. Sollte dies Mißgeschick eingetreten sein, oder dem Volke aus irgend einem anderen Grunde die Wohnung nicht gefallen, so bleibt es keinen Augenblick im Stocke. In wilder Hast stürzt alles hervor und schwärmt angstvoll umher, bis der Gegenstand gefunden, dem man die Leitung seiner künftigen Geschicke nun einmal anvertraute; läßt er sich nicht auffinden, oder gefällt im anderen Falle die dargebotene Behausung nicht, so kehrt das gesammte Volk in die alte zurück. […]

Aller Anfang ist schwer. Dieses Wort bewahrheitet sich auch an jedem neuen Bienenstaate. Sein Platz ist ein anderer, als der, auf welchem die Bürger desselben geboren wurden. Daher ist die genaueste Bekanntschaft mit der Umgebung vor dem Ausfluge für jeden einzelnen eine unerläßliche Aufgabe. Die Biene ist, wie man weiß, ein Gewohnheitsthier von so peinlicher Art, daß sie mehrere Male erst genau an derselben Stelle anfliegt, die sie als den Eingang in ihren Bau kennen gelernt hatte, wenn man denselben und somit das Flugloch auch nur um wenige Zoll zur Seite gerückt hat. Um also ihren Ortssinn zu schärfen, die Umgebung des kleinen Raumes, der ihr zum Aus- und Eingange neben so und so vielen ganz gleichen dient, ihrem Gedächtnisse genau einzuprägen, kommt jede, sich rechts und links umschauend, bedächtig auf das Flugbret rückwärts herausspaziert, erhebt sich in kurzen Bogenschwingungen, läßt sich nieder, erhebt sich von neuem, um die Bogen zu vergrößern und zu Kreisen zu erweitern, immer aber rückwärts abfliegend. Jetzt erst ist sie ihrer Sache gewiß, sie wird das Flugloch bei der Rückkehr nicht verfehlen, mit einem kurzen Anlaufe erhebt sie sich in geradem und raschem Fluge und ist in die Ferne verschwunden. Diese kann sie, wenn es sein muß, bis auf zwei Stunden Weges ausdehnen. Sie sucht Blumen und harzige Stoffe auf, sind Zuckerfabriken in der Nähe, weiß sie diese sehr wohl zu finden und sehr leidenschaftlich gern zu benaschen, meist zu ihrem Verderben. Tausende finden darin ihren Tod, weil sie es zwar verstehen, hinein, aber nicht wieder herauszukommen. Schwer beladen fliegen sie gegen die Fenster, arbeiten sich daran ab, fallen ermattet zu Boden und kommen um. Viererlei wird eingetragen, Honigseim, Wasser, Blütenstaub und harzige Bestandtheile. Den ersteren lecken sie mit der Zunge auf, führen ihn zum

195

Munde, verschlucken ihn und würgen ihn aus der Honigblase als wirklichen Honig wieder hervor. Das Wasser wird natürlich auf dieselbe Weise eingenommen, dient zur eigenen Ernährung, beim Bauen und zur Zubereitung des Futters für die Larven, wird aber nicht im Stocke aufgespeichert, sondern muß, je nach den Bedürfnissen, allemal erst herbeigeschafft werden. Mit den behaarten Körpertheilen, dem Kopfe und Mittelleibe streift die Biene absichtslos beim Eindringen in die vielen Blumenkronen den zerstreuten Staub ab und weiß ihn geschickt mit den Beinen, welche sich in quirlender Bewegung befinden, herunter zu bürsten und an die hintersten anzukleben. Mehr aber erarbeitet sie absichtlich, sich all ihrer Werkzeuge bewußt und mit dem Gebrauche derselben vollkommen vertraut. Mit den löffelähnlichen, scharfen Kinnbacken schneidet sie die kleinen Staubträger auf, wenn sie sich nicht schon selbst geöffnet hatten, faßt ihren Inhalt mit den Vorderfüßen, schiebt ihn von da auf die mittleren und von diesen auf die hintersten, welche in den bereits früher besprochenen Körbchen und der darunter liegenden Ferse mit ihren Haarwimpern das wahre Sammelwerkzeug bilden. Hier wird der infolge des früher erwähnten »Haaröls« leicht haftende Staub mit den anderen Beinen angeklebt und manchmal zu dicken Klumpen, den sogenannten Höschen, aufgehäuft. Von den Knospen der Pappeln, Birken und anderer Bäume, den stets Harz absondernden Nadelhölzern, löst sie die brauchbaren Stoffe mit den Zähnen los und sammelt sie gleichfalls in dem Körbchen. Daß Bienen, unsere wie die vielen wilden, bei ihrem Sammelgeschäfte die Befruchtung gewisser Pflanzen einzig und allein vermitteln, ist eine bekannte Thatsache, an welche beiläufig erinnert sein mag.

Hat die Biene nun ihre Tracht, so fliegt sie, geleitet durch ihren wunderbar entwickelten Ortssinn, auf dem kürzesten Wege nach Hause. Hier angekommen, läßt sie sich in der Regel auf dem Flugbrete nieder, um ein wenig zu ruhen, dann geht es eiligen Laufes zum Loche hinein. Je nach der Natur der Schätze, die sie bringt, ist die Art, wie sie sich ihrer entledigt, eine verschiedene. Der Honig wird entweder einer bettelnden Schwester gefüttert, oder in die Vorrathszellen ausgeschüttet. Einige Zellen enthalten Honig zum täglichen Verbrauche, andere, es sind zunächst die obersten Reihen jeder Wabe, dienen als Vorrathskammern für zukünftige Zeiten, von denen

196

jede volle sogleich mit einem Wachsdeckel verschlossen wird. Die Höschen strampelt sie sich ab und stampft sie fest in einer von den Zellen, die an verschiedenen Stellen der Wabe dazu bestimmt sind, die Vorräthe des sogenannten Bienenbrodes aufzunehmen, oder sie beißt sich einen Theil davon ab und verschluckt ihn, oder die eine und andere der Schwestern erscheint in gleicher Absicht und befreit sie so von ihrer Bürde. Die harzigen Bestandtheile, das Stopfwachs, Vorwachs *(propolis)*, wie man sie nennt, werden zum Verkitten von Lücken und Ritzen verwendet, durch welche Nässe oder Kälte eindringen könnten, zum Verkleinern des Flugloches und, wenn es in einem Ausnahmsfalle nöthig sein sollte, zum Einhüllen fremdartiger Gegenstände, welche ihrer Größe wegen nicht beseitigt werden, durch Fäulnis aber den Stock verpesten können. Es wird erzählt, daß man eine Maus, eine nackte Schnecke auf diese Weise eingekapselt in Stöcken gefunden habe. […]

Die Männchen, die sich um den Bau und das Einsammeln nicht kümmern, sondern nur verzehren, was andere mühsam erwarben, haben nichts weiter zu thun, als um die Mittagszeit in schwankendem Fluge mit herabhängenden Beinen und gewaltigem Summen sich einige Bewegung zu machen. Das weiß die junge Königin wohl, selbst wenn in ihrem Staate nicht ein einziger dieser Faullenzer wäre. Gleich nach den ersten Tagen ihres Einzuges fühlt sie den Drang in sich, genau zu derselben Zeit auch einen Ausflug zu unternehmen. Sie erreicht ihren Zweck, es findet sich bald ein Männchen, die Paarung erfolgt und endigt mit dem Tode des Auserwählten. Nach kurzer Abwesenheit kehrt die Königin zurück, befruchtet für ihre Lebenszeit, die vier, auch wohl fünf Jahre währen kann, und vermag nach den angestellten Versuchen jährlich funfzig- bis sechzigtausend Eier zu legen, in den letzten Jahren weniger; auch läßt man sie im Interesse des Stockes in der Regel nicht vier Jahre in Thätigkeit. Ist innerhalb der ersten acht Tage die Befruchtung nicht erfolgt, so bleibt die Königin unfruchtbar.

Sechsundvierzig Stunden nach der Heimkehr fängt sie an zu legen. […] Bei ihrer Arbeit, welche meist ohne längere Unterbrechung zum Ausruhen fortgeht, wird sie von Arbeiterinnen begleitet, die ihr Nahrung reichen, sie mit den Fühlern streicheln, mit der Zunge belecken und ihr alle die Aufmerksamkeit beweisen, die eben eine Biene ihrer Königin zollt. In jede Zelle,

197

die sie mit einem Eie zu beschenken gedenkt, kriecht sie erst mit dem Kopfe hinein, gleichsam um sich zu überzeugen, ob alles in Ordnung sei, dann kommt sie wieder hervor, schiebt den Hinterleib hinein, und ist sie wieder herausgekommen, so sieht man hinten zur Seite der unteren Wand unmittelbar am Boden der Zelle das Ei senkrecht hingestellt. Es ist milchweiß, durchscheinend, reichlich zwei Millimeter lang, schwach gekrümmt und an seinem unteren Ende kaum merklich schmäler als am oberen. Der Anblick des ersten Beweises königlicher Gnade ist für das Volk ein Mahnruf zu doppelter Thätigkeit, eine Aufforderung zur Uebernahme neuer Sorgen. Sofort werden die Brutzellen hinten am Boden, noch hinter dem Eie, mit einem kleinen Häuflein weißer Gallerte versehen, welche aus Honig, Bienenbrod und Wasser im Laboratorium zubereitet ward. Am vierten Tage erscheint die Larve als ein geringeltes Würmlein, zehrt das Futter auf, streckt sich gerade mit dem Kopfe nach vorn und wird weiter gefüttert. Dabei wächst sie, ohne sich zu häuten, ohne sich zu entleeren, so schnell, wird so feist, das sie am sechsten (siebenten) Tage die ganze Zelle erfüllt. Die um sie besorgten Pflegerinnen dehnen nun mit ihren Zähnen die Ränder der Zelle, biegen sich nach innen, um sie zu verengen, und ergänzen das Fehlende durch einen platten Wachsdeckel, damit der Verschluß vollständig sei. Noch hört die Fürsorge für sie nicht auf. Die gedeckelten Brutzellen werden nicht verlassen, sondern sind stets von Bienen in dichtgedrängtem Haufen belagert, werden gewissermaßen »bebrütet«. Im Inneren spinnt die Made ein Seidengewebe um sich, streift ihre Haut ab und wird zu einer gemeiselten Puppe. Am einundzwanzigsten Tage, vom Eie an gerechnet, wird der Deckel von innen abgestoßen, und die junge Bürgerin ist geboren; sofort ist eine oder die andere Arbeiterin vorhanden, um die Zelle durch Glätten ihrer Mündung usw. wieder in den Stand zu versetzen, ein neues Ei aufzunehmen. Die alten Häute werden zum Theil beseitigt, jedoch nicht alle, weil durch dieselben sich mit der Zeit die Zellen verengen und infolge dessen die Bienen aus sehr alten Brutzellen etwas kleiner ausfallen, wie die Erfahrung gelehrt hat.

Die Neugeborene reckt sich und streckt sich, wird freundlich von den Schwestern begrüßt, beleckt und gefüttert; doch kaum fühlt sie sich trocken und im Besitze ihrer vollen Kräfte, was nach wenigen Stunden der Fall ist, so mischt sie sich unter das Volk und findet ihre Beschäftigung im häuslichen Kreise: Füttern, Brüten, Deckeln und Reinhalten der Wohnung, Wegschaffen der Brocken, welche beim Auskriechen abfallen, das dürften die Arbeiten sein, welche in den ersten acht bis vierzehn Tagen den jungen Bienen zufallen. Nach Verlauf dieser Zeit bekommt jedoch eine jede Sehnsucht nach der Freiheit. Nachdem sie in der früher beschriebenen Weise ihren Ortssinn geprüft und geübt hat, sucht sie das Weite und trägt mit demselben Geschicke ein, wie die alten Bienen. So verhält sich die Sache also, wenn die früheren Schriftsteller behaupteten, es gebe zwei Arten von Arbeitsbienen: die jungen verrichten häusliche Dienste, die alten gehen der Tracht nach ins Feld, in den Wald, auf die Wiesen. In dieser Weise wird es nun getrieben den ganzen Sommer hindurch, und nur an unfreundlichen, regnerischen Tagen bleibt man zu Hause. Je honigreicher und günstiger ein Jahr ist, desto fleißiger trägt das Volk ein. Es ist aber einig mit seiner Königin, liebkost sie, reicht ihr reichlich Nahrung dar, wofür diese in Anerkennung des allgemeinen Wohlstandes, will sagen bei gutem Futter, wohlthuender Wärme, auch ihrerseits fleißig Eier legt. Das Volk mehrt sich von Tage zu Tage und mit ihm die Segen bringenden Arbeitskräfte.

Man möchte beinahe glauben, es ließe diese rege, beide Theile in so hohem Maße anspannende Thätigkeit die Trägheit der Männchen in um so grellerem Lichte erscheinen und mehr und mehr einen geheimen Groll gegen dieselben aufkommen. In Wirklichkeit ist es aber das Bewußtsein von deren Abkömmlichkeit, welches zu einer Zeit, in welcher kein Schwarm mehr in Aussicht steht (in nicht besonders volkreichen Stöcken fällt dieselbe etwa anfangs August), die Drohnenschlachten zu Wege bringt. Die Bienen fallen über die Männchen her, jagen sie im Stocke allerwärts hin, treiben sie in eine Ecke und sperren sie vom Futter ab, so daß sie elendiglich verhungern müssen; oder beißen sie, zerren sie an den Flügeln oder sonst wo zum Flugloche hinaus; auch stechen sie dieselben in noch kürzerem Verfahren nieder. Eine eigenthümliche Erscheinung ist dabei die, daß der Gebrauch der Waffe für den, welcher sie führt, nicht verderblich wird. Wir wissen, daß jede Biene, die uns in das Fleisch sticht, infolge der Widerhäkchen an ihrem Stachel denselben ganz oder theilweise zurücklassen und sterben muß.

Warum nicht auch, wenn sie ihn der Drohne zwischen die Leibesringe ein-
bohrt? Weil die Chitinmasse nicht die Wunde schließt, wie das elastische
Fleisch, sondern das verursachte Loch ein Loch bleibt, aus welchem die Wi-
derhaken den Rückweg finden. Ein Stock, welcher in der angegebenen Zeit
seine Drohnen nicht abschlachtet, ist weisellos, wie die Bienenväter sehr
wohl in Erfahrung gebracht haben.

Nachdem die Leichen aus dem Baue entfernt sind, kehrt die alte Ordnung wieder zurück und die friedliche Thätigkeit nimmt ihren Fortgang.
Die beste Zeit, die »Trachtzeit«, ist allerdings vorüber, wenigstens für Gegenden, wo Heidekraut fehlt; die Quellen fangen an sparsamer zu fließen,
und theilweise müssen schon die Vorräthe aus besseren Tagen in Anspruch
genommen werden, oder es regt sich Lust zu Räubereien. Wenn nämlich
vor und nach der Trachtzeit die Ernte knapp wird, so entwickeln manche
Bienen eine besondere Anlage zum Stehlen. Sie suchen trotz der am Eingange eines jeden Stockes aufgestellten Wachen in denselben einzudringen und
die vollen Waben, als wenn es Blumen wären, zu plündern. Gelingt es einer
oder zweien irgendwo einzudringen, so bringen sie das nächste Mal mehr
Kameraden mit, und die Räuberbande scheint organisirt zu sein. Der schon
erwähnte Besuch in den Zuckerfabriken ist im Grunde nichts anderes, als ein
allgemeiner Raubzug. […]

Während des Winters finden wir nun im Baue die vorderste Wabe
durchaus mit Honig gefüllt und gedeckelt, die folgende mindestens an der
Giebelseite und alle übrigen mehr oder weniger an ihrem oberen Theile;
weiter nach unten befinden sich die mit Bienenbrod angefüllten Vorrathskammern, gleichfalls gedeckelt, und die leeren Brutzellen. Nicht selten enthalten Zellen zur unteren Hälfte Bienenbrod, zur oberen Honig, wie der
Zeidler zu seinem Verdrusse bemerkt, wenn er zur Zeit der Stachelbeerblüte
den »Honig schneidet«, d.h. seine Ernte hält. Auf den Brutzellen sitzen die
Bienen so dicht zusammengedrängt, wie es eben gehen will, in ihrer Winter-
ruhe. Wie warmblütige Thiere sich durch dichtes Nebeneinandersitzen wär-
men, so erhöhen auch Kerfe durch ihr massenhaftes Aufeinanderhocken die
Temperatur, und darum erstarrt die Biene nicht, wie ein einzeln im Freien
überwinterndes Insekt. Sie bedarf daher der Nahrung, mit welcher sie sich

versorgt hat. Der Winter muß schon hart sein und die Kälte dauernd anhalten, wenn im Stocke die Temperatur auf längere Zeit unter 8° R[éaumur] herabsinken soll; diese Höhe ist aber auch nöthig und wird beständig erhalten durch Aufnahme von Nahrung, durch Bewegung (an kälteren Tagen »braust« das Volk infolge der Bewegung) und durch den Winterschutz, den der Imker seinen Stöcken von außen angedeihen läßt. Weil aber das Fressen die Körperwärme und somit die Wärme im ganzen Stocke erhöht, so bedürfen die Bienen in kalten Wintern stets mehr Nahrung als in gelinden. Wenn die Luft im Freien den genannten Wärmegrad hat, läßt sich manche Biene zum Ausfliegen verlocken; ja, man sieht an sonnigen Wintertagen, die nicht diesen Wärmegrad erreichen, einzelne Bienen in eiligem Fluge aus dem Stocke kommen, um Wasser einzunehmen oder sich zu entleeren. Infolge ihrer großen Reinlichkeit gibt die Biene ihren Unrath niemals im Stocke von sich, sondern im Freien. Sollte sie wegen der Kälte ihn zu lange bei sich behalten müssen oder verdorbenen Honig, der nicht gedeckelt war, genießen, so wird sie krank, beschmutzt ihre Wohnung, und der ganze Stock geht in der Regel zu Grunde. Wenn der Winter einen mäßigen Verlauf nimmt, ruht auch die Arbeit nicht, und sollten nur die Vorräthe aus den hintersten Räumen nach jenen mehr in der Mitte des Baues liegenden gepackt werden, wo sie aufgezehrt sind. Uebrigens fängt die Königin meist schon Mitte Februar an, Eier zu legen und zwar in einem kleinen Zellenkreise inmitten des Winterlagers.

Erst im April (oder März) werden die Bienen allmählich alle durch die wärmenden Sonnenstrahlen aus dem Winterquartiere gelockt. Durch hochtönendes Freudengesumme und kreisendes Umherschwärmen geben sie ihr Wohlbefinden zu erkennen, wenn sie zum erstenmale ihrer engen Haft entlassen sind und im Strahle der jungen Sonne ihre Freiheit genießen können (»Vorspiel«). Das erste Geschäft ist die Entleerung. Wenn es sich dann zufällig trifft, daß eine Hausfrau weiße Wäsche in der Nähe zum Trocknen aufhing, so wird diese sehr bald zum Leidwesen der Besitzerin mit einem braunpunktirten Buntdrucke bemalt sein; denn die Bienen, wie andere umherfliegende Kerfe, lieben es ungemein, sich an helle Gegenstände anzusetzen. Hierauf geht es an ein Fegen und Ausputzen im Inneren der Wohnung, als wenn ein großes Fest in Aussicht stände. Die Leichen der abgestorbenen

Schwestern, deren es immer gibt, werden hinausgeschafft, Beschädigungen an den Waben, durch das ewige Bekrabbeln nicht immer zu vermeiden, werden ausgebessert; die meiste Arbeit verursacht aber das Zusammenlesen und Fortschaffen der hunderte von Wachsdeckeln, die auf dem Boden umherliegen, sobald sie beim Oeffnen jedes einzelnen Honigtöpfchens herabfielen. Die Ausflüge beginnen, so weit es die Witterung erlaubt, denn die Kätzchen der Haselnüsse, die gelben Blütenknäulchen der Korneliuskirsche, die Crocus, Märzblümchen, Kaiserkronen, Schneeglöckchen und immer mehr und mehr liebliche Töchter Floras fordern heraus zum süßen Kusse. In der altgewohnten, von uns kennen gelernten Weise geht es aber nicht mehr lange fort. Vorausgesetzt, daß das Volk nicht zu schwach in den Winter kam und durch diesen nicht allzusehr gelitten hat, wird es nun zu groß, der Raum wird ihm zu eng, es muß Vorbereitungen treffen, um einen Schwarm aussenden zu können.

Mit einem Male entsteht eine neue Art von Zellen, den gewöhnlichen gleich an Form und Lage, aber größer dem Innenraume nach. In diese legt die Königin genau in der früher angegebenen Weise je ein Ei. Die Arbeiter versehen die Zelle mit Futterbrei und versorgen die junge Larve bis zum achten Tage ihrer Vollwüchsigkeit, deckeln die Zelle und bebrüten sie. Alles so, wie wir es bereits kennen gelernt haben. Am vierundzwanzigsten Tage, nachdem das Ei gelegt wurde, öffnet sich der Deckel, aber dieses Mal geht eine Drohne daraus hervor. Sie ist größer als eine Arbeitsbiene, darum bereiteten diese ihr auch eine größere Zelle. Die Königin überzeugt sich bei ihrer Untersuchung derselben und fühlt es beim Einführen des Hinterleibes an dem weiteren Raume, daß sie hier ein Drohnenei hineinzulegen hat. Dieses unterscheidet sich nämlich von den bisher gelegten Eiern wesentlich dadurch, daß es nicht befruchtet ist. Am Ausgange des inneren Eileiters befinden sich bei allen weiblichen Kerfen, wie früher erwähnt wurde, beiderseits die Samentaschen, welche bei der Paarung vom Männchen mit Samenflüssigkeit gefüllt werden. Jedes Ei muß daselbst vorbei, wenn es gelegt wird, und erhält die Befruchtung. Die Bienenkönigin hat es nun in ihrer Gewalt, ein Ei zu befruchten, ein anderes nicht; das letztere thut sie mit allen denen, welche in die geräumigen Drohnenzellen abgesetzt werden. Eine wunderbare

Thatsache, welche Dzierzon zuerst entschieden aussprach und von Siebold wissenschaftlich begründete.

Die Zustände im Stocke werden immer verwickelter. Meist an den Rändern der Waben entsteht, wenn sich die Drohnen zu mehren beginnen, eine dritte Art von Zellen, ihrer zwei bis drei in der Regel, die Zahl kann aber auch das doppelte und dreifache dieser überschreiten. Dieselben stehen senkrecht, sind walzig und mit größerem Aufwande von Baustoff, auch in größeren Maßverhältnissen als die Drohnenzellen, angelegt. In diese legt die Königin auch ein Ei, die einen meinen, mit einem gewissen Widerstreben [...]. Die Zelle wird mit besserem Futter versehen, nach sechs Tagen gedeckelt, aber mit einem gewölbten Deckel, so daß eine geschlossene Zelle Aehnlichkeit mit dem Puppengehäuse gewisser Schmetterlinge hat, und mit mehr Eifer »bebrütet«, als die anderen. Die angeführten Unterschiede: andere Lage und Form der Zelle, besseres Futter, erhöhtere Temperatur, bewirken auch einen Unterschied in der Entwickelung der Larve im Inneren, welche nach sechzehn Tagen ein fruchtbares Weibchen ist. Würde man es freilassen aus seiner Zelle, und die Königin wäre noch vorhanden, so gäbe es einen Kampf auf Leben und Tod, da zwei fruchtbare Weibchen nun einmal nicht neben einander in derselben Wohnung sein können. Das wissen seine Beschützerinnen, und darum lassen sie es noch nicht heraus; wenigstens können wir diese Voraussetzung machen, wenn sie auch nicht in jedem Falle zutrifft. Es kann seinen Unmuth nicht verbergen und läßt einen tütenden Ton vernehmen. Möglich, daß auch schon von einer zweiten königlichen Zelle her derselbe Ton gehört wird. Die alte Königin, sobald sie diese Töne hört, weiß, daß ihr eine Nebenbuhlerin erstanden ist. Sie kann ihre Unruhe nicht verbergen. Die Arbeiter fühlen gleichfalls, daß ein bedeutendes Ereignis bevorsteht und es bilden sich gewissermaßen zwei Parteien, die eine von den alten, die andere von den jungen Bienen gebildet. Die Unruhe [...] steigert sich gegenseitig. Das wilde Durcheinanderlaufen der vielen tausende im Stocke – im Bewußtsein der Dinge, die da kommen werden, flogen nur wenige aus – erzeugt in der überfüllten Wohnung eine unerträgliche Hitze. Ein Theil lagert oder hängt in großen Trauben, stark brausend, vor dem Flugloche, eine Erscheinung, welche der Bienenwirt das »Vorliegen« nennt.

Die wenigen Bienen, welche heute beladen zurückkehren, eilen meist nicht, wie gewöhnlich, in das Innere, um sich ihrer Bürde zu entladen, sondern gesellen sich zu den vorliegenden Bienen. Im Inneren wird es immer unruhiger, ein Sausen und Brausen, ein Krabbeln durch- und übereinander, jede Ordnung scheint aufgehört zu haben.

Jetzt stürzt, kopfüber, kopfunter, wie ein Wasserstrahl, der gewaltsam aus einer engen Oeffnung herausgepreßt wird, ein Schwarm von zehn bis funfzehntausend (alter) Bienen, die Königin unter ihnen, hervor, erfüllt wie Schneeflocken bei dem dichtesten Falle die Luft, oder gleicht einer die Sonne verfinsternden Wolke. Beim Hin- und Herschwanken in der Luft gibt er einen eigenthümlichen, weithin hörbaren, freudigen Ton, den Schwarmgesang, von sich. Wohl zehn Minuten dauert dieses Schauspiel, dann macht es einem anderen Platz. Am Aste eines nahen Baumes oder an einem Stücke Borke, welches der Bienenwirt zu diesem Zwecke an einer Stange aufgestellt hatte, oder sonst wo bildet sich zuerst ein dichter, faustgroßer Haufen von Bienen, denen sich mehr und mehr zugesellen, bis sie sich zuletzt alle in eine schwarze, herabhängende »Traube« zusammengezogen haben, ihre Königin mitten darunter. Dies ist der Haupt- oder Vorschwarm, der, wie alle anderen etwa noch folgenden »Nachschwärme«, nur an schönen Tagen, meist um die Mittagsstunden, unternommen wird und nicht weit geht, weil die von Eiern erfüllte Königin zu schwerfällig ist. Der Zeidler, schon vorher durch die mancherlei Anzeichen aufmerksam gemacht auf die Dinge, die da kommen sollen, hat einen neuen Kasten, eine neue Walze, oder wie er sonst seine Einrichtung nennen mag, in Bereitschaft, kehrt vorsichtig jene Traube hinein, verschließt den Stock mit dem Deckel und weist ihm seinen bestimmten Platz an. Dies ist die erste Ansiedelung, deren Entwickelung genau in der vorher beschriebenen Weise vor sich geht, mit dem einzigen Unterschiede, daß die Königin nicht erst zur Befruchtung auszufliegen braucht. Die Bienenväter sehen ein recht zeitiges Schwärmen sehr gern; denn dann kann das Volk desto eher erstarken, reichliche Wintervorräthe einsammeln, und sie brauchen weniger mit künstlichem und kostspieligem Futter nachzuhelfen. [...]

HIRSCHKÄFER

Der gemeine Hirschkäfer, Feuerschröter (LUCANUS CERVUS [...]), war schon den Alten seinem Aussehen nach bekannt; denn Plinius sagt an einer Stelle (11, 28, 34) seiner Naturgeschichte: »Die Käfer – er braucht dafür den Ausdruck *Scarabaei* – haben über ihren schwachen Flügeln eine harte Decke, aber keiner hat einen Stachel. Dagegen gibt es eine große Art, welche Hörner trägt, an deren Spitzen zweizinkige Gabeln stehen, welche sich nach Belieben schließen und kneipen können. Man hängt sie Kindern als ein Heilmittel an den Hals. Nigidius nennt sie LUCANUS«. Moufet, welcher in seinem *»Insectorum sive Minimorum Animalium theatrum«*[1] mit großem Fleiße alles gesammelt hat, was bis zu seiner Zeit über Insekten bekannt geworden ist, und von einer großen Menge, den damaligen Verhältnissen entsprechende, meist kenntliche Holzschnitte lieferte, bildet auch das Männchen des Hirschkäfers ab, glaubt aber, dasselbe für ein Weibchen erklären zu müssen, weil Aristoteles behaupte, daß bei den Insekten die Männchen immer kleiner als die Weibchen seien. Ihm gelten daher die Männchen kleinerer Formen für die Weibchen. Jetzt weiß es jeder Knabe, welcher einige Käfer kennt und in einer mit Eichen bestandenen Gegend lebt, wo der Hirschkäfer vorkommt, daß die Geweihträger die Männchen, die nur mit kurzen, in der gewöhnlichen Form gebildeten Kinnbacken versehenen Käfer die Weibchen sind. Die jüngsten Beobachtungen auch an anderen Hirschkäferarten haben gelehrt, daß je nach der spärlicheren oder reichlicheren Ernährung der Larven die Käfer kleiner oder größer ausfallen, und daß namentlich bei den Männchen

---

1 Man meint, das genannte Buch sei ursprünglich von Konrad Geßner verfaßt, aus dessen Nachlasse, der in Joachim Camerarius' Hände gekommen war, Thomas Penn alle auf Entomologie bezüglichen Handschriften kaufte und dieselben mit Ed. Wottons sich darauf beziehenden Sammlungen vereinigte. Penn starb vor der Herausgabe, und Moufet setzte sein Unternehmen fort, bis auch ihn der Tod überraschte. So lag die Handschrift dreißig Jahre lang, bis sie auf Veranlassung der königlichen Akademie 1634 in einem haarsträubenden Latein herausgegeben wurde. Der letzten Angabe widerspricht der Titel, und in der Vorrede sagt Mayerne, die Erben hätten aus Mangel an Vermögen und eines Herausgebers die Handschrift liegen gelassen; außerdem erwähnt Moufet, daß er über einhundertundfunfzig Figuren und ganze Abschnitte hinzugefügt habe.

die geweihartigen Kinnbacken der kleineren Käfer durch geringere Entwickelung dem ganzen Käfer ein verändertes Ansehen verleihen im Vergleiche zu einem vollwüchsigen. Man hat daher bei den einzelnen Arten mittlere und kleinere Formen unterschieden, ohne dafür besondere Namen zu ertheilen, wie früher, wo bei der gemeinen Art eine Abart als LUCANUS CAPREOLUS oder HIRCUS unterschieden wurde. Ein großer Zahn vor der Mitte und eine zweizinkige Spitze der männlichen Kinnbacken, die einem queren Kopfe entspringen, welcher breiter als das Halsschild ist, ein dünner Fühlerschaft, vier bis sechs unbewegliche Kammzähne an der Geisel [...], abwärts gebogene Oberlippe, tief ausgeschnittene Zunge an der Innenseite des Kinns und eine unbewehrte innere Lade des Unterkiefers charakterisiren neben der gestreckten Körperform die Gattung LUCANUS. Unsere Art ist matt schwarz, die Flügeldecken und Geweihe glänzen kastanienbraun. Sie vergegenwärtigt einen der größten und massigsten Käfer Europas, welcher von der Oberlippe bis zu der gerundeten Deckschildspitze 52 Millimeter messen kann, eine Länge, die durch die geweihsörmigen Kinnbacken noch einen Zuwachs in gerader Richtung von 22 Millimeter erhält. Ein Weibchen von 43 Millimeter Länge hat eine schon recht stattliche Größe. Im Juni findet sich dieser Käfer in Eichenwäldern, wo an schönen Abenden die Männchen mit starkem Gesumme und in aufrechter Haltung um die Kronen der Bäume fliegen, während die Weibchen sich immer mehr versteckt halten. Bei Tage balgen sie sich bisweilen unter dürrem Laube an der Erde und verrathen durch das Rascheln jenes ihre Gegenwart, oder sitzen an blutenden Stämmen, um Saft zu saugen. […]

Die nächtlichen Umflüge sind gleichbedeutend mit den Hochzeitsfeierlichkeiten. Ende des genannten oder in den ersten Tagen des folgenden Monats ist die kurze Schwärmzeit vorüber, die Paarung hat des Nachts stattgefunden, die Weibchen haben darauf ihre Eier in das faulende Holz altersschwacher Eichbäume abgelegt, und die von Ameisen oder Vögeln ausgefressenen harten Ueberreste der männlichen Leichen liegen zerstreut umher und legen Zeugnis davon ab, daß hier Hirschkäfer gelebt haben. Es kann sogar vorkommen, und ist von mir einige Male beobachtet worden, daß die nach der Paarung matten Männchen, noch ehe sie verendet sind, von den räuberischen Ameisen bei lebendigem Leibe an- und ausgefressen werden und ihren harten Vorderkörper, des weichen Hinterleibes beraubt, auf den langen Beinen noch eine Zeitlang mühsam dahinschleppen, eine seltsame Behausung für einzelne Ameisen. Weibliche Leichen findet man darum nur selten, weil die wenigsten aus der Brutstätte wieder hervorkommen, und weil die Weibchen viel seltener als die etwa sechsmal häufigeren Männchen sind.

Die aus den rundlichen, 2,25 Millimeter langen Eiern geschlüpften Larven wachsen sehr langsam, indem sie sich von dem faulen Eichenholze ernähren, und erreichen erst im vierten (fünften?) Jahre eine Länge von 105 Millimeter bei der Dicke eines Fingers. Ihrer äußeren Erscheinung nach gleicht die Larve denen ihrer Familiengenossen. Sie trägt am hornigen Kopfe viergliederige Fühler, deren letztes Glied sehr kurz ist, eine stumpfzähnige Kaufläche an den Kinnbacken, zwei Laden an dem Unterkiefer, welche sich zuspitzen und an der Innenseite bewimpert sind. Die vorderen drei Körperringe, welche sich wegen der Querfalten wenigstens auf der Rückenseite unvollkommen von einander abgrenzen, tragen sechs kräftig entwickelte, einklauige Beine von gelber Farbe, der des Kopfes; nur die hornigen Mundtheile sind schwarz. Den Alten sind diese Larven ohne Zweifel auch schon bekannt gewesen; denn Plinius erzählt: »Die großen Holzwürmer, welche man in hohlen Eichen findet und COSSIS nennt, werden als Leckerbissen betrachtet und sogar mit Mehl gemästet«. Sie müssen als Nahrungsmittel lange in Gebrauch gewesen sein; denn Hieronymus sagt: »Im Pontus und in Phrygien gewähren dicke, fette Würmer, die weiß, mit schwärzlichem Kopfe ausgestattet sind und sich im faulen Holze erzeugen, bedeutende Einkünfte und gelten für eine sehr leckere Speise«.

Die erwachsene Larve fertigt ein faustgroßes, festes Gehäuse aus den faulen Holzspänen oder tief unten im Stamme aus Erde, welches sie inwendig gut ausglättet. Ein Vierteljahr etwa vergeht, bis sie hier zu einer Puppe und diese zu einem Käfer geworden ist. Derselbe bleibt zunächst in seiner Wiege, ist es ein Männchen, die langen Kinnbacken nach dem Bauche hin gebogen, und kommt […] im fünften (sechsten?) Jahre Ende Juni zum Vorscheine, um kaum vier Wochen lang sich seines geflügelten Daseins zu erfreuen. So lange ungefähr kann man ihn auch in der Gefangenschaft erhalten, wenn man ihn mit Zuckerwasser (oder süßen Beeren) ernährt. […]

ROTE WALDAMEISE

Die Familie der Ameisen (FORMICINA) gehört gleichfalls zu den geselligen Aderflüglern, deren Gesellschaften sich zu gewissen Zeiten aus dreierlei Ständen zusammensetzen, den geflügelten Weibchen und Männchen und den stets ungeflügelten Arbeitern oder verkümmerten Weibchen. Dieselben treten selten bei den europäischen, häufiger bei den ausländischen Arten in zwei bis drei Formen auf, zeichnen sich in der außergewöhnlichen Form besonders großköpfig und sind wohl auch als Soldaten von der gewöhnlichen Form unterschieden worden. Die Ameisenstaaten sind, wie die der Honigbiene, mehrjährig.

Der Kopf der Ameise ist verhältnismäßig groß, bisweilen sehr groß bei den Arbeitern, klein bei den Männchen. […] Die Fühler gehören der gebrochenen Form an, wenn auch bisweilen bei den Männchen infolge des kurzen Schaftes weniger deutlich, und ihre neun- bis zwölfgliederige Geisel ist fadenförmig, oder nach der Spitze hin mehr oder weniger keulenförmig angeschwollen. […]

Der Mittelleib bietet bei den geflügelten Ameisen keine besonderen Eigenthümlichkeiten, dagegen erscheint er ungemein schmal, nach oben stumpfkantig hervortretend bei denen, wo er nie Flügel zu tragen bekommt, und er ist es hauptsächlich, welcher dem ganzen Körper den Ameisencharakter verleiht, und einen Arbeiter von den anderen Geschlechtern unterscheiden lehrt, selbst wenn diese ihre Flügel verloren haben. Letztere sitzen ziemlich lose und fallen aus, sobald die Paarung erfolgt ist. […] Die Beine sind schlank, Hüften und Schenkel nur durch einfachen Schenkelring verbunden, wie bei allen Raub- und Blumenwespen, und die Füße fünfzehig. Der dem […] ersten Fußgliede der Vorderbeine entgegengestellte Schienensporn ist innerseits borstig bewimpert und bildet sammt dem […] ersten Fußgliede das Werkzeug, mit welchem die Ameise sich reinigt, namentlich Fühler, Taster und sonstige Mundtheile abbürstet. […]

Die weiblichen und arbeitenden Ameisen, bissige Geschöpfe, lassen eine kräftige, nach ihnen benannte Säure in die Wunde fließen und zwar

aus der zu diesem Zwecke nach vorn gebogenen Hinterleibsspitze, andere
führen, wie die Stechimmen, einen Stachel und wehren sich mit diesem. In
beiden Fällen erzeugt die der Wunde mitgetheilte Ameisensäure Brennen
und schwache Entzündung. [...]

Wie alle Aderflügler, so ernähren sich auch die Ameisen nur von süßen Flüssigkeiten, welche ihnen die verschiedensten Gegenstände, Obst,
Pflanzensäfte aller Art, Fleisch, saftige Thierleichen, in erster Linie aber die
Blatt- und Schildläuse in ihren Exkrementen und erstere außerdem aus den
sogenannten Honigröhren liefern. Daher finden sich Ameisen auch immer
zahlreich da ein, wo die Blattläuse hausen, und gehen ihnen nach, wo sie
sich auf Pflanzen einstellen, nicht diesen letzteren, denen sie nur insofern
nachtheilig werden können, als sie durch ihre Erdwühlereien deren Wurzel-
werk stören und bloßlegen. Ebenso füttern sie nur mit wasserhellen Tropfen, welche sie aus dem Munde treten lassen, die Larven, die Männchen und
Weibchen ihres Nestes, oder einen anderen Arbeiter ihrer Gesellschaft, der
sie anbettelt. Vorräthe tragen sie daher nicht ein, wie die Honigbienen und
andere gesellige Blumenwespen. Außer der bezeichneten Nahrung bedürfen sie einen gewissen Feuchtigkeitsgrad zu ihrem Gedeihen, und dieser bestimmt auch den Ort ihrer Nestanlage.

Die meisten Ameisennester finden sich in der Erde. Forel hat in jüngster
Zeit in den »Neuen Denkschriften der allgemeinen Schweizerischen Gesellschaft für die gesammten Naturwissenschaften« (Zürich 1874) seine schätz-
baren Beobachtungen über die schweizer Ameisen niedergelegt und auch
dem Nestbaue einen umfangreichen Abschnitt gewidmet. Er unterscheidet:
1) Erdnester, welche entweder einfach gegraben oder wenigstens theilweise
gemauert und mit einem Erdhügel versehen, oder unter einem schützenden
Steine angelegt sind. 2) Holznester, welche im noch zusammenhängenden
Holze in ähnlichem, zum Theil regelmäßigerem Verlaufe in den dauerhaf-
teren Stoff gearbeitet sind, wie jene in die feuchte Erde. [...] 3) Eingehüllte
Nester *(nids en carton)* werden in der Schweiz nur von LASIUS FULIGINOSUS
gebaut, einer Art, deren Drüsen vorherrschend entwickelt sind und ein
Bindemittel liefern, mit welchem vorherrschend im Holze durch Aufmau-
ern von zusammengekneteten Holzspänchen die inneren Räume aufgebaut

211

werden. [...] Als vierte Form bezeichnet Forel die Nester von zusammen-
gesetzter Bauart, zu denen die allbekannten aus Pflanzenstoffen, besonders
kleinen Holzstückchen zusammengetragenen Haufen unserer rothen Waldameise, die wir später noch näher kennen lernen werden, einen Beleg liefern.
Hierher gehören auch die Bauten in alten Baumstümpfen, wo das zersetz-
te Holz ebenso wie bei den Erdbauten die Erde benutzt wird, um haltbare
Gänge und Kammern in dem Mulme herzustellen. 5) Zu den abweichenden
Nestern werden diejenigen gerechnet, welche sich unter den vorigen nicht
unterbringen lassen, wie diejenigen in Mauerritzen, Felsspalten, menschlichen Wohnungen usw. Diese Andeutungen mögen genügen, um die große
Mannigfaltigkeit im Nestbaue zu erkennen; für die bestimmte Ameisenart
ist dieselbe nicht charakteristisch; denn es gibt kaum andere Kerfe, welche
sich bei Anlage ihrer ausgedehnten Wohnungen so in die Verhältnisse zu
schicken wissen, wie die Ameisen. [...]

Je kleiner die Gesellschaft, desto einfacher das Nest; je größer, desto
mehr Gänge und Hohlräume dehnen sich in der Ebene und in Stockwerken
über einander aus und bilden ineinander verlaufende Irrgänge, welche durch
Wände, Pfeiler, Stützen der stehen gebliebenen oder hier und da aufgebauten
Stoffe (Erde, Holz) von einander getrennt und gestützt werden. Bestimmte
Wege führen nach außen, oft in weitere Entfernungen, und stellen die Verbindung des Nestes mit den Weideplätzen der Bewohner her. Nicht selten
findet man größere Bodenflächen mit zahlreichen Nestern einer und derselben Art besetzt, welche alle unter einander in Verbindung stehen, während
umgekehrt unter einem Steine zwei bis drei Arten von Ameisen in so naher
Nachbarschaft leben, daß sich die Gänge der einen zwischen die der anderen winden und dennoch Scheidewände die einzelnen Baue vollkommen von
einander abschließen. [...]

Bei denjenigen Ameisen, deren Arbeiter in verschiedenen Formen auftreten, scheint bis zu einem gewissen Grade Arbeitstheilung einzutreten, wenigstens hat man beobachtet, daß die großköpfigen, sogenannten Soldaten,
welche bei den Streifzügen nicht die Vertheidiger, sondern mehr die Ordner
und Führer bilden, mit ihren größeren Kinnbacken das Fleisch und die sonstige Beute zerschroten und die zarter gebauten Arbeiter dadurch in die Lage

212

versetzen, ihren Kräften entsprechende Stückchen wegschleppen zu können. Ueberdies können wir oft genug beobachten, daß da, wo für den einzelnen Arbeiter die Kraft nicht ausreicht, ein zweiter und dritter zu Hülfe kommt und mit vereinten Kräften oft unmöglich scheinendes erreicht wird. In der Vereinigung fühlt sich die Ameise überhaupt nur stark und zeigt nur dann ihren vollen Muth und ihre Kampfeslust, wenn sie auf Beihülfe von ihresgleichen rechnen kann; als einzelne oder fern vom Neste weicht sie jedem Zusammenstoße gern aus.

Die Brutpflege erstreckt sich hier auf Eier, Larven und Puppen. Erstere, frisch gelegt, sind länglich, weiß oder lichtgelb, schwellen aber vor dem Ausschlüpfen an, biegen sich an dem einen Ende etwas und werden glasig. Nachdem sie vom Weibchen in einer Kammer auf ein Häufchen gelegt worden sind, werden sie von den Arbeitern wieder aufgenommen, fleißig beleckt, wie es scheint, hierdurch mit einer nährenden Feuchtigkeit versehen, in ein oberes Stockwerk des Hauses aufgehäuft, wenn es warm wird, oder tiefer geschafft, wenn die Witterung rauh und unfreundlich ist. Dasselbe wiederholt sich mit den Larven, die außerdem mit den ausgebrochenen Tropfen gefüttert, beleckt und von dem anhaftenden Schmutze gereinigt werden. Auch die Puppen werden den ihrem Gedeihen entsprechenden Witterungsverhältnissen nach umgebettet, hier- und dorthin getragen, und wer hätte nicht schon gesehen, wie beim Aufheben eines Steines, unter welchem sie während des Sonnenscheines an der Oberfläche des Baues liegen, die sorgsamen Pflegerinnen sogleich heraufgestürzt kommen, eine ergreifen und damit eiligst im Inneren der Gänge verschwinden, um sie vor der Störung von außen zu schützen und in Sicherheit zu bringen. Als Trage dienen bei diesen Arbeiten die Kinnbacken; in der Eile wird auch einmal eine Bürde verloren, und da sind es die Fühler, welche allein nur das Wiederauffinden vermitteln. Selbst dann noch, wenn die junge Ameise im Begriffe steht, ihre Puppenhülle zu verlassen, sind die Schwestern hülfreich bei der Hand, zerreißen das Gespinst und unterstützen das Befreiungswerk, welches in allen anderen Fällen dem neugeborenen Kerbthiere allein überlassen bleibt. Somit erreicht bei den Ameisen die Brutpflege den höchsten Grad der Entwickelung unter allen gesellig lebenden Hautflüglern. […]

Im weiteren Verlaufe einer allgemeinen Schilderung des Ameisenlebens können wir uns nur an einzelne, besonders auffällige Erscheinungen halten, da es sich nicht nur bei einer und derselben Art je nach den äußeren Verhältnissen (Oertlichkeit, Jahreszeit, Witterungsverhältnisse usw.), sondern in noch viel höherem Maße bei den verschiedenen Arten außerordentlich mannigfach gestaltet und, wollen wir ehrlich sein, zum großen Theile nur stückweise und noch sehr unvollkommen zu unserer Kenntnis gelangt ist. […] Die Lebensdauer einer vollendeten Ameise läßt sich am schwierigsten feststellen, allenfalls vergleichungsweise behaupten, daß die der Männchen, welche nur der auf bestimmte Zeiten fallenden Fortpflanzung dienen, die kürzeste und die der befruchteten Weibchen länger als die der sich aufreibenden Arbeiter sein werde. Man nimmt an, daß die Stammmütter bis wenig mehr als ein Jahr ihr Leben fristen können. Dieselben leben öfters in Mehrzahl in einem Neste, da sie die Eifersucht der Bienenköniginnen nicht kennen, geflügelte, also noch nicht befruchtete Weibchen und Männchen finden sich meist nur zu bestimmten Zeiten, obschon auch in dieser Beziehung Abweichungen wahrgenommen werden. […]

Die Männchen von ANERGATES sind ungeflügelt, bei anderen Arten sind sie im Vergleiche zu ihren Weibchen viel zu groß, um von diesen im Fluge getragen werden zu können, in beiden Fällen findet also die Paarung nicht wie gewöhnlich beim Ausschwärmen statt. In solchen Nestern aber, wo zu bestimmten Zeiten, namentlich während des August, geflügelte Männchen und Weibchen im Neste erscheinen, halten sich dieselben eine Zeitlang im Inneren desselben verborgen, letztere betheiligen sich wohl auch insofern an den häuslichen Arbeiten, als sie die Larven und Puppen mit umbetten helfen. Zunächst wird es den Männchen, die zu Luftthieren geboren sind, in den unterirdischen Räumen zu eng, sie lustwandeln auf der Außenfläche des Haufens umher, besteigen Gräser und andere Pflanzen in der nächsten Nachbarschaft und verrathen große Unruhe. Zwischen ihnen erscheinen Arbeiter, fassen sie mit den Zangen und suchen sie in das Nest zurückzubringen. Diese Aufregung währt einige Tage, dann aber bietet sich dem Blicke des Beobachters ein überraschendes Schauspiel, eine Hochzeit der Ameisen dar. Nichts Menschliches gibt einen Begriff von dem wirbelnden Aufbrausen, von dem man nicht weiß, ob es Liebe, ob es Wuth bedeute. Zwischen dem Volke wilder Brautpaare, welche von nichts zu wissen scheinen, irren Ungeflügelte umher und greifen besonders die an, welche sich am meisten verwickelt haben, beißen sie, zerren sie so stark, daß man meinen sollte, sie wollten sie vernichten. Das ist aber nicht ihre Absicht, sie wollen sie vielmehr zum Gehorsam, zu sich selbst zurückbringen. Diese Jungfrauen überwachen also die Liebenden und führen eine strenge Aufsicht über die Vorfeier der Hochzeit, dieses wahre Volksfest. Jetzt grenzt die Wildheit an Raserei: in taumelndem Wirbel erheben sich die Männchen, nach ihnen die Weibchen und in wechselndem Auf- und Absteigen gelangen sie zu bedeutenden Höhen. Die Männchen stürzen sich auf ein Weibchen, von den kleineren bisweilen mehrere gleichzeitig, und verbinden sich mit ihm. Ein höherer Gegenstand dient ihnen gewissermaßen als Wahrzeichen bei diesem Gaukelspiele: ein Baumgipfel, eine Thurmspitze, ein Berggipfel, selbst ein einzelner Mensch in einer ebenen Gegend. So geschah es Huber, dem wir so viel über die Sitten der Ameisen verdanken, daß ein Schwarm sich über seinem Haupte langsam mit ihm fortbewegte. [...] Die Ameisenschwärme an einem schönen Augustnachmittage, besonders nach einigen Regentagen, [...] haben bisweilen die Menschen in Furcht und Schrecken versetzt, namentlich dann, wenn die Schwärme einer größeren Landstrecke sich zu förmlichen Wolken vereinigt und die Spitzen der Kirchthürme als vermeintliche Rauchwölkchen umschwebt haben. [...] Genug der Beispiele. Legen wir uns jetzt die zwei Fragen vor: Wie sieht es während der Schwärmzeit im Neste aus, und was wird aus den Schwärmern?

Bei den schon einige Tage vor dem Schwärmen bemerkbaren Bemühungen der Arbeiter, unter dem geflügelten Volke Ruhe und Ordnung wieder herzustellen, gelingt es doch, ein oder das andere Weibchen und Männchen zurückzuhalten, welche sich in der nächsten Nestnähe paaren. Eins oder einige solcher Weibchen sind es, die sie in das Nest zurückbringen, ihnen die Flügel abreißen, denselben alle Fürsorge erweisen, sie belecken, füttern und in gleicher Weise behandeln, wie wir von den Bienen mit ihrer Königin bereits früher gesehen haben. Diese Stammmutter sorgt nun durch Eierlegen für das Fortbestehen des Nestes. Die Schwärmer gelangen entfernt vom Geburtsneste, wie wir bereits sahen, schließlich wieder auf die

215

Erde, tausende und aber tausende werden eine Beute anderer Kerfe oder solcher Thiere höherer Ordnungen, welche Geschmack an ihnen finden, oder die Männchen sterben nach wenigen Tagen planlosen Umherirrens einen natürlichen Tod, während die nicht verunglückten Weibchen Gründerinnen neuer Nester werden, sicher auf verschiedene Weise bei den verschiedenen Arten, auf welche aber, ist bisher noch bei keiner durch unmittelbare Beobachtung festgestellt worden. [...]

Die Ameisenfreunde *(Myrmekophilen)* sind weitere Bewohner der Ameisennester und gehören den verschiedensten Kerfordnungen an. Mehrere Forscher haben diesen Gegenstand mit besonderer Vorliebe verfolgt und lange Verzeichnisse von diesen Thieren angefertigt, auch das Verhalten der Ameisen zu ihnen zu ermitteln sich bemüht. Hiernach lassen sich dieselben in drei Gruppen ordnen: 1) Ameisenfreunde, welche nur als Larven oder Puppen unter jenen leben und als unschädliche Gesellschafter geduldet werden. [...] 2) Ameisenfreunde, welche in ihrem vollkommenen Zustande in den Nestern anzutreffen sind, hier aber nicht ausschließlich. Dahin gehören mehrere Stutzkäfer (HISTER), Kurzflügler, diejenigen Blattläuse, welche nicht freiwillig, sondern, von den Ameisen hineingetragen, bei ihnen als »Milchkühe« leben müssen. [...] 3) Ameisenfreunde, welche auf allen ihren Lebensstufen ausschließlich in den Nestern bestimmter Ameisen leben, ohne welche sie überhaupt nicht bestehen würden. Hierher gehören der gelbe Keulenkäfer [...] mit seinen Verwandten und noch zahlreichere Staphylinen. – In Deutschland kennt man über dreihundert Kerfarten aller Ordnungen, welche zu einer oder der anderen dieser drei Gruppen zählen, hauptsächlich jedoch den Käfern angehören, unter diesen allein einhundertneunundfunfzig Staphylinen. [...]

Das geschäftige Treiben der Ameisen hat ihnen vor tausenden anderer Kerfe von jeher die regste Theilnahme derer abgenöthigt, welche überhaupt Sinn für solche Dinge haben, wie uns die zum Theil treffenden Bemerkungen der griechischen und römischen Naturforscher aus dem grauen Alterthume beweisen. Das Leben der Ameisen ist nach Plutarch gewissermaßen der Spiegel aller Tugenden: der Freundschaft, der Geselligkeit, Tapferkeit, Ausdauer, Enthaltsamkeit, Klugheit und Gerechtigkeit. [...]

Die rothe Waldameise, Hügelameise (FORMICA RUFA [...]), hat ein nicht ausgerandetes Kopfschild, fein gerunzeltes Stirnfeld, unbehaarte Augen, eine aufrechte, beinahe verkehrt herzförmige, schneidige Stielschuppe, einen braunrothen, beborsteten Mittelleib mit schwärzlichen Flecken, das Männchen dagegen einen durchaus braunschwarzen, infolge der Behaarung aber aschgrau schimmernden; dasselbe ist größer als das Weibchen (11 Millimeter), dieses nur 9,87, und der Arbeiter gar nur 4,5 bis 6,5 Millimeter. [...]

Die Waldameise lebt in ganz Europa, in Asien bis Ostindien und in Nordamerika. Sie baut unter unseren heimischen Arten die mächtigsten Nester, indem sie in den Nadelwaldungen Hügel von vierundneunzig bis einhundertfünfundzwanzig Centimeter Höhe aus Blatttheilchen, Nadeln, Harzkrümchen, Erdklümpchen, Holzstückchen mit bewundernswürdiger Ausdauer und Kraftanstrengung zusammenschleppt und aufthürmt. Die Nester nehmen unter der Bodenfläche einen noch viel größeren Umfang an als am oberirdischen Theile. Zerstört man einen solchen Hügel, so kommen tausende von Arbeitern in dichtem Gewimmel zum Vorscheine. Für den erschöpften Wanderer kann es nichts Erquickenderes geben, als wenn er die flache Hand, mit welcher er einige rasche Schläge auf einen solchen Hügel führte, unter seine Nase hält. Es ist bei dieser Behandlungsweise Schnelligkeit als Vorsichtsmaßregel nothwendig, damit sich keins der hierdurch wüthend gemachten Thiere in die Hand einbeiße oder an den Körper krieche, weil es sonst durch sehr unangenehmes Zwicken sich empfindlich rächen würde. Einst klopfte ich ein solches Nest, welches am Rande eines Waldes etwas hoch lag, und zwar genau vor der im Scheiden begriffenen Sonne. Nachdem wir, meine mich begleitenden Damen und ich, den aromatischen Hauch von meiner Hand eingeschlürft hatten und uns im Weggehen nochmals nach den hörbar sehr unangenehm berührten, erzürnten Thierchen umsahen, genossen wir das einzige Schauspiel: hunderte von silbernen Fontänen, beleuchtet durch die Strahlen der sinkenden Sonne, sprudelten von allen Seiten bis zweiundsechzig Centimeter in die gewürzige Luft und lösten sich auf ihrem Rückwege in zarte Nebel auf. Eine Sekunde, und alles war vorüber, nur ein Geknister und Genistel zwischen dem aufgewühlten Baumaterial hörte man bei der abendlichen Feierstille auf viele Schritte

218

Entfernung, die fortdauernde Aufregung der so unfreundlich in ihren verbrieften Rechten beeinträchtigten Thiere. Daß sie aus der Hinterleibsspitze die Ameisensäure von sich geben und so einem klopfenden Werkzeuge deren Geruch mittheilen, war mir bekannt, daß sie dieselbe aber mit solcher Gewalt zu solcher Höhe emporschleudern könnten, hatte ich nicht geahnet.

Das Innere dieser Nester enthält ein Gewirre von kreuz und quer sich vereinigenden Gängen und kleinen Höhlungen, in denen sich die Bewohner herumtummeln, und von welchen nach allen Seiten hin Haupt- und Nebenstraßen weit von dem Hügel weg führen, welche durch das ununterbrochene Herbeischaffen weiterer Pflanzentrümmer förmlich geglättet sind.

SCHMETTERLINGE

Unter Berücksichtigung des Gesammteindruckes, welchen die Körpertracht eines Kerbthieres bei dem Beschauer hervorruft, müssen wir den Hautflüglern die Schmetterlinge, jene bunten Lieblinge unserer naturforschenden Jugend, folgen lassen. Die drei vollkommen verwachsenen Brustringe, welche naturgemäß den Mittelleib abschließen, der frei davor sitzende Kopf mit seinen geraden, immer deutlich bemerkbaren Fühlern, der vorwiegend gestreckte, durchweg mit Chitinmasse gepanzerte Körper und die vier Flügel, welche ihre Inhaber befähigen, den feuchten, unsaubern Erdboden zu verlassen und im lustigen Gaukelspiele die würzigen Lüfte zum gewöhnlichen Aufenthalte zu wählen, dies alles, aber auch außerdem das Verlangen nach Süßigkeit und nach den Perlen des Thaues, um das kurze Leben zu fristen, und die scharf geschiedenen drei Entwickelungsstufen haben die Schmetterlinge mit den Aderflüglern gemein. […]

Die vier Flügel, deren vordere die hintersten an Größe in den meisten Fällen bedeutend übertreffen, werden in ziemlich gleichmäßiger Weise vorherrschend von Längsadern durchzogen. […] [D]en höchsten Werth aber für das Auge und für ihre Schmetterlingsnatur verleiht ihnen die äußere Bedeckung. Wenn man sagt, die Schmetterlingsflügel seien mit abwischbarem Staube überzogen, so drückt man sich mindestens sehr ungenau aus, denn jedermann weiß, daß es nicht formlose, beliebig aufgestreute, außerordentlich feine Körperchen sind, für welche wir eben keinen anderen Ausdruck als »Staub« haben, welche den Flügeln ihre Schönheit verleihen, sondern sehr zarte Schüppchen von ganz bestimmtem regelmäßigen Zuschnitte. Dieselben heften sich mit längeren oder kürzeren Stielchen lose an die Flügelhaut in bestimmten Reihen an, decken sich, hier dichter, dort loser, wie die Ziegel auf dem Dache und haben in einem und demselben Flügel, je nach der Stelle, welche sie einnehmen, je nach der Schmetterlingsart, verschiedene Größe, Form, Farbe, Oberfläche. In der Mitte der Flügelfläche pflegt die meiste Uebereinstimmung zu herrschen, wenn wir die Farbe ausschließen, an dem Innenrande und Saume gehen die Schuppen in haarartige Gebilde oder in wirkliche Haare über, wie auch häufig auf der Unterseite; die den Saum einfassenden heißen Fransen. Es gibt brasilische Schmetterlinge, deren Flügel gar keine Schuppen tragen und auch in Europa eine Sippe zierlicher Falter, die Glasflügler, bei denen ein großer Theil des Flügels durchsichtig bleibt, dafür nehmen die Schuppen des übrigen Theiles die verschiedensten Formen an. Das Streichen der Reihen, ob sie gerade oder gebogen, das festere oder losere, bisweilen sogar senkrechte Aufsitzen der einzelnen Plättchen, bieten neben der Größen-, Formen- und Farbenverschiedenheit eine nicht geahnte Abwechselung und verleihen dem unnachahmlichen Gemälde den höchsten Zauber. […]

Die Hinterflügel sind nicht selten mit einem feinen Dorn oder einem Büschel feiner Borsten versehen, welche in die vorderen eingreifen und das Zusammenhalten beider bewerkstelligen. […] Wie Form, Zeichnung und Aderverlauf der Flügel für die Arten charakteristisch sind, so auch die Haltung derselben in der Ruhe. […]

Die Larven oder Raupen der Schmetterlinge kennt man vollständiger als diejenigen irgend einer anderen Kerfordnung, weil sich nirgends mehr, wie hier, die – – Laien der Erforschung unterzogen haben. Wir haben allen Grund, die einen ebenso wegen ihrer Schönheit zu bewundern, wie die anderen um ihrer Gefräßigkeit willen zu fürchten. Jede Raupe besteht außer dem hornigen Kopfe aus zwölf fleischigen Leibesgliedern, von welchen die drei vordersten je ein Paar hornige, gegliederte und in eine Spitze auslaufende Brust- oder Halsfüße tragen. An dem Leibesende stehen mit wenigen Ausnahmen zwei fleischige und ungegliederte Füße nach hinten hervor, die sogenannten Nachschieber. Zwischen diesen und jenen befinden sich noch zwei bis acht saugnapfartige, kurze Beine am Bauche, welche so gestellt sind, daß zwischen den Brustfüßen mindestens zwei und vor den Nachschiebern ebenso viele Glieder frei bleiben. […] Wo nur ein oder zwei Paare am Bauche vorkommen, wird der Gang ein eigenthümlicher, den Raum durchspannender, die Raupe streckt sich lang aus, und wenn sie mit dem Vordertheile Fuß gefaßt hat, zieht sie den Hinterkörper, die Mitte in eine Schleife biegend, nach, setzt die vordersten Bauchfüße hinter die hintersten der Brust, läßt letztere los, streckt den Vorderkörper lang vor und kommt auf diese Weise sehr schnell von der Stelle. Man nennt diese Raupen Spannraupen und ihre Schmetterlinge Spanner. Die neun Luftlöcher an den Körperseiten lassen sich bei nicht zu kleinen Raupen leicht erkennen [...]. Wir werden mit der Zeit einen Begriff von der unendlichen Mannigfaltigkeit bekommen, welche in Bezug auf die Gestalt und die äußere Erscheinung der Raupen überhaupt herrscht, und begnügen uns jetzt mit diesen kurzen Andeutungen [...] Manche Raupen gelten dem gemeinen Manne für giftig und werden darum oft mehr gefürchtet, als wegen des Schadens, den sie an Kulturpflanzen anrichten. Giftorgane hat keine Raupe, bei manchen aber sind die Haare oder die fleischigen, mit beweglichen Seitenästen reichlich versehenen Zapfen hohl, enthalten sehr verdichtete Ameisensäure und nesseln daher beim Abbrechen der Spitzen. So haben wenigstens einige Larven ein Schutzmittel, während auch nicht ein Schmetterling im Stande ist, sich zu vertheidigen, sondern bei drohender Gefahr durch seine Schwingen einzig auf schleunige Flucht angewiesen ist, oder durch Herabfallen von seinem erschütterten Ruheplatze und Erheucheln des Todes auf dem Boden seine Verfolger zu täuschen sucht. [...]

Speyer schätzt die Anzahl sämmtlicher Schmetterlinge auf zweihunderttausend, welche in gewissen Arten beinahe überall auf der Erde vertreten, im wesentlichen aber von der Pflanzenwelt, als der Ernährerin ihrer Raupen, abhängig sind. Wegen ihrer Zartheit konnten sich fossile Ueberreste schwieriger erhalten, als von anderen Kerfen und kommen daher auch seltener vor; indessen haben wir aus dem Tertiärgebirge mehrere wohl erhaltene Schwärmer und als Einschluß in Bernstein kleinere und zartere Formen.

Lange Zeit begnügte man sich mit der Linné'schen Eintheilung in Tag-, Dämmerungs- und Nachtfalter, von welchen nur die beiden ersten natürlich begrenzte Familien bilden, die letzteren dagegen aus den verschiedenartigsten Formen zusammengesetzt sind. Das Bestreben, auch die mit den Jahren bekannt gewordenen zahlreicheren Arten ferner Länder einzuordnen und die genaueren Untersuchungen längst bekannter Inländer zu verwerthen, ergab allmählich eine Reihe von mehr oder weniger natürlichen Familien [...].

An der Spitze stehen die Tagfalter, Tagschmetterlinge (DIURNA, RHOPALOCERA), Linné's Gattung PAPILIO. Ein dünner, schmächtiger Körper mit schwächlicher Bekleidung, große und breite Flügel, welche in der Ruhe aufrecht getragen werden, so daß sich die Oberseiten berühren, und schlanke Fühler, welche an der Spitze selbst oder unmittelbar vor ihr die größte Dicke erlangen, bilden in ihrer Vereinigung die untrüglichen Merkmale, an welchen man die zahlreichen Glieder dieser ersten Familie erkennt. Nur bei den Spinnern wiederholen sich die Größenverhältnisse von Flügel und Körper bisweilen, aber die Fühler folgen einem anderen Bildungsgesetze. Die Tagfalter haben nie Nebenaugen, keine Haftborsten an den Hinterflügeln, meist bloß zwei Endsporen an den Hinterschienen und fliegen nur bei Tage. Doch sind darum keineswegs alle Schmetterlinge, welche bei Tage sich lebhaft zeigen, Glieder dieser Familie. Sie erscheinen mit derselben Beharrlichkeit als die geputzten, liebenswürdigen Tagediebe, mit welcher ihre Raupen die unersättlichen Vertilger der Pflanzen sind. Dieselben gehen aber mit ihrem äußeren Wesen zu sehr auseinander, um über sie im allgemeinen mehr sagen zu können, als daß sie sechzehn Füße haben und kein dichtes und langes Haarkleid tragen. Alle heimischen Dornenraupen gehören hierher. Die Puppen der Tagfalter sind von lichter Farbe, ausgezeichnet durch allerlei Ecken auf dem Rücken und Endspitzen auf dem Scheitel, so daß sie […] nicht selten in ihrem vorderen Rückentheile ein fratzenhaftes Gesicht zeigen. Die Raupe heftet mittels eines Endhäkchens die Spitze ihres Hinterleibes einem feinen Polster auf, welches sie an eine Planke, einen Ast, Baumstamm usw. spinnt, krümmt sich bogenförmig, streift durch Windungen ihres Körpers die Haut ab und erscheint nun als eine mit dem Kopfe nach unten gerichtete Puppe, oder stützt sich vorher durch einen Gürtel um den Leib und ruht senkrecht oder wagerecht mit der Bauchseite auf ihrer Unterlage; in selteneren Fällen findet man die Puppe auch unter Steinen, nie aber hat sie weder ein geschlossenes Gehäuse noch loses Gespinst um sich. […]

Welchen Einfluß Licht und Wärme gerade auf die Glieder dieser Familie ausüben, ersieht man aus der örtlichen Verbreitung und der Farbenpracht, welche nur solchen im vollen Maße zukommt, die unter fast immer senkrechten Sonnenstrahlen heimisch sind, wo sie stellenweise in solchen unglaublichen Massen vorkommen, daß sie den Mangel an Blüten im Urwalde reichlich ersetzen. [...] Während in Deutschland nicht volle zweihundert Arten von Tagfaltern angetroffen werden, in ganz Europa, einschließlich der asiatischen, in dieser Beziehung nicht wohl zu trennenden Grenzländer, kaum vierhundert, fliegen bei Pará in Brasilien sechshundert Arten. Dies eine Beispiel wird genügen, um ihren vorwaltenden Reichthum in den Gleichergegenden erkennen zu lassen. Die Annahme von fünftausend Tagfalterarten dürfte daher eher zu niedrig, als zu hoch gegriffen sein. Dieser Reichthum erschwert die Auswahl der wenigen Arten, welche hier zur Besprechung kommen können, wesentlich.

Man kennt etwa zwanzig verschiedene Schmetterlinge, welche den Molukken, Philippinen, Neu-Guinea und den übrigen Inseln jener Gewässer eigenthümlich und wegen ihres stattlichen Ansehens mit noch sehr vielen anderen von Linné treffend als Ritter bezeichnet worden sind; entschieden bilden sie die Riesen sämmtlicher Tagfalter. [...]

[D]er allgemein bekannte Schwalbenschwanz (PAPILIO MACHAON), breitet sich nicht nur über ganz Europa aus, sondern fliegt auch auf dem Himalayagebirge und in Japan. Wir sehen den staatlichen Schmetterling auf der Mitte unseres Gruppenbildes dargestellt. An den Vorderflügeln sind die schwarz gefleckten und durchaderten, staubartig aufgehauchten gelben Schüppchen auf dem schwarzen Wurzelfelde und der schwarzen Binde vor den gelben Saumflecken deutlich wahrzunehmen, an den geschwänzten Hinterflügeln ist die entsprechende Binde blau aufgeblickt und als ein rothes, in Blau verschwimmendes Auge fortgesetzt; es ist dies gleichsam der Orden, welchen diese Ritter tragen. Die Unterseite hat fast dieselbe Zeichnung, nur matter und mit vorherrschendem Gelb. Im Juli und August gaukelt dieser schöne Falter in langsamem Fluge über die Kleefelder hin, oder nascht aus den Blüten der Wiesen, der Gärten und Wälder, seine Schwingen dabei in wechselndem Spiele flach ausbreitend, oder in halbem Schlusse emporhaltend. Wenn er will, kann er auch in schnellem Zuge dahinsegeln, und er wäre ganz dazu angethan, weite Strecken in kürzester Zeit zurückzulegen. Der Kenner weiß es, daß er zur genannten Zeit die zahlreichere zweite Brut vor sich hat; einzeln zeigt sich der Schwalbenschwanz schon im Mai aus

überwinterten Puppen. Das befruchtete Weibchen sucht in der Sorge um seine Nachkommenschaft auf Wiesen, in Gärten oder an freien Waldplätzen verschiedene Doldengewächse, namentlich Fenchel, Dill, Kümmel, Möhren, auf, legt ein Ei, auch einige an jede Pflanze und stirbt. Die jugendliche Raupe ist schwarz, über den Rücken hin weiß gefleckt und mit rothen Dornen versehen; doch bald ändert sich ihr Aussehen, und ist sie erst größer, so bemerkt man sie häufig oben in den Fruchtständen ihrer Futterpflanze, den Samen nachgehend. Sie ist jetzt eine stattliche Raupe, grün und sammetschwarz geringelt, etwas faltig, aber ohne weitere Auszeichnung auf der Oberfläche, da die Dornen verschwunden sind. Wenn man sie anfaßt, stülpt sie, den Zudringlichen zu erschrecken, zwei Fleischzapfen in Form einer Gabel aus dem Nacken hervor, schlägt wohl auch mit dem Körper um sich. Die grünlichgelbe, gelb gestreifte, am Rücken gekielte, auch sonst etwas rauhe Puppe hat zwei stumpfe Spitzen am Kopfe, hält sich durch einen Faden in wagerechter oder aufgerichteter Stellung an irgend einem Zweiglein fest und überwintert, während die der ersten Brut nach wenigen Wochen zum Schmetterlinge wird. […]

Der allbekannte Citronenfalter (RHODOCERA RHAMNI) gehört […] der Sippe [der Weißlinge] an, obgleich Flügelschnitt und Lebensweise abweichen. Das blaßgelbe, befruchtete Weibchen überwintert. Man kann es bei der Frühlingsfeier am blühenden Weidenbusche zwischen Bienen und Hummeln, welch letztere mit ihm in gleicher Lage sind, und zwischen manchen anderen Kerfen theilnehmen sehen, freilich ohne Sang und Klang, sondern stumm wie alle Tagfalter. Von da sucht es einen eben sprossenden Kreuzdorn (RHAMNUS) auf, um seine Eier einzeln abzusetzen. Die Raupen, welche aus denselben entstehen, nähren sich von den Blättern und sind grün, an den Seiten mit einem weißen Streifen versehen, welcher nach oben allmählich in die Grundfarbe übergeht. Sie verwandeln sich in eckige, grüne, seitwärts hellgelb gestreifte und rostbraun gefleckte Puppen mit stumpfkantig heraustretenden Flügelscheiden. Der Falter fliegt im Juli und August; das Männchen zeichnet sich durch citronengelbe Färbung vor dem blasseren Weibchen aus. […]

LANDSCHNECKEN

Alle Landschnecken und der größte Theil der die süßen Gewässer bewohnenden Schnecken athmen Luft. Der Mantel bildet in der Nackengegend eine Höhle, in welche durch eine bei den rechtsgewundenen und bei den nackten Wegeschnecken rechts liegende Oeffnung die Luft eintritt, und an deren oberer, dem Mantel angehörigen Wandung sich ein dichtes Netz von Blutgefäßen ausbreitet. Man sieht diese Lungenöffnung bei jeder ungestört kriechenden Schnecke. Sie verengt sich und verschwindet, wenn man das Thier berührt und ins Gehäuse treibt; es dauert aber nicht lange, nachdem es sich zurückgezogen, so erscheint die Oeffnung wieder in der Nähe des Spindelrandes. […]

Um die Uebereinstimmung der äußeren Körpertheile bei scheinbar höchst verschiedenen Gliedern dieser Ordnung zu erkennen, stelle man ein Exemplar einer Nacktschnecke (LIMAX) mit einer gehäustragenden Garten- oder Weinbergsschnecke (HELIX) zusammen. Bei LIMAX ist der hintere Theil des Fußes nicht frei, sondern mit dem Schlauche verbunden, in welchem die Eingeweide enthalten sind. Dieser Theil des Hautschlauches ist es nun, welcher bei HELIX spiralig sich windet und nicht aus dem Gehäuse heraustritt. Mit diesem ist der Körper nur durch einen Muskel, den Spindelmuskel, verbunden, welcher sich oberhalb der ersten Windung an die Spindel ansetzt und den Körper in die Schale zurückzieht. Mit ihm stehen noch andere im Vorderende sich verbreitende Muskeln in Verbindung, welche sich nur zum Theile, wie z.B. die zur Einstülpung der Fühler dienenden, bei den Nacktschnecken auch finden und das Zurückziehen oder Einstülpen des Kopfendes und der Schnauze vermitteln. […]

Wir werden zu erwarten haben, daß die Wasser- Lungenschnecken und die Land-Lungenschnecken hinsichtlich ihrer Lebensweise ähnliche durchgreifende Verschiedenheiten zeigen, wie überhaupt in dem Gegensatze ihres Aufenthaltes liegt. Ja derselbe wird sich hier um so mehr geltend machen, als diese Thiere eine so äußerst geringe Ortsbewegung ausführen, daß es ihnen unmöglich gemacht ist, durch Wanderungen oder schnellere Flucht sich den regelmäßigen oder zufälligen klimatischen Einflüssen und Unbilden zu entziehen, welche bekanntlich in weit höherem Grade auf dem Lande, als im Wasser sich geltend machen. Wir besitzen von dem schon wiederholt genannten von Martens, einem der Naturforscher der preußischen Expedition nach Ostasien, ein ausgezeichnetes kleines Werk über die Bedingungen und das Thatsächliche der geographischen Verbreitung der europäischen Land- und Süßwasserschnecken, aus welchem wir die meisten unserer Angaben schöpfen werden. […]

»Auch die Landschnecken bedürfen alle eines ziemlich hohen Grades von Feuchtigkeit zum thätigen Leben. Schutzlosere, wie die Nacktschnecken und die Arten der nur unvollständig bedeckten Gattungen (TESTACELLA und andere), gehen in der Trockenheit bald zu Grunde, z.B. in einer Pappschachtel die kleineren Arten schon in vierundzwanzig Stunden. […] Auch alle behaarten Schnecken lieben die Nässe. Umgekehrt besitzen diejenigen Landschnecken, welche große Trockenheit auszuhalten haben, eine undurchsichtige, matte, fast oberhautlose Schale. Eine bunte Färbung des die Weichthiere umkleidenden Mantels ist auch für die im Feuchten lebenden Schnecken charakteristisch. Wahrscheinlich hängt dieser Charakter mit dem Durchscheinen der Schale zusammen, welche Licht bis zum Mantel gelangen läßt, während derselbe bei allen dickschaligen Schnecken einfarbig und in der Regel blässer, bei denjenigen dünnschaligen, welche nie an das Tageslicht kommen, wie bei den Vitrinen, einfarbig, aber dunkel ist. […] Jeder Schneckensammler weiß, daß des Morgens und nach einem Regen die meisten lebenden Schnecken zu finden sind. In Italien wird HELIX ADSPERSA zum Zwecke des Verspeisens nachts mit der Laterne gesucht, und in Spanien findet der Caracolero (Schneckensammler) beim frühesten Morgengrauen die große HELIX LACTEA und ALONENSIS in großer Menge auf den dürrsten Sierren, während in der Mittagshitze der schwitzende Reisende nichts von den wohl versteckten entdecken kann.« […]

Besonders interessant ist der abändernde Einfluß, den Licht und Wärme zusammen auf die Färbung der Landschnecken ausüben. »Von den blassen, eher farblos als weiß zu nennenden Schalen der im Dunkeln lebenden Schnecken gibt es alle nur möglichen Uebergänge zu dem durchscheinenden

Braun der schattenliebenden Gebüschschnecken, und von diesem zu dem undurchsichtigen dichten Kreideweiß, welches alle Farben zusammenfaßt, und der bunten Zeichnung der die Sonne liebenden Landschnecken. – Nur wo das Licht zu grell und stark einwirkt, bleicht es, wie sonst nur die leeren Schalen, die Schnecken bei lebendigem Leibe. So finden sich an sehr sonnigen Stellen nicht selten ganz weiße, glanzlose Exemplare von HELIX POMATIA und HORTENSIS lebend, welche in der Sammlung nur noch durch den Glanz der Innenseite der Mündung, wo die Schale stets mit den Weichtheilen in Berührung war, von verwitterten Stücken sich unterscheiden lassen. HELIX DESERTORUM, um Kairo und Alexandria braun, ist in der Wüste meist einfarbig weiß. Moritz Wagner fand HELIX HIEROGLYPHICULA in Algerien unter dem Sonnenschirme von CACTUS OPUNTIA mit fortlaufenden, an sonnigeren Stellen stets mit unterbrochenen, stellenweise verlöschten Bändern, d'Orbigny den BULIMUS DERELICTUS auf den Gebirgen von Cobija in Bolivia mit lebhaften Farben geschmückt, dagegen an ihrem Fuße, wo die regenlose Gegend ihnen nur Kaktusstauden und Lichenen bietet, ganz einfarbig weiß, und ebenso seinen BULIMUS SPORADICUS in den Pampas von Buenos Ayres einfarbig, in Bolivia an der Grenze der Wälder mit scharf ausgeprägten schwarzen Striemen ausgezeichnet.« Aus diesen und vielen anderen Beispielen geht hervor, daß die Landschnecken besonders geeignet sind zu zeigen, wie die Färbung direkt unter dem Einflusse des Lichtes steht. Es finden sich aber unter ihnen auch zahlreiche Beispiele für eine andere, auch in anderen Thierklassen beobachtete Thatsache, nämlich die Gleichfarbigkeit des Thieres mit seiner unmittelbaren Umgebung. Die Landschnecken sind vorherrschend erdbraun, die Vitrinen und ARION HORTENSIS unter den nassen modernden Blättern sind so schwarz und glänzend wie diese. Wenn unser Gewährsmann hier den Erklärungsgrund, daß das reflektirte Licht in diesen Fällen die Wirkung hervorgebracht, nur mit großer Zurückhaltung gelten lassen will, so geben wir ihm Recht. Eine andere Erwägung aber, welche Haeckel in einem viel angefeindeten und viel gelobten Werke ausführt, und welche auf alle ähnliche Erscheinungen der Thierwelt sich ausdehnt, finden wir der höchsten Beachtung werth. Er sagt nämlich, daß man die Gleichfarbigkeit vieler Thiere mit ihren Umgebungen auch daraus erklären könne, daß gerade die so gefärbten leichter als die durch ihre Farbe abstechenden Individuen ihren Feinden entgehen müssen; es fände also fortwährend eine Ausmerzung der bunten Varietäten, eine Zuchtwahl der mit der Umgebung übereinstimmend gefärbten Exemplare statt, und damit eine allmähliche natürliche Erziehung der durch die Färbung am meisten geschützten und bevorzugten Varietät.

Da alle Schneckengehäuse kalkig sind, dieser Kalk sich nicht im Organismus aus anderen Elementen erzeugt, sondern als Kalk von außen eingeführt werden muß, so folgt von selbst, daß da, wo es absolut an Kalk fehlt, Gehäusschnecken nicht existiren können. Diese Abhängigkeit vom Kalke ist natürlich auch bei den Landschnecken am auffallendsten. Für die Verbreitung, Massenhaftigkeit der Individuen, Festigkeit, Dicke und Dünne der Schalen sind daher der Kalkboden und die Kalkgebirge von höchster Bedeutung. [...]

Ueber die Art, wie die Landschnecken, welche wir im Vorhergehenden hauptsächlich berücksichtigen und mit denen wir uns auch noch ferner specieller beschäftigen wollen, ihren Aufenthalt wählen, und wie und wo man sie zu suchen hat, lassen wir einen der Altmeister der Konchyliologie, den sinnigen Roßmäßler, sprechen. »Manche kriechen vorzugsweise an den Pflanzen umher, an denen die Unterseite der Blätter und die Astwinkel ihre Lieblingsplätzchen sind, andere ziehen es vor, auf und unter dem abgefallenen Laube sich aufzuhalten, noch andere führen ihr verborgenes Leben unter der dichten Moosdecke, welche Steine und Baumstämme überzieht, einige finden sich selbst unter großen Steinen in Gesellschaft der Regenwürmer und Tausendfüßer, wo man dann oft nicht begreifen kann, wie ein so zartes Thier mit seinem zerbrechlichen Hause unter die Last eines oft sehr großen Steines gelangen konnte. Ja manche Schnecken scheinen sich hier noch nicht völlig sicher geglaubt zu haben und führen ein in der That völlig unterirdisches Leben. [...]

Da die Nahrung der Schnecken (das heißt der Landschnecken) fast lediglich in vegetabilischen Substanzen besteht, so kann man schon hieraus schließen, daß sich die meisten auf Gewächsen oder wenigstens in der Nähe derselben aufhalten. [...] Ob die Schnecken in den Waldungen vorzugsweise gern auf gewissen Gesträuchen leben, habe ich noch nicht mit Bestimmtheit entscheiden können. Wenn ich oft diesen oder jenen Strauch, Gebüsch oder Hecke besonders von ihnen bevölkert fand, so schien dies mehr anderen Ursachen, als der Pflanzenart, die jene Gebüsche oder Hecken bildete, zugeschrieben werden zu müssen. Je dichter und schattiger ein Gesträuch, und je bedeckter und feuchter der Standort desselben ist, desto lieber ist es den Schnecken. […] Ueberhaupt muß man, je trockener und wärmer die Witterung ist, die Schnecken desto tiefer am Boden suchen. Wie viele Schnecken aber um und an einem solchen eben beschriebenen Gebüsche sich aufhalten, von denen man bei trockenem Wetter nur wenig entdeckt, das wird nach einem warmen Regen recht sichtbar. Dann kriecht alles aus den Schlupfwinkeln hervor, um sich an den hangenden Tropfen und der duftigen Kühle zu laben, und man wird eine reiche Ernte haben, wenn man sich nicht vor den fallenden Tropfen, den kratzenden Dornen und brennenden Nesseln scheut. […]

In Laubhölzern pflegt der Boden gewöhnlich mit einer Decke von abgefallenem Laube, Moos, Steinen und abgebrochenen Aestchen bedeckt zu sein. Hier halten sich auch eine große Menge Schnecken auf, die man mit Bequemlichkeit sammeln kann, wenn man zuerst die Oberseite dieser Decke und die niederen Pflanzen absucht und dann das Laub wegräumt, um sich der unter ihm lebenden Schnecken zu bemächtigen. Dabei unterlasse man nicht, jeden etwas großen Stein umzuwenden, weil manche Schnecken besonders gern unter denselben leben. Oft sind solche Steine oder alte Baumstöcke mit einer dichten Moosdecke überzogen; diese kann man mit leichter Mühe in großen Polstern abnehmen, und so manches Schneckchen entdecken, das hier im Verborgenen lebt. […]«

Wir gehen nun etwas näher auf die untergeordneten Gruppen und einzelne ihrer Repräsentanten ein, zunächst auf die Schnirkelschnecken (HELICIDAE). Sie bilden mit einigen anderen Familien die Abtheilung der Stylommatophoren, durch welchen Namen die Stellung ihrer Augen auf der Spitze der beiden hinteren, hohlen und einziehbaren Fühlhörner bezeichnet wird. Alle besitzen ein spiraliges, geräumiges, zur Aufnahme des ganzen Körpers geeignetes Gehäuse, welches übrigens in allen möglichen Gestalten von

231

der fast flach tellerförmigen bis zur spitz und lang thurmförmigen wechselt. Man hat etwa viertausendundsechshundert lebende Arten beschrieben, von denen über sechzehnhundert auf die Gattung HELIX kommen. Von den im mittleren Europa am meisten verbreiteten Arten hat uns HELIX POMATIA (Weinbergschnecke), oben schon beschäftigt. Jedermann kennt das große, kugelige, bauchige, gelbliche oder bräunliche Gehäuse, welches die Konchyliologen »bedeckt durchbohrt« nennen, indem der enge, in die Axe hinein sich erstreckende Nabel durch eine Verbreiterung des Spindelrandes bedeckt ist. Sie ist in ihrem Vorkommen keineswegs an die Weingärten gebunden, obwohl sie im Frühjahre den Knospen der Reben großen Geschmack abgewinnt und dadurch erheblichen Schaden anrichten kann, sondern findet sich überall in trockneren, vorzüglich hügeligen Gegenden, wo Gräser und Buschwerk gedeihen. Wegen ihrer Größe und ihres Nutzens ist sie von ihren Gattungsgenossen am häufigsten Gegenstand der Beobachtung und Forschung gewesen. Sie gehört zu denjenigen Arten, welche im Herbste, nachdem sie sich am liebsten unter einer Moosdecke einen halben bis einen Fuß tief in die lockere Erde eingegraben, ihr Gehäuse mit einem soliden Kalkdeckel verschließen. Von diesem zieht sich das Thier noch ziemlich weit in die Schale zurück, indem es den Zwischenraum durch eine oder einige dünne Häute quer abtheilt. Während dieser wenigstens sechs Monate dauernden Zeit innerster Beschaulichkeit ist der Athmungsproceß und die Thätigkeit des Herzens nicht unterbrochen. Der Kalkdeckel hat zwar keine Oeffnung, welche man bei einigen anderen Arten bemerkt hat, wohl aber ist er so porös, daß durch ihn und durch die übrigen dünnen Häute hindurch der nothwendige Gasaustausch stattfinden kann. Man denke nur, um einen Vergleich zu haben, daß auch das Hühnchen während seiner Entwickelung im Eie durch seine Schale hindurch mit der atmosphärischen Luft im Gasaustausche steht. Aber, wie bei allen Winterschlaf haltenden Thieren, ist auch bei der Weinbergschnecke und ihren Schwestern die Athmung eine geringere. […] Die Wärme des April und Mai weckt die Lebensthätigkeit; das Herz schlägt lebhafter und ohne Zweifel wird das Thier durch das gesteigerte Athembedürfnis, gewiß auch durch einen rechtschaffenen Hunger getrieben, mit dem Fuße gegen die häutigen Deckel sich zu legen.

233

Dieselben werden nicht durchstoßen, sondern leicht abgeweicht, und auch das Abheben des Kalkverschlusses der Mündung erfordert keine besondere Kraft. Er ist mit der Mündung nicht verwachsen, sondern bildet einen flachen Pfropfen mit glattem, gut schließendem Rande.

Die nächsten Tage und Wochen nach der Auferstehung aus dem Winter benutzt unsere Schnecke, um sich an den jungen Gräsern und Kräutern gütlich zu thun. Erst in den feuchten Tagen des Mai und Juni geht sie zur Begattung über, ein mit den sonderbarsten Vorbereitungen und den auffallendsten begleitenden Umständen verbundener Akt. Ergötzlich spricht Johnston von den Uebertreibungen hinsichtlich der Rolle, welche der Liebespfeil dabei spielen sollte. Er sagt: »Wenn verliebte Dichter vom Kupido, von seinem Köcher und seinen Pfeilen singen, so gebrauchen sie Ausdrücke, welche einige ernsthafte Naturforscher geglaubt haben buchstäblich bei der Beschreibung der Liebesverhältnisse einiger unserer Gartenschnecken (HELIX POMATIA u.a.) anwenden zu können. Die Jahreszeit treibt sie zur Vereinigung, und das verbindende Paar nähert sich, indem es von Zeit zu Zeit kleine Pfeile auf einander abschießt. Diese Pfeile sind einigermaßen wie ein Bajonnett gestaltet; sie stecken in einer Höhle, Köcher, an der rechten Seite des Halses, aus welcher sie abgeschossen werden sollen, wenn die Thiere noch zwei Zoll von einander entfernt sind; und wenn die Pfeile ausgetauscht, so sind die Neigungen gewonnen und eine Hochzeit ist die Folge«. Allerdings gehört der Pfeilschuß mit in das Vorspiel, bildet aber erst die Schlußscene der ersten Abtheilung. Eröffnet wird dieselbe häufig durch eine Art sehr schneckenhaften Rundtanzes, indem die beiden Thiere in immer kleiner werdenden Kreisen um einander herumkriechen. Oft jedoch ist, wie Johnston sagt, die Art der Bewerbung weniger förmlich. Haben sie sich erreicht, so legen sie sich mit den Fußsohlen platt auf einander, indem sie sich aufrichten und das Ende der Sohle gegen die Erde stemmen. Dabei sind die wellenförmigen Bewegungen der Fußmuskeln besonders stark. Nun berühren sich die Fühler, immer und immer wieder sich aus- und einstülpend; auch mit den Lippen betasten sie sich, so daß Swammerdam es mit dem Schnäbeln der Tauben vergleicht. Nach diesen und anderen Vorbereitungen und durch gewisse Bewegungen treten auch die Pfeile hervor, welche, wenn alles richtig von statten geht, gegenseitig in die Geschlechtsorgane eindringen, häufig aber daneben die Haut durchbohren oder auch herabfallen, ohne irgend ein Ziel erreicht zu haben. Es geht daraus hervor, daß die Bedeutung der Liebespfeile für den Begattungsakt, dessen wichtigster Theil nun erst beginnt, jedenfalls eine sehr geringe ist, und daß sie auch kaum als Reizorgane betrachtet werden können.

Die Eier der Weinbergschnecke haben drei Linien Durchmesser und werden von einer weißen mit Kalkkrystallen imprägnirten und darum festen Schale umgeben. »Diese Eier werden in großer Menge in kleine Erdhöhlen gelegt, welche die Schnecken dazu selbst bilden. Der Vorderkörper wühlt sich, soweit er sich aus der Schale hervorstrecken kann, in weiche feuchte Erde hinein und bildet so ein rundes einen bis anderthalben Zoll tiefes Loch, dessen Oeffnung oben stets vom Schneckenhause verschlossen bleibt, und so hineingestreckt legt die Schnecke im Verlaufe von einem bis zwei Tagen ihre sechzig bis achtzig Eier. Dann scharrt sie das Loch mit Erde zu und ebnet den Boden darüber, so daß das Eiernest, wenn man nicht bald nach dem Legen die lockere Erde dort noch erkennt, schwer zu finden ist.« (Keferstein.) Die Entwickelung im Eie nimmt etwa sechsundzwanzig Tage in Anspruch. [...]

Die Weinbergschnecke ist seit alten Zeiten im mittleren Deutschland, besonders zur Fasching- und Fastenzeit, eine beliebte Speise gewesen. In der Schweiz und in den Donaugegenden züchtete und mästete man sie in eigenen Gärten. Doch ist die gute Zeit vorüber, wo in der Gegend von Ulm die HELIX POMATIA durch eigene Schneckenbauern in diesen Gärten gehegt und jährlich über vier Millionen in Fässern zu je zehntausend Stück im Winter auf der Donau hinunter bis jenseits Wien ausgeführt wurden. In Steiermark, wo sie auch in ziemlicher Menge gegessen werden, sammelt man sie einfach im Herbste ein, nachdem sie sich bedeckelt haben, und bewahrt sie zwischen Hafer auf. Natürlich trocknet derselbe während des Winters etwas zusammen, was die Leute damit erklären, die Schnecken verzehrten denselben. Wie das durch den Deckel hindurch geschehen könne, wußte man mir freilich nicht anzugeben. Man ißt sie hier zu Lande einfach nur abgekocht; ob eine andere Zubereitung sie zu einer größeren Delikatesse macht, kann ich aus eigener Erfahrung nicht sagen.

DIE BEWAHRUNG
DES BREHM'SCHEN ERBES –
EINE VERPFLICHTUNG

In einem idyllischen Thüringer Pfarrhaus – im 18. Jahrhundert auf einem Hügel erbaut, aus Fachwerk, mit Satteldach, neben Kirche und Friedhof gelegen – wurde Alfred Edmund Brehm am 2. Februar 1829 geboren. Auch heute noch in der Thüringer Provinz gelegen, aber ganz leicht und schnell zu erreichen, dort wo sich die Autobahnen A4 und A9 kreuzen, in der Nähe des Hermsdorfer Kreuzes, befindet sich die Brehm-Gedenkstätte, ein außergewöhnlicher wissenschaftshistorischer Ort.

Alfred Brehm avancierte zum weltbekannten »Tiervater«; er war Forschungsreisender, Reiseschriftsteller und wurde zum Schöpfer des berühmten Werkes *Brehms Tierleben*. Durch Artikel in der Zeitschrift *Die Gartenlaube* erreichte er eine große Leserschaft. Er war aber auch Planer und Direktor eines damals sehr modernen Tierparks in Hamburg, eines nicht weniger berühmten Aquariums in Berlin, außerdem ein Mann des Vortrags, der seine Gedanken und Ideen sowie die Resultate seiner Forschungsreisen der interessierten Öffentlichkeit vermittelte. Mit seinem Lebenswerk hat er das Tier in die Herzen der Menschen gebracht und uns eine neue Sicht auf unsere Mitgeschöpfe ermöglicht. Oft schoss er in seiner Vermenschlichung der Tiere auch weit über das Ziel hinaus, was bereits zu seiner Zeit Kritik hervorrief – und heute, wie der Leser in diesem Buch erleben kann, außerordentlich vergnüglich zu lesen ist.

Brehms Tierleben ist bis heute eines der meistverkauften Werke populärwissenschaftlicher Literatur und er machte damit auch die Zoologie zu einer populären Wissenschaftssparte. Erstmals wurden nicht nur die Anatomie und Entwicklungsgeschichte der Tiere, sondern auch ihre Verhaltens- und Lebensweisen dargestellt. Es wurde klarer, dass Tiere Schmerz, Freude, Trauer und andere Regungen empfinden.

Neben der Erinnerung an Leben und Werk Alfred Brehms bietet die heutige Brehm-Gedenkstätte auch einen Einblick in das Leben und die Forschungsarbeiten seines nicht weniger berühmten, wenn auch außerhalb von Ornithologen-Kreisen deutlich weniger bekannten Vaters, des Pfarrers und Begründers der europäischen Ornithologie Christian Ludwig Brehm. C. L. Brehm war ein beliebter Seelsorger, der rastlos für seine Gemeindemitglieder tätig war, aber in unendlichem Fleiß auch eine ganz besondere und auch heute noch existente Sammlung präparierter Vögel schuf, die mehr als 9 000 Exemplare umfasst. Und da er die gesammelten Vögel genauestens dokumentierte und höchste Anforderungen an die Präparationstechnik stellte, besteht diese Sammlung, die größtenteils in New York und Bonn aufbewahrt wird, auch heute noch in bester Qualität. Und sie ist weiterhin Gegenstand der Forschung, dank einer großen Besonderheit: C. L. Brehm präparierte nicht nur einzelne Vögel, sondern ganze Serien und Familien, also beispielsweise 60 Sperlinge oder 30 Turmfalken. Dies ist unendlich wertvoll für die Forschung, da man so Vergleiche zwischen den damals und heute lebenden Vogelarten anstellen kann. Zudem verfasste er gut 250 Schriften – darunter Bücher, Aufsätze und Artikel hauptsächlich ornithologischen Inhalts.

Als Pfarrer initiierte C. L. Brehm den Bau der Dorfschule am Fuße des »Brehm-Berges«, das heutige Brehm-Schullandheim. Als er am 2. Januar 1864 in Renthendorf starb, baute seine Witwe Bertha Brehm unweit des Pfarrhauses »Die Villa«, das backsteinrote Haus, welches sie 1865 bezog, da sie als Witwe mit den Kindern die Dienstwohnung für den nächsten Pfarrer freimachen musste. In diesem Haus erholte sich Alfred später häufig von seinen zum Teil strapaziösen Forschungsreisen, besuchte seine Mutter und Geschwister oder nutzte die Ruhe des Ortes zum Schreiben.

Die Grabstätten der Brehm-Familie befinden sich auf dem Kirchhof in Renthendorf. Sie wurden 2014 von Grund auf restauriert und werden gern vor der Besichtigung des Museums besucht.

Als der letzte Erbe der Familie Brehm, Hans Renatus, 1952 das Brehm-Haus (die heutige Brehm-Gedenkstätte) der Gemeinde Renthendorf übereignete, war das die Geburtsstunde dieses einzigartigen Museums. Frieda Brehm, verheiratete Pöschmann, kommt das Verdienst zu, die Hinterlassenschaften von Vater und Großvater bewahrt und Schritt für Schritt der Öffentlichkeit zugänglich gemacht zu haben. Die Gemeinde Renthendorf hat das Museum weiter unterstützt und schließlich das ganze Haus seinem neuen Zweck entsprechend umgestaltet. Eingebettet in die zauberhafte Landschaft Ostthüringens entstand so ein ganz besonderer Ort der Wissenschaftsgeschichte. Zu den besonderen Schätzen des Museums zählen die kleine Hausbibliothek der Brehms und die ca. 13 000 Exemplare ihrer (bis heute stetig erweiterten) Forschungsbibliothek, sowie zahlreiche originale Möbel und Haushaltsgegenstände, die nacherleben lassen, wie man in einer Gelehrtenfamilie des 19. Jahrhunderts und in einem Thüringer Pfarrhaus lebte und arbeitete. Von einzigartigem Wert sind darüber hinaus die gut 2 300 Autografen, in der Regel Originale des Schriftverkehrs der beiden Brehms mit den Gelehrten ihrer Zeit oder mit Familienmitgliedern.

Die Brehm-Gedenkstätte wird seit 2012 im besten denkmalpflegerischen Sinne generalsaniert und erstrahlt ab 2018 in neuem Glanz. Auch konzeptionell werden neue Ziele gesetzt. Das Museum wird sich, basierend auf den Biografien und der Lebensleistung der beiden Brehms und ihrer reichen materiellen und intellektuellen Hinterlassenschaften, mit aktuellen Fragen des Naturschutzes auseinandersetzen und sich, gestützt auf die drei Säulen »Bildungszentrum«, »Naturschutzstation« und »Museum« inhaltlich neu und technisch zeitgemäß präsentieren.

Die Finanzierung dieses ehrgeizigen, aber unbedingt notwendigen Projekts ist beispiellos. Inzwischen beteiligen sich 19 Hauptsponsoren an der Rettung der Brehm-Gedenkstätte, darunter vor allem das Land Thüringen (Thüringer Staatskanzlei, Thüringer Landesamt für Denkmalpflege) und der Bund (Kulturstaatsministerin) sowie das Amt für Landwirtschaft und Flurneuordnung in Gera. Einen ganz besonders hohen Anteil am bisher Erreichten hat die Hermann Reemtsma Stiftung in Hamburg, die von Beginn an an dieses Projekt glaubte, unermüdlich beriet und finanzielle Mittel ausreichte. Aber auch die Deutsche Stiftung Denkmalschutz, die Sparkassen-Kulturstiftung Hessen-Thüringen, der Landkreis Saale-Holzland und seine

Sparkasse Jena-Saale-Holzland sowie weitere Helfer standen uns zur Seite. Auch die vielfältige Unterstützung durch den Förderkreis Brehm e. V. muss erwähnt werden. Diesen Förderern ist nicht genug zu danken!

Um die Zukunft des Museums sicherzustellen, wurde 2017 die Alfred Edmund und Christian Ludwig Brehm-Stiftung in Renthendorf gegründet. Ihre Ziele: Naturschutz, Ökologieverständnis, Vogelschutz sowie Erhaltung und Schutz der Artenvielfalt insgesamt. Natürlich dient sie auch dem Erhalt des Museums. Um Stifter zu werden, kann man sich schriftlich per E-Mail (jochen_suess@t-online.de) oder telefonisch in der Brehm-Gedenkstätte, Dorfstraße 22, 07646 Renthendorf, melden oder über die Homepage (www.brehm-gedenkstaette.com) Kontakt aufnehmen.

Brehm-Stiftung und Museum betreiben die Weiterentwicklung eines bereits existierenden soliden Netzwerkes, um vor allem Kinder und Jugendliche für Naturgedanken und Ökologie zu begeistern. Museumspädagogische Angebote wie »Spurensuche« in der Natur, ein Lehrbienenstand mit Schaubeute, ein Insektenhotel, eine Gruppe junger Naturforscher und vieles mehr gibt es bereits, weitere Angebote entstehen. Als Verbündeter hilft eine Natura-2000-Station »Auen, Moore, Feuchtgebiete«, die thüringenweit konkrete Naturschutzprojekte entwickelt und umsetzt.

Aus der Brehm-Gedenkstätte wird auf diese Weise ein Tier-Mensch-Museum, welches natürlich weiter auf den Biografien, Lebensleistungen und materiellen und ideellen Hinterlassenschaften beider Brehms basiert, diese aber in einer neuen, nach modernsten Gesichtspunkten geplanten Dauerausstellung präsentiert und sich von einer reinen Gedenkstätte in ein interaktives Museum der Zukunft weiterentwickelt.

Also, liebe Leser, kommen Sie nach Renthendorf, lassen Sie sich von uns alles zeigen, lassen Sie sich vom Ort und seinen Schätzen, seiner Landschaft verzaubern! Wir freuen uns auf Sie als Besucher und Verbündete, und natürlich auch als Mitwirkende und Ideengeber!

Prof. Dr. Jochen Süß

© Duden 2018   D C B A
Bibliographisches Institut GmbH, Mecklenburgische Straße 53, 14197 Berlin

Redaktionelle Leitung *Iris Glahn*
Lektorat und Redaktion *Kristina Langenbuch Gerez*
Herstellung *Uwe Pahnke*
Layout und Satz *Schimmelpenninck.Gestaltung, Berlin*
Umschlaggestaltung *Schimmelpenninck.Gestaltung, Berlin*
Druck und Bindung *Pustet Grafischer Großbetrieb,*
Gutenbergstraße 8, 93051 Regensburg
Printed in Germany

ISBN 978-3-411-71782-8
Auch als E-Book erhältlich unter: ISBN 978-3-411-91283-4
www.duden.de